燕麦基础生物学及其饲用研究

周青平 等 编著

科学出版社

北 京

内容简介

本书系统介绍了燕麦的基础生物学及其饲用研究进展,包括燕麦属物种的分类和起源、种质资源收集保存和评价利用、分子生物学和非生物胁迫研究,以及饲用燕麦的育种概况、高产种植模式、营养吸收研究、有害生物防控技术、加工贮藏利用技术、经济效益分析。本书全面系统地总结了燕麦的生物学特性及其加工利用研究,既涵盖了燕麦的基础研究,又兼顾了其在种草、制草、用草等方面的研究情况。

本书适合从事与燕麦育种、栽培、加工和利用等草牧业相关的科研工作者、学生、生产者、管理者等人员参考使用。

图书在版编目(CIP)数据

燕麦基础生物学及其饲用研究 / 周青平等编著. -- 北京 : 科学出版社, 2025. 3. -- ISBN 978-7-03-080921-6

Ⅰ. S512.6; S816.5

中国国家版本馆 CIP 数据核字第 2024S9M018 号

责任编辑:马 俊 岳漫宇 闫小敏 / 责任校对:严 娜
责任印制:肖 兴 / 封面设计:无极书装

科学出版社 出版
北京东黄城根北街 16 号
邮政编码:100717
http://www.sciencep.com
北京建宏印刷有限公司印刷
科学出版社发行 各地新华书店经销

*

2025 年 3 月第 一 版 开本:720×1000 1/16
2025 年 3 月第一次印刷 印张:13 1/4
字数:265 000
定价:150.00 元
(如有印装质量问题,我社负责调换)

编辑委员会

序

燕麦，这一古老而神奇的作物，自古以来便与人类文明的发展紧密相连。从古埃及的金字塔到成吉思汗的铁骑，再到现代健康饮食的推崇，燕麦以其独特的营养价值和保健功能，在全球范围内受到人们的青睐。在中国，燕麦的种植历史悠久，早在战国时期就有记载，在《尔雅·释草》里被写为"蘥"（yuè），东汉许慎著《说文解字》中提到"爵麦也，见释艸（cǎo），爵当依今释艸作雀。郭云，既燕麦也"，《本草纲目》记载"时珍曰：此野麦也。燕雀所食，故名"。燕麦不仅是重要的杂粮作物，在农业、食品和健康领域的重要性日益凸显；还是优质的饲用植物，其饲用价值较高，营养物质消化率高，而粗纤维含量低，茎叶柔软，适口性好，可为牛、羊提供优质青绿饲料。近年来，随着我国粮食结构转型，燕麦的饲用价值也逐渐受到重视。周青平教授及其团队历时 5 年编写的《燕麦基础生物学及其饲用研究》，不仅系统总结了燕麦的生物学特性及抗逆性研究，还涵盖了燕麦在种草、制草、用草等方面的研究进展，正是这一领域研究的集大成之作。

作为国家燕麦荞麦产业技术体系的首席科学家，我有幸先睹为快，对书中的丰富内容和深刻见解印象深刻。在此，我愿意分享我的一些思考和感受，作为对该书的序言。

该书的出版恰逢其时。随着全球人口的增长和消费模式的变化，粮食安全和营养健康已成为全球关注的焦点。燕麦作为一种营养丰富、适应性强的作物，其在保障粮食安全、促进农业可持续发展中的作用不容忽视。《"十四五"全国饲草产业发展规划》明确指出，要大力推进燕麦发展，其对保障我国农牧业的发展具有举足轻重的作用。周青平教授及其团队的研究成果，为我们提供了宝贵的科学依据和技术支持。

该书的内容全面深入。该书的编写团队由多位在燕麦研究领域有着深厚造诣的专家学者组成。周青平教授作为主编，他曾是我主持的国家公益性行业科研燕麦专项的主要团队成员，他的科研能力、学术视野和研究经验为该书的编写提供了坚实的保障。书中第一章至第七章，系统介绍了燕麦种质资源的收集和利用、分子生物学、非生物胁迫、育种、栽培、营养吸收利用和病虫害防控等方面的研究，这些基础研究为燕麦的遗传改良和逆境适应性提供了坚实的理论基础，也为燕麦的高产、高效、可持续发展提供了实践指导。我有幸与该书副主编彭远英教授合作，共同完成了全世界首个裸燕麦基因组测序的研究工作，这在该书的第二章中有详细介绍，这一部分内容是该书的亮点之一，也是燕麦基础研究领域的一个重要里程碑。第八章至第十章聚焦了燕麦的饲用研究，包括燕麦草的加工贮藏利用技术、经济效益分析及其在沙地治理中的利用，这些内容不仅关注了燕麦的产业链延伸，还关注了生态保护和农业可持续发展。

该书不仅是周青平教授、彭远英教授及其团队多年辛勤工作的结晶，也是对国内外燕麦研究领域的系统梳理。该书的出版，不仅为燕麦的基础研究和应用开发提供了丰富的资料和深刻的见解，还为燕麦产业发展提供了科学指导和技术支持。我相信，该书的出版将对燕麦产业的发展产生深远的影响。

在此，我也要对该书编写团队表示由衷的敬意。他们以严谨的科学态度和不懈的探索精神，为燕麦研究做出了重要的贡献。他们的工作不仅推动了燕麦科技进步，也为燕麦产业发展提供了坚实的理论支撑。

随着国家对燕麦研究重视程度的不断提升，燕麦产业发展也迎来了新的机遇。然而，由于长期以来燕麦不受重视，目前取得的研究成果还相对较少，还有巨大潜力可挖。展望未来，我认为燕麦研究和产业发展前景广阔。首先，燕麦的营养价值和健康益处将进一步被挖掘和推广，燕麦作为功能性食品的市场潜力巨大。其次，燕麦的育种技术将不断进步，新品种的选育将提高燕麦的产量和品质。再次，燕麦的种植技术和种植模式将不断创新，一定会提高燕麦的种植效率和经济效益。最后，燕麦的加工和利用技术将不断创新发展，燕麦产业链的延伸和拓展，一定会增加燕麦的附加值。

我希望该书能够成为燕麦研究领域的一部经典之作，为国内外的科研工作者、学生、生产者和管理者提供宝贵的参考和指导。我更期待我的好朋友、好合作伙伴周青平教授及其团队能够继续在燕麦研究领域取得更多的突破和成果，为我国乃至全球的燕麦产业发展做出更大的贡献。同时，我也呼吁更多的科研工作者、学生、生产者和管理者关注燕麦研究，共同推动燕麦产业的快速发展。

任长忠

国家燕麦荞麦产业技术体系首席科学家

2024 年 12 月

前　言

　　燕麦属（*Avena*）是隶属于禾本科（Poaceae）早熟禾亚科（Pooideae）的一年生草本植物。一般常说的燕麦指六倍体栽培燕麦（*Avena sativa*）。全球燕麦种植分布于五大洲的 76 个国家。欧洲作为全球最大的燕麦生产区，平均收获面积约占全球燕麦种植面积的 61%；美洲次之，约占全球的 27%；亚洲和大洋洲为第三大产区，占全球的 5%左右。1961～2019 年，全球燕麦收获面积总体呈下降趋势，但我国燕麦收获面积不断增加。燕麦在我国的种植历史悠久，早在汉代《尔雅·释草》中便有了燕麦的记载。由于口感较好、饱腹感强以及食用后可强化体力，燕麦成为成吉思汗军队重要的人马军粮。燕麦是一种低糖、高营养、高能的食品，具有较高的营养价值，《本草纲目》对其药用价值有详细描述。

　　作为粮饲兼用作物，燕麦在全方位筑牢粮食安全根基中发挥重要作用，同时在全国"粮改饲"试点区和草牧业试验示范区建设中作为优质饲草被推荐种植推广，有力地助推了农牧区的脱贫攻坚和乡村振兴。首先，燕麦是优质动物蛋白生产的重要基础。近年来，由于居民生活水平持续提升，我国饮食消费结构正在发生改变，猪肉消费比例降至 60%，而牛羊肉升至 15%。饲料粮刚性需求和缺口增大。为了缓解粮食安全压力，我国推行"藏粮于草""粮改饲"等政策。由于草量大、营养成分含量高、适口性好、消化率高等优点，燕麦备受种植者和养殖者青睐。同时燕麦具有抗旱、耐盐碱、耐瘠薄等特性，可以在半干旱农牧区和高海拔山区等自然条件较差的地区良好生长，因此成为高寒牧区和不良气候地区种植面积最广的饲草。其次，燕麦是功能性食品，其籽实富含 β-葡聚糖、脂类、酚类、维生素 E、植酸、类黄酮、甾醇和燕麦蒽酰胺等，对心血管疾病、皮肤疾病、炎症、2 型糖尿病均有益处，已成为高血压、高血脂、高血糖"三高"人群的优质主食；同时燕麦籽实富含优质蛋白，且具有无异味、不致敏等特点，是我国河套地区、雁北地区、坝上地区以及大小凉山地区的杂粮面食。最后，种植燕麦是优化土地利用的重要途径。我国中低产田种植粮食平均产量为 $3.75t/hm^2$，种植燕麦单产约 $11.28t/hm^2$，若采用"草-田"轮作方式，能充分利用中低产田；同时农闲田复种燕麦是提升土地资源利用率的重要途径，可将"粮-经"二元种植结构转变为"粮-经-饲"三元种植结构。

　　《"十四五"全国饲草产业发展规划》明确指出，要大力推进燕麦发展，其对于保障我国农牧业发展具有举足轻重的作用。因此，深入开展燕麦有关研究是充分利用该资源的基础，也具有重要的理论和实践价值。但目前对燕麦基础生物学相关研究还缺乏系统、全面的梳理；对于燕麦的饲草利用也缺少相关的参考资料。为此，我们着手编写本书，工作历时 5 年。本书是在国家牧草产业技术体系、国家自然科学基金（32441033）和国家重点研发计划（2023YFF1001400）等有关项目多年研究成果的基础上总结而成的，同时总结了国内外大量相关研究成果。全书共 10 章，包括 3 部分内容，前 7 章主要介绍燕麦的基础生物学研究：第一章燕麦种质资源收集和利用由彭远英、颜红海、陈有军编写，第二章燕麦分子生物学研究由彭远英、颜红海编写，第三章燕麦非生物胁迫研究由王沛编写，第四章燕麦育种研究由雷映霞编写，第五章燕麦高产种植模式由田莉华编写，第六章燕麦营养吸收研究进展由程明军、王沛编写，第七章燕麦主要有害生物防控技术由马甲强编写。第八章和第九章主要涉及饲用燕麦的应用研究：第八章燕麦草加工贮藏利用技术由关皓、陈仕勇编写，第九章饲用燕麦经济效益分析由张俊超编写。第十章燕麦在沙地治理中的利用研究由汪辉编写。感谢兰州大学范玉兵教授、甘肃农业大学张树武副教授、陇南师范学院陈耀年老师等在书稿修订过程中提出的宝贵意见和建议，感谢科研助理张岩和研究生张心怡、周月、马蓉参与了本书的部分编写工作。本书在编写的过程中得到了西南民族大学发展规划与学科建设处和科学发展研究院的大力支持，在此表示诚挚的感谢。

鉴于编者水平有限，不足之处在所难免，敬请读者批评指正。

编　者

2024 年 10 月 10 日于成都

目　　录

第一章　燕麦种质资源收集和利用

种质资源（germplasm resources）是指能从亲代传递给子代的遗传物质的总和，广义上是指携带遗传物质的种质材料，包括群体、个体、器官、组织、染色体片段等。对于遗传育种来讲，种质资源则主要包括品种、近缘种、野生种的植株、种子、无性繁殖器官，是在漫长的历史过程中，经自然演化和人工创制而成，积累了大量由自然和人工引起的极其丰富的遗传变异，是极其宝贵的自然财富。

对于作物来讲，种质资源是作物新品种选育和改良的遗传基础，丰富的种质资源给作物研究提供了取之不尽的基因来源，如果没有品种资源，作物育种工作就成为"无米之炊"。国内外育种工作实践表明，一个特殊种质资源的发现和利用，往往能推动作物育种工作取得举世瞩目的成就，品种培育取得突破性进展，往往都是由于找到了具有关键性基因的种质资源。回顾 20 世纪，农业的每一次重大突破，都得益于关键性种质资源的保护、发掘与利用。50 年代，美国大豆产业因孢囊线虫病遭受毁灭性破坏，育种家从 3000 多份种质资源中"翻箱倒柜"，最终找到了来自中国的独特地方品种——'北京小黑豆'，利用其特有的抗病基因最终培育出的新大豆品种令产业得以复苏。植株过高引起倒伏是 60 年代以前水稻、小麦等主粮作物面临的主要问题，矮秆/半矮秆种质的筛选及其基因的成功引入大大提升了主粮作物的产量，引发了农业的第一次"绿色革命"，被誉为种质资源应用的典范（Pearce，2021）。种质资源在燕麦育种中同样发挥了重要作用，如来自野生材料的许多抗病基因如 *Pc94*、*Pc91* 成功转移至栽培品种中，并培育出优质抗病的燕麦新品种（彭远英，2019）。因此，种质资源的多少，以及对种质资源利用的广度和深度决定了育种成败。

按照亲缘关系可将作物种质资源分为三个不同级别的基因库，即 I～III 级基因库。I 级基因库的各材料之间不存在生殖隔离，相互间能够杂交，形成正常的染色体配对，如地方品种这类基因库中的基因容易转移，是目前利用最多的基因资源。II 级基因库的各材料之间存在一定的生殖隔离，杂交不结实或者不育，但可以通过一定的育种手段实现基因转移，主要是指同一属内的野生资源。III 级基因库的各材料之间亲缘关系较远，存在严重的生殖隔离，常导致基因转移困难，主要是指近缘属物种资源。燕麦属的野生物种和栽培品种是目前燕麦育种中主要利用的遗传资源。

第一节　燕麦属物种分类和起源

一、燕麦属物种分类

燕麦属（*Avena*）隶属于禾本科（Poaceae）早熟禾亚科（Pooideae）。法国植物学家图内福尔（Tournefort）根据形态学特征首次对燕麦属进行了描述，并于 1700 年确立了燕麦属。随后瑞典植物学家林奈（Linnaeus）在其《植物种志》（*Species Plantarum*）一书中系统描述了 4 个燕麦属物种，即野红燕麦 *A. sterilis*、野燕麦 *A. fatua*、栽培燕麦 *A. sativa* 和大粒裸燕麦 *A. nuda*，并正式使用 *Avena* 作为燕麦属的属名。之后在各国科学家的共同努力下，越来越多的燕麦属物种相继被发现和命名。至今，燕麦属包含约 29 个物种（Baum，1977；Baum and Fedak，1985a，1985b）。

　　同其他植物一样，燕麦物种的分类也经历了由形态学到细胞学，再到形态学、细胞学和分子生物学相结合等几个过程。早期的燕麦物种分类主要根据形态学特征，如花序形态、小穗轴和外稃软毛等特征，但这些研究所采用的分类标准，如籽粒大小等容易受到环境等因素的影响。1916 年，Etheridge 发表了第一个美洲地区的燕麦物种分类系统，根据稃皮颜色等形态特征将燕麦分为 8 个组，该系统是当时最为详尽的分类系统，此后欧洲各国都以此为模本。Malzew（1930）结合前人研究结果，将燕麦物种分为异燕麦组和真燕麦组两个组，其中异燕麦组只包含唯一的多年生燕麦物种大穗燕麦 *A. macrostachya*；真燕麦组包含所有的一年生燕麦物种。真燕麦组进一步分为 Aristulatae 和 Denticulate 两个亚组，亚组之间的各燕麦物种杂交不能结实。尽管这些分类系统不能很好地反映种间的系统发生关系，但其对燕麦不同物种之间形态学特征的详尽描述并由此形成的分类体系为日后更为详尽合理的燕麦物种分类系统建立提供了依据。

　　细胞生物学的发展将燕麦物种分类带入了崭新的时代，染色体数目首先应用于燕麦物种分类。木原均和西山市三等率先对燕麦物种染色体数目进行了研究，并根据染色体数目将 10 个燕麦物种分为三类，即二倍体（$n=7$）、四倍体（$n=14$）和六倍体（$n=21$）。其中，二倍体物种 4 个，分别为砂燕麦 *A. strigosa*、威士燕麦 *A. wiestii*、短燕麦 *A. brevis* 及裸粒短燕麦 *A. nudabrevis*；四倍体 2 个，分别为细燕麦 *A. barbata* 和阿比西尼亚燕麦 *A. abyssinica*；六倍体 4 个，分别为栽培燕麦、野红燕麦、大粒裸燕麦和地中海燕麦 *A. byzantina*。这种以染色体数目为依据的分类方法，是燕麦物种分类的重大进步，得到了其他分类学者的一致赞同，此后所有建立起来的分类体系均以此为基础。

　　随着新物种的收集和发现，以及分类依据的改变，燕麦物种分类系统得到了相应的补充和发展。当前使用最广泛的燕麦物种分类系统当属在 Baum（1977）

专著上发展起来的分类系统。Baum 结合形态学和染色体数目对燕麦物种进行了分类，最初将其分为 7 个组，包含 27 个物种。随着一些新物种的加入，目前该系统包含 30 个物种（表 1-1）。这一系统得到了包括美国农业部国家植物种质资源系统（national plant germplasm system，NPGS）和加拿大农业部植物基因组资源库（plant gene resources of Canada，PGRC）等机构及多数研究者的认同。本书也采用基于 Baum 的分类系统。

表 1-1　基于 Baum（1977）构建的燕麦物种分类系统

组	物种	染色体数量	基因组组成#
多年生燕麦组 Sect. Avenotrichon	大穗燕麦 A. macrostachya	$2n=4x=28$	CmCmCmCm
偏凸燕麦组 Sect. Ventricosa	不完全燕麦 A. clauda	$2n=2x=14$	CpCp
	异颖燕麦 A. eriantha	$2n=2x=14$	CpCp
	偏凸燕麦 A. ventricosa	$2n=2x=14$	CvCv
耕地燕麦组 Sect. Agraria	短燕麦 A. brevis	$2n=2x=14$	AsAs
	小粒裸燕麦 A. nudibrevis	$2n=2x=14$	AsAs
	西班牙燕麦 A. hispanica	$2n=2x=14$	AsAs
	砂燕麦 A. strigosa	$2n=2x=14$	AsAs
软果燕麦组 Sect. Tenuicarpa	细燕麦 A. barbata	$2n=4x=28$	AABB
	阿加迪里亚纳燕麦 A. agadiriana	$2n=4x=28$	AABB
	加纳利燕麦 A. canariensis	$2n=2x=14$	AcAc
	大马士革燕麦 A. damascena	$2n=2x=14$	AdAd
	长颖燕麦 A. longiglumis	$2n=2x=14$	AlAl
	匍匐燕麦 A. prostrata	$2n=2x=14$	ApAp
	赫图拉燕麦 A. hirtula	$2n=2x=14$	AsAs
	大西洋燕麦 A. atlantica	$2n=2x=14$	AsAs
	卢西塔尼卡燕麦 A. lusitanica	$2n=2x=14$	AsAs
	A. matritensis	$2n=2x=14$	AsAs
	威士燕麦 A. wiestii	$2n=2x=14$	AsAs
埃塞俄比亚燕麦组 Sect. Ethiopica	阿比西尼亚燕麦 A. abyssinica	$2n=4x=28$	AABB
	瓦维洛夫燕麦 A. vaviloviana	$2n=4x=28$	AABB
厚果燕麦组 Sect. Pachycarpa	墨菲燕麦 A. murphyi	$2n=4x=28$	CCDD
	岛屿燕麦 A. insularis	$2n=4x=28$	CCDD
	大燕麦 A. maroccana	$2n=4x=28$	CCDD
真燕麦组 Sect. Avena	野燕麦 A. fatua	$2n=6x=42$	AACCDD
	A. hybrida	$2n=6x=42$	AACCDD
	东方燕麦 A. occidentalis	$2n=6x=42$	AACCDD
	栽培燕麦 A. sativa	$2n=6x=42$	AACCDD
	野红燕麦 A. sterilis	$2n=6x=42$	AACCDD
	A. trichophylla	$2n=6x=42$	AACCDD

\# 厚果燕麦组三个物种的基因组组成来自 Yan 等（2016）和 Peng 等（2022）的研究结果

尽管基于 Baum（1977）构建的这一分类系统十分详尽，得到了多数研究机构的采纳，但也存在一些争议。主要是因为这一分类系统中的一些物种与现代植物学家对物种的定义标准并不相符。现代植物学家对物种进行分类的依据主要有4 个，即同一物种染色体数目和结构相同；种内无生殖隔离，可自由杂交，后代可育；同种植物个体发育中具有近似的形态特征；同种应具有共同的近缘祖先（杨海鹏和孙泽民，1989）。然而，基于 Baum（1977）构建的分类系统中多个物种之间并不存在生殖隔离，如 Baum 根据小穗脱节（disarticulation mode）这一性状的差异将 *A. clauda* 和 *A. eriantha* 分为两个不同的物种，但二者之间不存在生殖隔离，能够产生可育后代；同样一些二倍体物种如 *A. brevis*、*A. hispanica* 和 *A. nuda*，四倍体物种如 *A. barbata*、*A. abyssinica* 和 *A. vaviloviana*，六倍体物种如 *A. sativa*、*A. sterilis* 和 *A. fatua* 之间也能够产生可育的杂交后代，因此并不属于生物学意义上的物种范畴。基于此，以色列学者 Ladizinsky（2012）采用生物种的概念，对燕麦物种进行了重新分类，将其划分为 13 个物种，不同物种下包含若干个亚种（表 1-2）。该系统强调了同一物种共享一个基因库和不同物种间具有生殖隔离，遵循"国际通用""约定俗成"，更加系统和科学，是建立燕麦自然分类系统的必然趋势。

表 1-2　Ladizinsky（2012）的燕麦物种分类系统

物种	亚种	染色体数量
A. clauda	*clauda*	14
	eriantha	14
A. ventricosa		14
A. longiglumis		14
A. prostrata		14
A. damascena		14
A. strigosa	*strigosa*	14
	wiestii	14
	hirtula	14
	atlantica	14
A. barbata	*barbata*	28
	abyssinica	28
	vaviloviana	28
A. canariensis		14
A. agadiriana		28
A. insularis		28
A. murphyi		28
A. magna		28
A. sativa	*sativa*	42
	sterilis	42
	fatua	42

二、燕麦属物种染色体组

染色体组是指细胞中一组完整的非同源染色体，这一组染色体虽在形态和功能上各不相同，但互相协助，携带着控制一种生物生长、发育、遗传和变异的全部信息。染色体组在二倍体中是指生物配子体细胞核的全部染色体，在多倍体中则是指染色体的组成成分。对二倍体，一个单倍体染色体组分就是一个染色体组，对于多倍体，则有两个以上染色体组。染色体组的形态，包括长度、大小、随体有无、着丝粒位置和数目是物种分类的重要依据。

自从木原均发现燕麦物种染色体数目存在差异并将其作为分类依据以来，后续研究者对燕麦物种的染色体组成和形态进行了一系列研究。最初的研究主要通过观察两个物种杂交产生的 F_1 代在减数分裂中期的染色体配对情况来判断两个物种的亲缘关系。比较目前已经发现的燕麦二倍体发现，存在两种染色体形态差异显著的基因组，即 A 和 C 基因组。A 基因组的染色体多为等臂染色体，而 C 基因组的染色体多为不等臂染色体（Rajhathy，1961；Rajhathy and Morrison，1959）。A 基因组二倍体物种的染色体在结构上较为相似，但也存在一定差异。研究者根据这些物种的染色体差异将 A 基因组二倍体分为 5 种不同亚型，分别是加纳利燕麦 *A. canariensis* 所代表的 Ac（Baum et al.，1973）、大马士革燕麦 *A. damascena* 所代表的 Ad（Rajhathy and Baum，1972）、长颖燕麦 *A. longiglumis* 所代表的 Al（Rajhathy，1961）、匍匐燕麦 *A. prostrata* 所代表的 Ap（Ladizinsky，1971），以及砂燕麦 *A. strigosa* 所代表的 As 基因组（Nishyama，1936）。三个 C 基因组二倍体物种的染色体在形态上也存在差异，分为 Cp（包括不完全燕麦 *A. clauda* 和异颖燕麦 *A. eriantha*）和 Cv（偏凸燕麦 *A. ventricosa*）两个亚型。

相比之下，燕麦四倍体物种的基因组组成还存在一定争议。研究表明，大穗燕麦 *A. macrostachya* 两套基因组与 C 基因组二倍体的染色体结构相似，因此其基因组组成为 CmCmCmCm。Nishyama（1936）研究了细燕麦 *A. barbata* 和砂燕麦同源四倍体染色体的配对行为，发现细燕麦的两套基因组不尽相同，因此其基因组组成为 AABB。同时埃塞俄比亚燕麦组的阿比西尼亚燕麦 *A. abyssinica* 和瓦维洛夫燕麦 *A. vaviloviana* 在形态学上与细燕麦十分相似，且这三个物种之间很容易杂交，不存在严重的生殖隔离，因此其基因组组成也为 AABB。软果燕麦组的阿加迪里亚纳燕麦 *A. agadiriana* 是 Baum 和 Fedak 于 1985 年发现的新种，Fabijanski 等（1990）发现其基因组不含 C 基因组的特异重复序列，且与 AABB 基因组相似，因此认为其基因组组成为 AABB。然而，后续研究发现该物种缺乏 As 基因组的特异序列，而该特异序列在其他 AABB 基因组四倍体中存在，因此关于 *A.*

agadiriana 的基因组组成还有待商榷。另外，厚果燕麦组也有 3 个四倍体物种，分别是墨菲燕麦 *A. murphyi*、岛屿燕麦 *A. insularis* 和大燕麦 *A. maroccana*，与六倍体杂交的后代 F_1 的染色体配对行为表明，这三个物种的两套基因组与六倍体相同，且与 A 基因组二倍体能够形成多个二价体，因此认为其基因组组成为 AACC。然而，基于简化基因组测序（Yan et al., 2016）和全基因组测序（Peng et al., 2022）的结果均表明，这三个物种与六倍体燕麦的 CCDD 基因组高度相似，因此其基因组组成应该为 CCDD 而非 AACC。

Baum 分类系统包含 6 个六倍体物种，其基因组组成均为 AACCDD。由于多数六倍体物种之间能够杂交且能产生可育后代，因此 Ladizinsky（2012）认为将这些物种全部归为同一个生物学物种更符合现代植物分类标准。

三、燕麦属物种起源

1. 燕麦物种的地理分布

同小麦、大麦一样，栽培燕麦属于温带作物，主要种植在北半球，包括乌克兰等欧洲国家，中国、蒙古国、哈萨克斯坦、土耳其等亚洲国家，美国、加拿大、巴西等美洲国家以及澳大利亚、新西兰。但燕麦属的其他物种则主要分布在 20°～60°N。林磊和刘青（2015）通过查阅燕麦属的文献资料及国内外主要标本馆馆藏的 1674 份标本，结合近 3 年的野外考察，系统整理了燕麦属的地理分布后将其分布区域划分为 10 个，分别为地中海、东非、北非、南非、西亚、中亚、亚洲其他区域、欧洲、澳大利亚和美洲。其中，地中海 25 种、北非 23 种、欧洲 16 种、西亚 16 种、美洲 9 种、中亚 7 种、亚洲其他区域 7 种、澳大利亚 6 种、东非 5 种、南非 4 种（表 1-3）。

表 1-3　燕麦物种地理分布

组	物种	1	2	3	4	5	6	7	8	9	10
多年生燕麦组	大穗燕麦 *A. macrostachya*	+		+							
偏凸燕麦组	不完全燕麦 *A. clauda*	+		+		+	+		+		
	异颖燕麦 *A. eriantha*	+		+		+	+		+		
	偏凸燕麦 *A. ventricosa*	+		+		+					
耕地燕麦组	短燕麦 *A. brevis*	+				+			+	+	+
	A. hispanica	+							+		+
	砂燕麦 *A. strigosa*	+						+	+	+	+
软果燕麦组	细燕麦 *A. barbata*	+		+	+	+	+	+	+	+	+
	阿加迪里亚纳燕麦 *A. agadiriana*	+		+							

续表

组	物种	1	2	3	4	5	6	7	8	9	10
软果燕麦组	加纳利燕麦 A. canariensis	+		+							
	大马士革燕麦 A. damascena	+		+		+					
	长颖燕麦 A. longiglumis	+		+		+					
	匍匐燕麦 A. prostrata	+		+							
	赫图拉燕麦 A. hirtula	+		+		+			+		
	大西洋燕麦 A. atlantica	+		+							
	卢西塔尼卡燕麦 A. lusitanica	+		+		+			+		
	A. matritensis	+		+					+		
	威士燕麦 A. wiestii	+		+		+					
埃塞俄比亚燕麦组	阿比西尼亚燕麦 A. abyssinica		+			+					
	瓦维洛夫燕麦 A. vaviloviana		+								
厚果燕麦组	墨菲燕麦 A. murphyi	+		+					+		
	岛屿燕麦 A. insularis	+		+							
	大燕麦 A. maroccana	+		+							
真燕麦组	野燕麦 A. fatua	+	+	+		+	+	+	+	+	+
	A. hybrida						+	+	+		+
	东方燕麦 A. occidentalis	+		+		+					+
	栽培燕麦 A. sativa	+	+	+	+	+	+	+	+	+	+
	栽培燕麦亚种 A. sativa ssp. nuda								+	+	
	野红燕麦 A. sterilis	+	+	+	+	+	+	+	+	+	+
	A. trichophylla										
总计	30	25	5	23	4	16	7	7	16	6	9

注：+：有分布；1：地中海；2：东非；3：北非；4：南非；5：西亚；6：中亚；7：亚洲其他区域；8：欧洲；9：澳大利亚；10：美洲（林磊和刘青，2015）

　　多年生燕麦组仅有的 1 个物种大穗燕麦 A. macrostachya 分布在地中海和北非的阿尔及利亚东北部山地；埃塞俄比亚燕麦组的 2 个物种阿比西尼亚燕麦 A. abyssinica 和瓦维洛夫燕麦 A. vaviloviana 分布在东非的埃塞俄比亚高原及西亚的沙特阿拉伯半岛；厚果燕麦组的物种分布在地中海、北非和欧洲；偏凸燕麦组的物种分布在地中海、北非、西亚、中亚和欧洲；耕地燕麦组的物种分布较广，地中海、北非、亚洲、欧洲、澳大利亚、美洲等均有分布；软果燕麦组包含 10 个物种，分布在地中海、北非、西亚、欧洲；真燕麦组包含有 7 个物种，除南极洲之外，其他大洲均有分布（表 1-3）。

2. 我国燕麦物种及其地理分布

我国已知的燕麦物种或亚种有 4 个，包括野燕麦 *A. fatua*、野红燕麦 *A. sterilis*、栽培燕麦 *A. sativa* 和栽培燕麦亚种 *A. sativa* ssp. *nuda*。关于栽培燕麦变种的分类地位还存在争议，我国学者保持了林奈的分类结果，将其视为一个独立的物种大粒裸燕麦 *A. nuda*（郑殿升和张宗文，2011），而多数西方学者则将其作为栽培燕麦的一个亚种，并将 *A. nuda* 作为小粒裸燕麦 *A. nudibrevis* 的种名（Baum，1977）。

我国燕麦 4 个物种或亚种均属于真燕麦组，广泛分布在华北、西北、西南各省（自治区、直辖市），包括安徽、北京、重庆、河北、福建、甘肃、广东、广西、贵州、黑龙江、河南、湖北、湖南、江苏、江西、吉林、辽宁、内蒙古、宁夏、青海、陕西、山东、上海、山西、四川、新疆、西藏、云南、香港、澳门、台湾等地（林磊和刘青，2015）。野生种中，野燕麦分布十分广泛，遍布我国 29 个省份，而野红燕麦分布范围较为狭窄，只发现云南有少量分布（表 1-4）。

表 1-4　燕麦物种在我国的地理分布（林磊和刘青，2015）

物种	地理分布
野燕麦 *A. fatua*	安徽、北京、重庆、福建、甘肃、广东、广西、贵州、河北、黑龙江、河南、湖北、湖南、江苏、江西、辽宁、内蒙古、宁夏、青海、陕西、山东、上海、山西、四川、台湾、新疆、西藏、云南、浙江
栽培燕麦亚种 *A. sativa* ssp. *nuda*	北京、重庆、甘肃、贵州、河北、河南、湖北、辽宁、内蒙古、青海、陕西、山西、四川、新疆、云南
栽培燕麦 *A. sativa*	北京、广东、贵州、河北、黑龙江、福建、广西、湖北、江西、吉林、辽宁、内蒙古、陕西、山东、山西、四川、新疆、云南、香港、澳门
野红燕麦 *A. sterilis*	云南

3. 燕麦二倍体物种进化

燕麦现存最多的是二倍体物种，有 14 个，其中 A 基因组有 11 个，C 基因组有 3 个。基于染色体核型差异，又将 A 基因组二倍体分为 5 种亚型，即 Ac、Ad、Al、Ap 和 As，将 C 基因组分为 Cp 和 Cv 两种亚型。A 基因组和 C 基因组在核型上存在显著差异，其中 C 基因组染色体多数为非等臂染色体，即非对称型染色体，而 A 基因组染色体多为等臂染色体，即对称型染色体。Stebbins（1971）在《高等植物染色体进化》（*Chromosomal Evolution in Higher Plants*）一书中提出对称型染色体更原始的这一观点。基于此，Rajhathy 和 Thomas（1974）认为 A 基因组更为原始，C 基因组是 A 基因组染色体经历逐渐积累的结构变化后，由于某次外界变化引起染色体结构重排而产生的。然而，从表型上看 C 基因组二倍体更加原始，且仅分布在地中海和爱琴海的狭长地带，相比之下 A 基因组二倍体分布广泛，且表型变异十分丰富，因此 Rajhathy 和 Dyck（1963）认为 C 基因组是最原始的染色体类型。彭远英（2009）则认为现存的 A 和 C 基因组来自同一祖先，其遭遇某次突发事件后产生较大的结构差异，并逐渐演化成 A 和 C 基因组，这一观点得到基因组测序结果的支持。Peng 等（2022）对现存所有 A 和 C 基因组二倍体重测序的结果表明，所有 A 和 C 基因组二倍体明显不同，A 和 C 基因组应该来自一个已经灭绝的共同祖先。

C 基因组二倍体包括 3 个物种，分别是不完全燕麦 *A. clauda*、异颖燕麦 *A. eriantha* 和偏凸燕麦 *A. ventricosa*，三个物种的染色体核型十分相似，且地理分布重叠，因此应该来自同一个祖先。

相比之下，A 基因组二倍体无论是染色体核型还是表型，都存在十分丰富的变异。前人通过对 A 基因组各亚型之间的亲缘关系研究推断出 As 是最进化的亚型，基因组学研究结果表明 Ac 和 Ad 两种亚型的突变速率最慢，是进化上最为古老的类型（Peng et al.，2022）。

4. 燕麦四倍体物种进化

燕麦四倍体分为 3 个不同分支，分别是多年生物种大穗燕麦 *A. macrostachya*、基因组组成为 AABB 的四倍体物种和基因组组成为 CCDD 的四倍体物种。多年生物种大穗燕麦是否属于燕麦属还存在争议，有学者认为其应归属于异燕麦属（*Helictotrichon*）而非燕麦属。目前关于该物种的研究较少。

目前燕麦有 4 个物种被定义为 AABB 基因组四倍体，包括细燕麦 *A. barbata*、阿比西尼亚燕麦 *A. abyssinica*、瓦维洛夫燕麦 *A. vaviloviana* 以及阿加迪里亚纳燕麦 *A. agadiriana*。其中，细燕麦、阿比西尼亚燕麦、瓦维洛夫燕麦的表型和核型相似，因此合称为细燕麦组。由于细燕麦与 As 基因组二倍体砂燕麦的核型十分相似，杂交后代也能形成多个三价体，因此早期的研究认为 AABB 基因组四倍体是 As 基因组二倍体加倍形成的同源四倍体。但后来的多项证据表明，AABB 基因组四倍体为异源四倍体。例如，Irigoyen 等（2001）利用来自 As 基因组的特异序列 As120a 对细燕麦组的 AABB 基因组四倍体进行荧光标记，发现其中一套基因组的染色体上布满荧光信号，而另外一套染色体则未能检测到信号，因此支持这些四倍体为异源四倍体起源。由于一些 A 基因组二倍体，如 Ac 基因组的加纳利燕麦 *A. canariensis* 和 Ad 基因组的大马士革燕麦 *A. damascena* 也没有检测到 As120a 探针信号，因此人们认为 B 基因组可能起源于这两个二倍体物种，但这个观点尚未得到更多的证据支持。

由于 AACC 或 CCDD 基因组四倍体可能参与了六倍体的形成，因此这类四倍体被认为是燕麦中最重要的四倍体类型。目前这类四倍体包含三个物种，

即墨菲燕麦 *A. murphyi*、岛屿燕麦 *A. insularis* 和大燕麦 *A. maroccana*，三个物种在地理分布上高度重合，都分布在地中海和北非，因此具有共同的祖先来源。起初，通过对杂交后代的染色体配对观察将这些物种的基因组组成确定为AACC，并且认为其由 A 和 C 基因组二倍体通过杂交加倍产生，且几乎所有的A 和 C 基因组二倍体都被认为是这些四倍体的祖先（彭远英，2009）。然而，简化基因组测序（Yan et al.，2016）和全基因组测序结果（Peng et al.，2022）均表明，这三个物种与六倍体燕麦的 CCDD 基因组高度相似，因此其基因组组成应该为 CCDD。对比现存二倍体和多倍体的 D 基因组染色体结构，发现现存二倍体的基因组都与 D 基因组存在很大的结构差异，可能是杂交加倍形成多倍体后发生了大量的染色体结构变异导致的。Peng 等（2022）推断四倍体的 D基因组可能来自一个已经灭绝的二倍体祖先，该二倍体与现存的 As 和 Al 基因组具有共同的祖先。

5. 燕麦六倍体物种进化

所有六倍体的基因组组成均为 AACCDD，其形成被认为至少经历了两次杂交加倍事件。起初，人们认为含有 A 和 C 基因组的二倍体杂交加倍形成 AACC基因组四倍体后，再与 DD 基因组二倍体杂交加倍形成六倍体。不过，目前已有足够证据表明六倍体的祖先四倍体的基因组组成为 CCDD，因此是 D 基因组二倍体而非 A 基因组二倍体首先参与了六倍体的形成。Ladizinsky（1998）通过细胞学观察发现，CCDD 基因组四倍体岛屿燕麦 *A. insularis* 是六倍体的四倍体祖先。Peng 等（2022）结合燕麦六倍体及其祖先四倍体的基因组序列信息，以及已经测序的禾本科作物基因组，构建了禾本科的进化树，发现燕麦与小麦起源于同一祖先，大约在 2820 万年前与小麦族物种发生分化（图 1-1a）。进一步对现存燕麦物种进行重测序并构建进化树（图 1-1b），在此基础上提出了六倍体燕麦进化的新模型，即所有 A、C、D 基因组具有共同祖先，在 800 万年前分化形成了 A、D 基因组的共同祖先和 C 基因组，然后 A、D 基因组的共同祖先在 350 万年前分化形成了 Al、As 基因组的共同祖先和 D 基因组，在大约 150 万年前 D 和 C 基因组二倍体杂交加倍形成了 CD 基因组四倍体，随后与Al/As 基因组二倍体杂交加倍形成了六倍体，也支持岛屿燕麦为六倍体燕麦四倍体祖先的观点。

对于六倍体燕麦的祖先二倍体目前还尚无定论。前期的多数研究表明，As 基因组无论在核型（Rajhathy and Thomas，1974）、原位杂交信号分布（Jellen et al.，1994；Linares et al.，1996，1998）或基因序列（Peng et al.，2010）方面都与六倍体燕麦的 A 基因组十分相似，因此 As 基因组被认为是六倍体 A 基因组的供体。

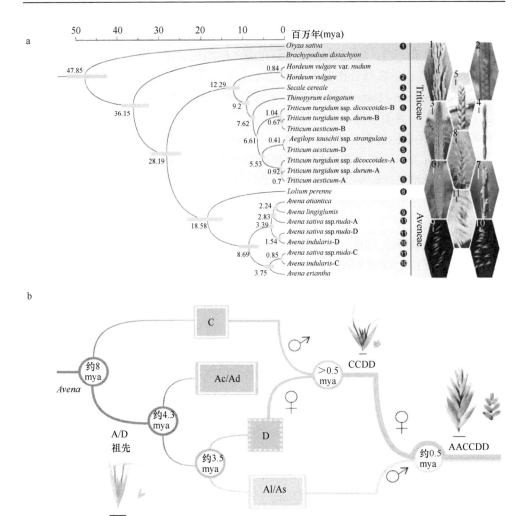

图 1-1　燕麦在禾本科作物中的进化地位以及燕麦物种的进化

a. 禾本科作物进化树；b. 燕麦物种进化模式图（Peng et al.，2022）

但简化基因组测序结果表明，相比 As 基因组二倍体，Al 基因组二倍体与六倍体的 A 基因组更相近（Yan et al.，2016）。基因组测序结果也表明，Al 基因组二倍体与六倍体的 A 基因组序列相似性更高（Peng et al.，2022）。

6. 六倍体栽培燕麦的起源和驯化

对作物的起源研究发现了一个重要的事实，那就是其起源于几个地区、几个发源地或者中心。燕麦的发源地与其他作物一样，应是基本品种多样性最集中的地方，地理条件应多是山区或岛屿或隔离区。燕麦除少数物种全世界引种栽培外，绝大多数物种分布在地中海、西亚至中亚地区，按照自然分布区划分，属北温带分布区（林磊和刘青，2015），其中分布最多的当属地中海和西亚地区，这一地区也是小麦、大麦等温带作物的起源中心。苏联著名植物学家维奇·瓦维洛夫（Никола́й Ива́нович Вави́л）认为，栽培燕麦与地中海燕麦起源于中东的新月沃地，也就是高加索、伊朗山地、土库曼斯坦与小亚细亚一连串土地肥沃的地区。他说"不同燕麦物种染色体数目不同，有各自不同的发源地，其产生和二粒小麦及大麦的地理类群有关。随着古代二粒小麦栽培的向北推移，和这种作物一起带来的杂草（燕麦）排挤了二粒小麦，成了独立的作物。育种家在寻找燕麦新类型、新基因时，应特别注意古代二粒小麦栽培发源地，它是栽培燕麦最大的和原始的多样性基因保护地"。

裸燕麦是栽培燕麦的一种独特类型，具有多花、多小穗、外稃容易与籽粒分离等特点。裸燕麦栽培在我国有着十分悠久的历史，公元前9世纪的《东巴经》中就有关于裸燕麦的象形字，《来凤县志》中也有关于燕麦种子形态的记载。综合各种证据表明，裸燕麦种植在我国至少已有2100年之久。关于裸粒型燕麦的起源，多数专家认为其起源于中国：瓦维洛夫在《育种的理论基础》一书中提出裸粒型燕麦起源于中国；茹可夫斯基同样认为裸燕麦是地理特有类型，是在中国和蒙古国经突变产生的；我国科研人员在西藏等地区采集到多个由野燕麦向裸燕麦过渡的类型，也表明裸燕麦在我国驯化。

毫无疑问，栽培燕麦由野生燕麦六倍体驯化而来，但目前有多个野生种，其中在分类学上认可度最高、地理分布最广泛的当属野燕麦 A. fatua 和野红燕麦 A. sterilis，因此关于栽培燕麦究竟由何种燕麦驯化而来还尚无定论。最初，野燕麦 A. fatua 被认为是栽培六倍体燕麦的祖先，地中海燕麦 A. byzantina 是栽培燕麦的衍生种。但 Ladizinsky（1998）观察到栽培燕麦的小花轴断裂方式和野燕麦相似，因此支持栽培燕麦来源于野燕麦的观点。地中海燕麦与野红燕麦在小花轴断裂方式上十分相似，因此可认为地中海燕麦是栽培燕麦传播到地中海后与野红燕麦基因融合的产物。然而，Coffman（1977）认为地中海燕麦来源于野红燕麦，而栽培燕麦则是地中海燕麦的衍生物。另外，Loskutov（2008）认为所有六倍体燕麦均起源于一种大粒型的野红燕麦，由于颖果性状突变，从而衍生出栽培种地中海燕麦及另外一个野生种东方燕麦 A. occidentalis。而野红燕麦在东扩的过程中经突变产生小粒型的法国野燕麦 A. ludoviciana，其进一步在颖果脱落方式上发生突变，由此得到杂草型的栽培燕麦，后者在到达中国时发生突变产生裸粒型燕麦。由于目前尚缺乏化石证据，因此关于栽培燕麦的起源与驯化，还尚需综合系统发育学、生物地理学、古植物学等多学科证据，以及该属起源时的地史变迁和燕麦近缘类群的地理起源情况进行深入分析。

第二节 燕麦种质资源收集、保存、评价和利用

一、世界燕麦种质资源收集和保存

燕麦种质资源的收集和保存具有悠久的历史，其发展主要经历了三个阶段。第一个阶段为自发阶段。自燕麦驯化为人工栽培品种后，这些栽培品种分散在农户手中和养马场等单位，靠着一代又一代地种植、繁衍而保存下来。第二个阶段为育种原始材料阶段。随着育种学的产生和发展，育种家根据育种需要收集可作为育种原始材料的品种资源并加以保存。第三个阶段为集中保存和研究阶段。随着现代育种进程的发展，人类普遍使用一些高产品种，导致众多地方品种逐渐淘汰而面临消失的风险。在这种形势下，许多国家成立了专门的机构来收集这些资源材料以保存其遗传多样性。与此同时，一些野生资源在育种中的成功应用使育种家意识到了野生资源的重要性，因此对野生种质资源开展了收集和保存（彭远英，2019）。

如今，经过近几个世纪的努力，燕麦种质资源收集工作取得了显著成效。据统计，保存在世界各地资源库的燕麦种质资源已超过 80 000 份（Diederichsen，2008）。加拿大植物基因资源库和美国农业部国家植物种质资源系统是世界上保存燕麦种质资源最多的两大国家级资源库。其中，加拿大植物基因资源库收录并保存的燕麦种质资源约 27 000 份，其中 81% 为六倍体栽培燕麦；美国农业部国家植物种质资源系统保存有 28 621 份燕麦种质资源，其中栽培燕麦种质资源共 13 540 份。此外，俄罗斯也保存了超过 10 000 份的燕麦种质资源；其他国家包括捷克、肯尼亚、波兰、南非、德国、匈牙利、中国也保存了相当数量的燕麦种质资源。

Diederichsen（2008）对保存在加拿大植物基因资源库的 10 105 份栽培燕麦按照地理来源进行了分类，这些资源在地理上分为非洲、南美洲、中美洲、北美洲、中亚、东亚、西亚、中南半岛、大洋洲、东欧、欧洲其他、印度次大陆和地中海 13 个区域。其中，来自北美洲的种质资源占据栽培燕麦的一半以上（56.4%），其次是欧洲，共有 2291 份，占 22.7%（表 1-5）。从类型上看，世界各地以皮燕麦为主，而裸燕麦主要分布在中国、北美洲和欧洲，中美洲、地中海地区则没有裸燕麦分布，地中海地区、南美洲、大洋洲等拥有最丰富的地中海燕麦种质资源。世界各地分布的燕麦种质资源在植株形态多样性上也有明显区别，如直立穗型在东亚分布最多，而欧洲（中欧、北欧和西欧）分布较少；下垂穗型则主要分布在欧洲（中欧、北欧和西欧）；半直立穗型多分布在地中海地区。

表 1-5　保存在加拿大植物基因资源库中的栽培燕麦地理来源情况（Diederichsen，2008）

来源地	种质数量		来源地	种质数量		来源地	种质数量	
	数量	占比		数量	占比		数量	占比
非洲	71	0.71	东亚	158	1.57	东欧		
埃塞俄比亚	15	0.15	中国	87	0.86	前苏联	15	0.15
肯尼亚	5	0.05	韩国	10	0.10	匈牙利	60	0.59
莫桑比克	1	0.01	日本	36	0.36	拉脱维亚	18	0.18
南非	33	0.33	蒙古国	25	0.25	立陶宛	13	0.13
乌干达	1	0.01	西亚	390	3.86	摩尔多瓦	11	0.11
津巴布韦	16	0.16	亚美尼亚	6	0.06	波兰	164	1.62
南美洲	287	2.85	阿塞拜疆	8	0.08	罗马尼亚	49	0.48
阿根廷	113	1.12	格鲁吉亚	26	0.26	俄罗斯	488	4.83
玻利维亚	3	0.03	以色列	9	0.09	乌克兰	103	1.02
巴西	117	1.16	巴勒斯坦	4	0.04	印度次大陆	131	1.30
智利	5	0.05	叙利亚	4	0.04	印度	42	0.42
哥伦比亚	4	0.04	土耳其	333	3.30	尼泊尔	1	0.01
厄瓜多尔	8	0.08	欧洲其他	1 225	12.13	巴基斯坦	88	0.87
秘鲁	13	0.13	奥地利	37	0.37	地中海	499	4.96
南美洲其他	1	0.01	比利时	26	0.26	阿尔巴尼亚	7	0.07
乌拉圭	23	0.23	丹麦	32	0.32	阿尔及利亚	14	0.14
中美洲	41	0.41	芬兰	63	0.62	波黑	34	0.34
墨西哥	41	0.41	法国	171	1.69	克罗地亚	32	0.32
北美洲	5 699	56.40	德国	360	3.56	塞浦路斯	11	0.11
加拿大	1 363	13.49	爱尔兰	16	0.16	埃及	3	0.03
美国	4 336	42.91	荷兰	59	0.58	前南斯拉夫	199	1.97
中亚	26	0.26	挪威	7	0.07	希腊	77	0.76
阿富汗	6	0.06	西班牙	29	0.29	意大利	28	0.28
伊朗	4	0.04	瑞典	232	2.30	利比亚	2	0.02
哈萨克斯坦	6	0.06	瑞士	1	0.01	马其顿	37	0.37
吉尔吉斯斯坦	6	0.06	英国	192	1.90	摩洛哥	22	0.22
乌兹别克斯坦	4	0.04	东欧	1 066	10.55	北非其他	2	0.02
中南半岛	1	0.01	白俄罗斯	14	0.14	葡萄牙	13	0.13
印度尼西亚	1	0.01	保加利亚	58	0.57	斯洛文尼亚	11	0.11
大洋洲	260	2.58	捷克	20	0.2	突尼斯	7	0.07
澳大利亚	237	2.35	斯洛伐克	39	0.39	未知	251	2.48
新西兰	23	0.23	爱沙尼亚	14	0.14	总计	10 105	100

二、我国燕麦种质资源收集和保存

1. 我国燕麦种质资源的收集和整理

我国燕麦种质资源收集工作始于新中国成立后，起步较晚，先后开展了几次规模较大的收集和征集工作（郑殿升和张宗文，2017）。第一次收集工作始于20世纪50年代末，中国农业科学院作物科学研究所通过引种从苏联、加拿大、瑞典、法国、丹麦、蒙古国、匈牙利和日本等21个国家引入了燕麦种质资源489份，同时农业部组织相关部门在全国范围内进行了燕麦种质资源的收集和记录工作，至1966年共收集、整理、登记造册国内外燕麦种质资源1497份。自1973年中国农业科学院国外引种室恢复外引工作后，又陆续引进了200余份燕麦资源；同时中国农业科学院开展了第二次燕麦种质资源的引进和收集工作。根据收集情况，我国燕麦研究工作者分别于1980年和1996年编撰了《中国燕麦品种资源目录》第一册和第二册燕麦品种资源目录，共收录燕麦资源2977份，包括裸燕麦资源1699份，皮燕麦资源1278份，覆盖9个物种（李颖和毛培胜，2013）。第三次燕麦种质资源引进和收集工作从90年代开始延续至今，随着国家对燕麦研究的重视和国际合作的加强，我国燕麦工作者也加大了从国外引进燕麦种质资源的力度，从28个国家和地区共引进燕麦种质资源1017份。此外，全国燕麦科研、教学单位还有1400余份资源未入编目录，因此实际上我国拥有燕麦种质资源6000余份。

作物种质资源的保存方法有种子保存、植株保存和离体保存（赵晓燕，2005）。目前我国国家农作物种质保存中心长期库（温度-18℃±1℃，相对湿度<50%）保存了燕麦种子共1142份，其中皮燕麦995份，裸燕麦147份；此外，一些地方研究单位采用中期库（温度-4℃±2℃，相对湿度<50%）对收集的种质资源进行了保存（李颖和毛培胜，2013）。

2. 我国燕麦种质的特点及分布

我国燕麦种质主要集中在3个区域。一是华北早熟裸燕麦区，包括内蒙古的土默川平原和山西的大同盆地，地势平坦，海拔1000m左右，年降水量300~400mm，且年际间、月季间变动大，年均温4~6℃；二是北方中、晚熟裸燕麦区，包括新疆、甘肃、青海、陕西、宁夏、内蒙古阴山南北、山西西北高原及太行山、吕梁地区、河北坝上地区、北京燕山山区和黑龙江大小兴安岭，地形极为复杂，海拔500~1700m，干旱、多风，年降水量300~450mm，年均温2.5~6℃；三是西南晚熟燕麦区，主要分布在云南、贵州、四川的高山和平坝区，年降水量1000mm左右，年均温5℃（赵秀芳等，2007）。

三、燕麦种质资源评价

1. 种质资源评价内容

种质资源评价是种质研究工作的基础环节之一，是对收集到的遗传资源样本进行具体描述，主要内容包括一般性状记载和特定性状评价。一般性状记载是指对农艺性状和植物形态学性状如形态特征、生育期及产量性状进行描述。特定性状评价是指针对育种需要对某种抗性或品质进行系统鉴定。二者均是种质利用的科学依据。抗性评价主要包括系统鉴定种质对低温、高温、涝渍、干旱、盐碱土、酸性土、土壤中个别元素的过量或缺少等不利环境因素以及病虫害的抵御和忍耐能力。品质评价则主要对作物产品的营养价值、食味或其他经济价值进行测试鉴定和基因分析（赵秀芳等，2007）。我国燕麦工作者通过多年的科学积累和国际交流，对燕麦农艺性状的鉴定评价进行了系统研究。郑殿升等（2006b）在《燕麦种质资源描述规范和数据标准》一书中对燕麦种质资源主要植物学特征、生物学特征和部分经济性状的统计与描述进行了规范，形成了目前我国燕麦种质资源评价的标准体系。

2. 植物学性状

燕麦品种的株高在 50～170cm，但在南方寡日照、多雨地区显著增加，部分品种超过 200cm，不同地理来源种质的株高差异显著。燕麦幼苗分为直立、半直立、匍匐 3 种类型，抗倒伏、耐水肥的品种多为直立型，因此栽培种幼苗直立型较多，而野生种多为匍匐型。燕麦叶有突出的膜状齿形叶舌，但无叶耳。燕麦的圆锥花序有紧穗型、侧散型与周散型 3 种，栽培种多为周散型，占比超过 90%，东方燕麦多为侧散型。燕麦分枝上着生 10～79 个小穗，大多数燕麦有主穗小穗 35 个以上，野生资源的主穗小穗数变异丰富，一些来自意大利、阿塞拜疆、伊朗、以色列、埃及的二倍体资源，来自阿塞拜疆、以色列、黎巴嫩、埃塞俄比亚的四倍体资源，以及来自中亚、中东和中国的野燕麦与野红燕麦有较高的主穗小穗数。燕麦每个小穗有 2 片稃片，皮燕麦小穗内生 1～3 朵小花，裸燕麦小穗则有 2～7 朵。燕麦为严格自花传粉作物，异交率非常低。皮燕麦外稃非常坚硬，木质化程度高，而裸燕麦外稃纸质化，柔软轻薄。燕麦小穗外稃末端通常有芒，且芒长和芒性变异丰富。燕麦小穗分为鞭炮型、串铃型和纺锤型，以后两者为主。燕麦种子粒色有白、黄、褐、棕和黑 5 种，以白、黄色居多（图 1-2）。

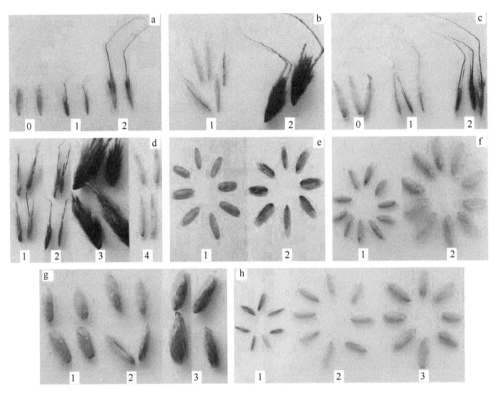

图 1-2　不同燕麦种质的部分植物学性状（Tang et al.，2014）
a. 芒性；b. 芒型；c. 芒色；d. 外稃颜色；e. 籽粒颜色；f. 籽粒大小；g. 籽粒表面茸毛；h. 籽粒饱满度

3. 生物学性状

燕麦是一种耐寒性较强的自花授粉作物，3～4℃种子即可萌发，适宜的发芽温度为 15～25℃，适宜土壤水分是田间最大持水量的 60%～80%。燕麦对土壤的选择不严格，能适应多种土壤。燕麦生长需要较长的日照时间，通常全生育期光照时间≥680h（杨海鹏和孙泽民，1989）。根据生长习性，可将燕麦分为春燕麦、冬燕麦和半冬性燕麦。春性种质资源是指在北方产区春、夏播和在南方产区秋播均能正常开花结实的种质资源；冬性种质资源是指在南方产区秋播能正常抽穗结实，在南方产区冬播或在北方产区春播、夏播均不能正常抽穗结实的种质资源；半冬性种质资源则是指在南方产区秋播能正常抽穗结实，而在北方产区春播则成熟晚、夏播则不能正常抽穗或成熟，籽粒瘪瘦的种质资源。事实上，相比冬小麦，冬燕麦冬性不强。目前我国栽培燕麦种质资源仅有两种类型，即春性和半冬性，其中春燕麦品种约占燕麦总播种面积的 95%。而野生燕麦种质有 3 种类型，二倍体和四倍体多为冬性，六倍体包含 3 种类型。

根据生育期长短，可将燕麦分为早熟、中熟和晚熟 3 类，同时可以根据具体情况增定特早熟和特晚熟类型。崔林和刘龙龙（2009）对我国收集与保存的 1924 份大粒裸燕麦种质资源的生育期进行了调查，结果显示平均为 94.5 天±5.5 天，以中熟为主（66.48%），但品种间差异非常显著，生育期低于 90 天的品种有 131 份，最短的仅为 77 天，生育期大于 100 天的品种有 27 份，最长的达到 104 天。对 2180 份国内外燕麦种质资源在不同生态环境下的生育期进行鉴定后发现，生育期遗传多样性更为丰富（图 1-3），变化范围为 69～265 天，多数燕麦种质资源的生育期在 80～100 天，占比达 70%；生育期低于 80 天的种质有 168 份，低于 70 天的种质有 3 份；生育期大于 200 天的种质有 39 份，超过 230 天的有 13 份（彭远英，2019）。我国西南地区种植的弱冬性燕麦生育期基本都在 200 天以上。野生燕麦生育期变异丰富，含有很多早熟和极早熟材料（Loskutov，2007），可以作为早熟品种选育的亲本材料。

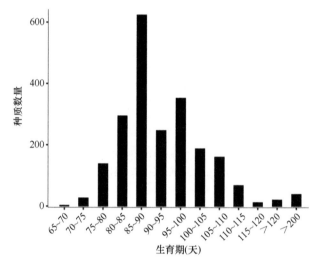

图 1-3　2180 份燕麦种质资源的生育期分布

4. 农艺性状

燕麦的农艺性状主要包括株高、穗长、有效分蘖数、千粒重、全株粒重，以及一些饲草性状如鲜重、干重、茎叶比等。有效分蘖是指最终成穗结实的分蘖，燕麦的有效分蘖数受环境、种植密度、施肥、品种等多种因素影响，不同品种为 1.5～11.4 个（马得泉和田长叶，1998；彭远英，2019）。皮燕麦的平均有效分蘖数为 5.6 个，裸燕麦的有效分蘖数要高于皮燕麦。同时，裸燕麦农家品种普遍比育成品种的分蘖力高。有效分蘖数最多的是'广灵大莜麦'，达到 11.4 个，其他如'陕西白汉莜麦''灵丘大莜麦''陕西旬阳莜麦'均超过 9 个。其中，来自甘肃的燕麦种质平均有效分蘖数较低（彭远英，2019）。由于颖壳占皮燕麦种子重量的 32%以上，因此皮燕麦千粒重高于裸燕麦。我国裸燕麦品种千粒重大于 34g 的有 10 个；皮燕麦千粒重变异较大，为 13.2～58.3g，平均为 29.1g，其中大于 40g 的品种有 9 个。我国皮燕麦全株粒重为 1.5～14.9g，平均为 5.9g。目前还没有对燕麦种质资源的饲草产量相关性状进行大规模评价，仅对少量燕麦品种的干重和鲜重进行了测定。周青平等（2015）对不同燕麦品种的饲草和籽粒生产性能进行了分析，发现茎直径和种子宽度可作为燕麦选育的重要参考指标。此外，周青平等（2018）还对寒冷地区早晚熟燕麦品种的生产性能进行了分析，结果表明早熟燕麦在较短的生长周期下草产量和燕麦品质与晚熟燕麦没有显著差异，但早熟燕麦的种子产量显著高于晚熟燕麦。史京京等（2019）在黑龙江对 66 份引进燕麦资源的饲草产量进行了测定，结果显示鲜重为 16.67～98.00t/hm^2，干草产量为 3.45～18.39t/hm^2，'T07''坝莜 12 号'饲草产量最高。赵继秀等（2022）在青海东部对 21 份国内外燕麦进行了测定，干草产量为 11.8～16.40t/hm^2。

5. 品质性状

燕麦品质性状包括籽粒品质性状和饲草品质性状。籽粒品质性状主要包括蛋白质含量、脂肪含量、亚油酸含量和 β-葡聚糖含量等。Brown 和 Craddock（1972）对 4533 燕麦种质的脂肪含量进行了测定，为 3.1%～11.6%，平均为 7.0%，大多数种质（90%）的脂肪含量在 5%～9%。中国农业科学院作物品种资源研究所（中国农业科学院作物科学研究所前身之一）联合内蒙古自治区农业科学院和湖北省农业科学院对我国搜集的 1000 多份燕麦的脂肪含量、亚油酸含量和蛋白质含量进行了分析，共测试了 658 个燕麦品种的蛋白质含量，结果表明栽培裸燕麦品种籽粒的蛋白质含量为 11.35%～19.94%，平均为 16.1%，含量在 17.0%及以上的品种有 148 个，占分析品种总数的 22.5%；含量在 16.0%～16.99%的品种有 201 个，占分析品种总数的 30.5%；含量在 16.0%以下的品种有 309 个，占分析品种总数的 47.0%，说明燕麦品种籽粒蛋白质含量在 16.0%以下的占比较大。筛选出蛋白质含量高（≥18%）的品种 85 份，其中裸燕麦 81 份，皮燕麦 4 份。共测试了 664 个燕麦品种籽粒的脂肪含量，为 3.44%～9.65%，平均为 6.3%，含量在 7.0%及以上的品种有 148 个，占分析品种总数的 22.3%，含量在 6.0%～6.99%的品种有 290 个，占分析品种总数的 43.7%，含量在 6.0%以下的品种有 226 个，占分析品种总数的 34.0%；筛选出脂肪含量高（≥8%）的品种 112 份，其中裸燕麦 52 份，皮燕麦 60 份。共测试了 413 个燕麦品种籽粒的亚油酸含量，为 35.81%～49.73%，平均为 41.42%，含量在 45%及以上的品种有 47 个，占分析品种总数的 11.4%，含量在 42%～44.99%的品种有 87 个，占分析品种总数的 21.1%，含量在 42.0%以下的品种有 279 个，占分析品种总数的 67.6%；筛选出亚油酸含量高（≥48%）的品种 57 份。龚海等（1999）对全国 995 个燕麦品种的蛋白质含量、脂肪含量和亚油酸含量进行了分析，结果表明裸燕麦蛋白质含量在 15% 以下的占比较大，脂肪含量多数为 5%～7%，亚油酸含量为 40%～45% 的占多数。从地理分布来看，陕西品种的蛋白质和脂肪含量高；青海品种的亚油酸和蛋白质含量高、脂肪含量低；山西品种多为中脂肪、中蛋白质和低亚油酸类型；内蒙古锡林郭勒品种为高脂肪、低亚油酸类型；河北、内蒙古乌兰察布品种低蛋白质、低亚油酸类型占比较大。皮燕麦中，美国品种为高脂肪、低蛋白质类型；加拿大、中国品种为中蛋白质、中脂肪、中亚油酸类型；匈牙利、俄罗斯、丹麦、智利的品种为中蛋白质、高脂肪、低亚油酸类型（崔林和刘龙龙，2009）。β-葡聚糖是燕麦籽粒中最重要的膳食纤维，美国农业部保存的燕麦种质资源籽粒的 β-葡聚糖含量在 2.5%～8.5%。郑殿升等（2006a）对来源于我国 13 个省份的 1010 份和国外引进的 4 份裸燕麦品种（系）的 β-葡聚糖含量进行了测定，结果表明我国裸燕麦籽粒的 β-葡聚糖含量介于 2.0%～7.5%，地方品种的含量低于育成品种；河北、山西、内蒙古的裸燕麦种质籽粒 β-葡聚糖含量较高，云南、贵州、四川的种质含量较低。

野生燕麦籽粒的蛋白质、脂肪和亚油酸含量变异十分丰富，其中蛋白质含量普遍高于栽培燕麦。野红燕麦籽粒的蛋白质含量在 16.5%～31.1%，平均高达 22.6%，超过 75% 的种质在 21.0% 以上，有 6% 的种质超过 26%；脂肪含量在 4.2%～10.1%，高于 8.5% 的种质有 103 份（Rezai，1977；Rezai and Frey，1988）；四倍体物种大燕麦籽粒的平均蛋白质含量高达 32.4%，远高于栽培燕麦。同时，野生二倍体存在多个籽粒蛋白质含量高于 20% 的种质，有的甚至高达 40%（Loskutov，2007；Welch et al.，2000）；还有一些二倍体物种籽粒的脂肪含量超过 12%（Welch and Leggett，1997）。Welch 等（2000）在二倍体大西洋燕麦中发现了籽粒 β-葡聚糖含量超过 11% 的种质。

饲草品质性状包括饲草的粗蛋白、粗脂肪、灰分、可溶性糖、粗纤维、酸性洗涤纤维、中性洗涤纤维含量等。目前关于燕麦种质资源饲草品质相关性状评价的研究还不多（李马驹，2017；马莉，2018；徐欣然，2021；杨敏等，2023）。综合来看，当前饲用燕麦品种的粗蛋白含量为 5.71%～28.45%，平均为 7%，高于一般的饲草作物（Obour et al.，2019）；粗纤维含量为 7.18%～22.81%，低于玉米、小麦等饲草作物；粗脂肪含量为 5.37%～10.43%；灰分含量为 4.3%～13.43%；可溶性糖含量为 0.08%～38.17%；酸性洗涤纤维含量为 14.73%～42.61%；中性洗涤纤维含量为 50.51%～69.09%。

6. 抗性性状

燕麦的抗性性状主要包括抗病性、抗旱性和抗寒性。目前已经报道的燕麦病害共 33 种，包括由 40 种真菌引致的 25 种真菌病害、6 种细菌引致的 4 种细菌病害和 5 种病毒引致的 4 种病毒病害（李春杰等，2017）。当前，对燕麦抗病性的鉴定和评价主要集中在 4 种真菌病害上，包括坚黑穗病、冠锈病、秆锈病、白粉病。

（1）抗黑穗病

黑穗病是燕麦生产中常见的真菌病害，真菌 *Ustilago levis* 和 *U. avenae* 都可以引致，分别称为坚黑穗病和散黑穗病，都以穗部受害形成黑粉为主要特征。黑穗病在我国河北、山西等地的发病率曾高达 40%～90%（郭成等，2017）。Nielsen（1977）对 5485 份燕麦种质资源进行了 5 年的抗黑穗病鉴定，鉴定到 305 份免疫资源以及 142 份高抗资源。李怡琳和李淑英（1986）对 41 118 份燕麦种质资源进行了抗黑穗病鉴定和评价，发现裸燕麦抗病材料少，只有 21 份，而 68.5% 的皮燕麦具有坚黑穗病抗性，说明皮燕麦是更好的抗性来源。野生种质包含大量的抗黑穗病材料（表 1-6）。Nielsen（1978）对 1674 份野生燕麦种质进行了抗黑穗病田间鉴定，共发现 869 份抗性材料，其中大部分来自阿比西尼亚燕麦和野红燕麦。

表 1-6　野生燕麦抗病种质资源（Loskutov and Rines，2011）

物种	基因组	白粉病	冠锈病	秆锈病	黑穗病	红叶病
偏凸燕麦 *A. ventricosa*	Cv	+	+	+		
不完全燕麦 *A. clauda*	Cp	+	+	+		+
异颖燕麦 *A. eriantha*	Cp	+	+	+		
匍匐燕麦 *A. prostrata*	Ap	+				
大马士革燕麦 *A. damascena*	Ad	+	+	+		+
长颖燕麦 *A. longiglumis*	Al	+	+	+		+
加纳利燕麦 *A. canariensis*	Ac		+	+		+
威士燕麦 *A. wiestii*	As	+	+		+	
赫图拉燕麦 *A. hirtula*	As	+	+	+		+
大西洋燕麦 *A. atlantica*	As	+				
砂燕麦 *A. strigosa*	As	+	+	+		
细燕麦 *A. barbata*	AB	+	+	+	+	+
瓦维洛夫燕麦 *A. vaviloviana*	AB	+	+		+	+
阿比西尼亚燕麦 *A. abyssinica*	AB	+	+	+		
阿加迪里亚纳燕麦 *A. agadiriana*	AB					
大燕麦 *A. maroccana*	CD		+	+		+
墨菲燕麦 *A. murphyi*	CD	+	+			+
岛屿燕麦 *A. insularis*	CD		+	+		
大穗燕麦 *A. macrostachya*	CmCm	+	+	+		+
野燕麦 *A. fatua*	ACD	+	+	+		+
东方燕麦 *A. occidentalis*	ACD	+	+	+		+
法国野燕麦 *A. ludoviciana*	ACD		+	+		+
野红燕麦 *A. sterilis*	ACD	+	+	+	+	+

注：+ 表示具有抗性，下同

（2）抗冠锈病

冠锈病由冠锈菌燕麦专化型真菌（*Puccinia coronata* f. sp. *avenae*）引致，可造成燕麦减产 1.7%～20%。通过系统筛选，目前已经发现超过 100 个小种特异性抗病基因（Admassu-Yimer et al.，2018），但由于新的毒性生理小种迅速出现，一些抗性品种往往在 5 年甚至更短的周期内失去抗性（Carson，2011）。栽培燕麦中抗冠锈病材料较为缺乏。Admassu-Yimer 等（2018）对 607 个来自世界各地的栽培燕麦品种的苗期冠锈病抗性进行了鉴定，共发现高抗品种 22 个，中抗品种 38 个；高抗品种大多来自南美洲，其次为欧洲。相反，在野生种质中发现不少抗病种质。Tan 和 Carson（2013）对 332 份野生燕麦资源的苗期与成株期冠锈病抗性进行了评价，发现共有 164 份种质具有中等苗期抗性，161 份种质具有中等成株期抗性，20 份种质在成株期表现出高抗冠锈病。

（3）抗秆锈病

燕麦秆锈病主要由禾谷柄锈菌燕麦专化型真菌（*Puccinia graminis* f. sp. *avenae*）引致，可造成燕麦减产 5%～35%，严重时甚至绝收。秆锈病几乎在世界所有燕麦种植区均有发生，我国也是燕麦秆锈病的高发地区，遍及所有的燕麦种植区域。目前，燕麦抗秆锈病种质还不多，已经鉴定到的抗性种质多数为野生二倍体燕麦。Steinberg 等（2005）对 11 465 份燕麦种质资源的抗秆锈病能力进行了鉴定，共发现 35 份高抗种质以及 12 份中抗种质，大部分来自二倍体砂燕麦 *A. strigosa*，只有 2 份高抗种质和 3 份中抗种质属于六倍体（表 1-7）。

表 1-7　2001～2003 年燕麦种质接种禾谷柄锈菌燕麦专化型真菌小种 NA67 的田间秆锈病反应
（Steinberg et al.，2005）

不同倍体	种名	种质数量				未发芽	冬性	总计
		抗病等级						
		抗 R	中抗 MR	中感 I	易感 S			
二倍体	大西洋燕麦 *A. atlantica*				4		4	8
	短燕麦 *A. brevis*	1		1	19			21
	加纳利燕麦 *A. canariensis*			1	24	13	2	40
	不完全燕麦 *A. clauda*				25	17	17	59
	大马士革燕麦 *A. damascena*				1	2		3
	异颖燕麦 *A. eriantha*			1	28	20	26	75
	赫图拉燕麦 *A. hirtula*				71	17	16	104
	A. hispanica				6	3	1	10
	长颖燕麦 *A. longiglumis*				16	2	8	26
	卢西塔尼卡燕麦 *A. lusitanica*			1	12	2	2	17
	大粒裸燕麦 *A. nuda*				19			19

不同倍体	种名	种质数量				未发芽	冬性	总计
		抗病等级						
		抗 R	中抗 MR	中感 I	易感 S			
二倍体	砂燕麦 *A. strigosa*	28	8	5	72	6		119
	瓦维洛夫燕麦 *A. vaviloviana*			9	90	2	1	102
	偏凸燕麦 *A. ventricosa*						2	2
	威士燕麦 *A. wiestii*				29	3	4	36
	合计	29	8	18	416	87	83	641
四倍体	阿比西尼亚燕麦 *A. abyssinica*	1		19	228	2		250
	阿加迪里亚纳燕麦 *A. agadiriana*				8		1	9
	细燕麦 *A. barbata*	2	1	17	1 275	202	251	1 748
	大燕麦 *A. maroccana*			2	31	1		34
	合计	3	1	38	1 542	205	252	2 041
六倍体	东方燕麦 *A. occidentalis*				47	1		48
	栽培燕麦 *A. sativa*	2	2	6	933	14	34	991
	野红燕麦 *A. sterilis*	1	1	9	6 922	321	490	7 744
	合计	3	3	15	7 902	336	524	8 783
	总计	35	12	71	9 860	628	859	11 465

（4）抗白粉病

燕麦白粉病是普遍发生的病害,由禾本科布氏白粉菌燕麦专化型真菌(*Blumeria graminis* f. sp. *avenae*)引致,主要侵染叶片和叶鞘。根据致病性强弱,将燕麦白粉病菌分为 5 个组,即 OMR1~5(Hsam et al.,1997)。对来自西欧和北美洲的 259 个燕麦品种进行了白粉病抗性室内鉴定,得到 38 个抗病品种。目前鉴定得到 12 个抗白粉病基因,分别命名为 *Pm1*~*Pm12*(Okoń et al.,2021;Ociepa and Okoń,2022)。我国白粉病抗病资源相对缺乏。郭斌等（2012）于 2009~2011 年在甘肃省天水市甘谷县对 128 个燕麦品种进行了白粉病抗性田间鉴定和评价,结果表明所有材料均有不同程度的感染,仅有两份材料'MF9715''4607'表现为高抗。赵峰等（2017）于 2012~2014 年采用田间自然感病法在甘肃省天水市甘谷县进一步对 213 份燕麦种质进行了白粉病抗性田间鉴定和评价,也未发现免疫材料。但在野生资源中发现很多抗白粉病的种质资源,如多数来自地中海的细燕麦 *A. barbata* 存在很多抗白粉病居群(Loskutov and Rines,2011)。此外,在一些野生物种中也发现有很多抗病材料(表1-6)。

四、燕麦种质资源利用

通过育种家的系统评价和鉴定，一批具有优良性状的燕麦种质资源被挖掘出来，部分资源已经广泛用于品种选育。抗倒伏是燕麦育种的一个主要目标，降低株高是减少倒伏发生的有效途径。育种家通过人工诱变和系统筛选获得了大量矮秆/半矮秆基因资源，目前已经证实报道的有 8 个，分别命名为 $Dw1 \sim Dw8$（Molnar et al.，2012）。其中，$Dw6$ 已经用于品种选育，并且在大洋洲有着高于传统高秆燕麦品种的产量表现（Anderson and McLean，1989）。许多四倍体如大燕麦、墨菲燕麦和六倍体如野燕麦、野红燕麦籽粒的蛋白质含量达到 25%，远高于主要栽培品种。基于此，利用种间杂交获得了很多产量表现优异且蛋白含量（约25%）与野生亲本相当的株系（Lyrene and Shands，1975）。杨才等（2005）以蛋白质含量高的四倍体大燕麦 $A. maroccana$ 为母本，培育出高蛋白质的新品种'冀张燕 1 号'，其蛋白质含量高达 18.10%，脂肪含量为 7.84%，一般旱地种植种子产量为 3266.06kg/hm²，最高可达 4206.75kg/hm²，比对照'马匹牙''红旗 2 号'分别增产 18.62%和 10.96%。Frey 和 Holland（1999）以野红燕麦为亲本之一，采用种间杂交筛选到脂肪含量高达 18.1%且产量表现良好的株系。

种质资源，尤其是野生种质资源在抗病性品种选育中发挥了重要作用。杨才等（2001）以及刘彦明等（2011）利用皮裸燕麦杂交选育出高抗黑穗病的裸燕麦新品种'花早 2 号''定莜 8 号'。许多抗冠锈病基因，包括 $Pc38$、$Pc39$、$Pc48$、$Pc51$、$Pc52$、$Pc58$、$Pc59$、$Pc62$、$Pc68$、$Pc71$、$Pc91$、$Pc92$ 等（Wight et al.，2005）已经成功转移到新品种中。例如，来自二倍体砂燕麦 $A. strigosa$ 的抗病基因 $Pc94$ 广泛存在于加拿大主栽品种中，包括'Leggett''Stride'等；来自四倍体大燕麦 $A. maroccana$ 的 Pc91 广泛存在于'HiFi''Souris''Rockford''Newburg''Jury'品种中。同时，许多主栽品种整合了多个抗性基因，如'Summit'品种含有 $Pg2$ 和 $Pg13$，'Robert''AC Assiniboia''Ronald'等加拿大主栽培品种含有 $Pg2$、$Pg9$ 和 $Pg13$。

参 考 文 献

崔林, 刘龙龙. 2009. 中国燕麦品种资源的研究. 现代农业科学, 16: 120-123.

龚海, 李维成, 王雁丽. 1999. 燕麦品种资源品质分析. 山西农业科学, 27: 16-19.

郭斌, 郭满库, 郭成. 2012. 燕麦种质资源抗白粉病鉴定及利用评价. 植物保护, 38: 144-146.

郭成, 王艳, 张新瑞. 2017. 燕麦种质抗坚黑穗病鉴定与评价. 草地学报, 25: 379-386.

李春杰, 陈泰祥, 赵桂琴, 等. 2017. 燕麦病害研究进展. 草业学报, 12: 203-222.

李马驹. 2017. 不同栽培措施对燕麦饲草产量及品质的影响. 四川农业大学硕士学位论文.

李怡琳, 李淑英. 1986. 燕麦(裸、皮)品种抗坚黑穗病鉴定. 作物品种资源, 3: 32-34.

李颖, 毛培胜. 2013. 燕麦种质资源研究进展. 安徽农业科学, 41(1): 72-76.

林磊, 刘青. 2015. 禾本科燕麦属植物的地理分布. 热带亚热带植物学报, 2: 111-122.

刘彦明, 任生兰, 边芳, 等. 2011. 旱地莜麦新品种定莜8号选育报告. 甘肃农业科技, 8: 3-4.

马得泉, 田长叶. 1998. 中国燕麦优异种质资源. 作物品种资源, 2: 4-6.

马莉. 2018. 四川平坝生态区高产优质燕麦饲草材料筛选及农艺性状的相关性分析. 四川农业大学硕士学位论文.

彭远英. 2009. 燕麦属物种系统发育与分子进化研究. 四川农业大学博士学位论文.

彭远英. 2019. 燕麦种质资源及西南区燕麦育种与栽培管理. 北京: 中国农业大学出版社.

史京京, 薛盈文, 郭伟, 等. 2019. 引进燕麦种质资源饲草产量与饲用营养价值评价. 麦类作物学报, 39: 1063-1071.

徐欣然. 2021. 西南地区高产优质饲用燕麦种质资源筛选. 成都大学硕士学位论文.

杨才, 王秀英, 赵云云, 等. 2001. 极早熟高产莜麦新品种花早2号的选育. 作物杂志, 5: 46.

杨才, 赵云云, 王秀英, 等. 2005. 采用 A. magna×A. nuda 种间杂交技术育成高蛋白 A. nuda 新种质 S109 和 S20. 河北北方学院学报(自然科学版), 21: 36-40.

杨海鹏, 孙泽民. 1989. 中国燕麦. 北京: 农业出版社.

杨敏, 徐树花, 饶雄, 等. 2023. 乌蒙山冷凉山区饲用燕麦农艺性状与营养品质评价. 草地学报, 31: 1071-1080.

赵峰, 郭满库, 郭成. 2017. 213份燕麦种质的白粉病抗性评价. 草业科学, 34: 331-338.

赵继秀, 祥马, 琚泽亮, 等. 2022. 青海省东部不同燕麦种质资源产量性状评价. 草业学报, 39: 2160-2170.

赵晓燕. 2005. 浅谈作物种质资源保存方法. 种子, 24: 53-55.

赵秀芳, 戎郁萍, 赵来喜. 2007. 我国燕麦种质资源的收集和评价. 草业科学, 24: 36-39.

郑殿升, 吕耀昌, 田长叶. 2006a. 中国裸燕麦 β-葡聚糖含量的鉴定研究. 植物遗传资源学报, 7(1): 300-306.

郑殿升, 王晓鸣, 张京. 2006b. 燕麦种质资源描述规范和数据标准. 北京: 中国农业出版社.

郑殿升, 张宗文. 2011. 大粒裸燕麦(莜麦)(Avena nuda L.)起源及分类问题的探讨. 植物遗传资源学报, 12: 667-670.

郑殿升, 张宗文. 2017. 中国燕麦种质资源国外引种与利用. 植物遗传资源学报, 18: 1001-1005.

周青平, 苟小林, 田莉华, 等. 2018. 寒冷区早晚熟燕麦品种的生产性能分析. 科学通报, 63(17): 1722-1730.

周青平, 颜红波, 梁国玲, 等. 2015. 不同燕麦品种饲草和籽粒生产性能分析. 草业学报, 24(10): 120-130.

Admassu-Yimer B, Bonman JM, Esvelt Klos K. 2018. Mapping of crown rust resistance gene *Pc53* in oat (*Avena sativa*). PLoS One, 13: e0209105.

Anderson WK, McLean R. 1989. Increased responsiveness of short oat cultivars to early sowing, nitrogen fertilizer and seed rate. Australian Journal of Agricultural Research, 40: 729-744.

Baum BR, Fedak G. 1985a. *Avena atlantica*, a new diploid species of the oat genus from Morocco. Canadian Journal of Botany, 63: 1057-1060.

Baum BR, Fedak G. 1985b. A new tetraploid species of *Avena* discovered in Morocco. Canadian Journal of Botany, 63: 1379-1385.

Baum BR, Rajhathy T, Sampson DR. 1973. An important new diploid *Avena* species discovered on the Canary Islands. Canadian Journal of Botany, 51: 759-762.

Baum BR. 1977. Oats: Wild and Cultivated. A Monograph of the Genus *Avena* L. (Poaceae). Ministry of Supply and Services of Canada.

Brown CM, Craddock JC. 1972. Oil content and groat weight of entries in the world oat collection. Crop Science, 12: cropsci1972.0011183X001200040038x.

Carson ML. 2011. Virulence in oat cown rust (*Puccinia coronata* f. sp. *avenae*) in the United States from 2006 through 2009. Plant Disease, 95: 1528-1534.

Coffman FA. 1977. Oat History, Identification and Classification. Washington: SDA-ARS.

Diederichsen A. 2008. Assessments of genetic diversity within a world collection of cultivated hexaploid oat (*Avena sativa* L.) based on qualitative morphological characters. Genetic Resources and Crop Evolution, 55: 419-440.

Etheridge WC. 1916. A Classification of the Varieties of Cultivated Oats. New York: Cornell University.

Fabijanski S, Fedak G, Armstrong K, et al. 1990. A repeated sequence probe for the C genome in *Avena* (oats). Theoretical and Applied Genetics, 79: 1-7.

Frey K. 1998. Genetic responses of oat genotypes to environmental factors. Field Crops Research, 56: 183-185.

Frey KJ, Holland JB. 1999. Nine cycles of recurrent selection for increased groat-oil content in oat. Crop Science, 39: 1636-1641.

Hsam SLK, Peters N, Paderina EV, et al. 1997. Genetic studies of powdery mildew resistance in common oat (*Avena sativa* L.) I. Cultivars and breeding lines grown in Western Europe and North America. Euphytica, 96: 421-427.

Irigoyen M, Loarce Y, Linares C, et al. 2001. Discrimination of the closely related A and B genomes in AABB tetraploid species of *Avena*. Theoretical and Applied Genetics, 103: 1160-1166.

Jellen EN, Gill BS, Cox TS. 1994. Genomic *in situ* hybridization differentiates between A/D- and C-genome chromatin and detects intergenomic translocations in polyploid oat species (genus *Avena*). Genome, 37: 613-618.

Kamal N, Tsardakas Renhuldt N, Bentzer J, et al. 2022. The mosaic oat genome gives insights into a uniquely healthy cereal crop. Nature, 606: 113-119.

Ladizinsky G. 1971. *Avena* prostrata: A new diploid species of oat. Israel Journal of Botany, 20: 297-301.

Ladizinsky G. 1998. A new species of *Avena* from Sicily, possibly the tetraploid progenitor of hexaploid oats. Genetic Resources and Crop Evolution, 45: 263-269.

Ladizinsky G. 2012. Studies in Oat Evolution. Heidelberg: Springer.

Linares C, Ferrer E, Fominaya A. 1998. Discrimination of the closely related A and D genomes of the hexaploid oat *Avena sativa* L. Proceedings of the National Academy of Sciences, 95: 12450.

Linares C, González J, Ferrer E, et al. 1996. The use of double fluorescence *in situ* hybridization to physically map the positions of 5S rDNA genes in relation to the chromosomal location of 18S-5.8S-26S rDNA and a C genome specific DNA sequence in the genus *Avena*. Genome, 39: 535-542.

Loskutov IG, Rines HW. 2011. *Avena*. *In*: Kole C. Wild Crop Relatives: Genomic and Breeding Resources: Cereals. Heidelberg: Springer Berlin Heidelberg: 109-183.

Loskutov IG. 2007. Oat (*Avena* L.). Distribution, Taxonomy, Evolution and Breeding Value. St. Peterburg: VIR.

Loskutov IG. 2008. On evolutionary pathways of *Avena* species. Genetic Resources and Crop Evolution, 55: 211-220.

Lyrene PM, Shands HL. 1975. Groat protein percentage in *Avena sativa*×*A. sterilis* crosses in early generation. Crop Science, 15: cropsci1975.0011183X001500030034x.

Malzew AI. 1930. Wild and Cultivated Oat. Leningrad: Botany and New Cultures under the Council of People's Commissars of the USSR.

Molnar SJ, Chapados JT, Satheeskumar S, et al. 2012. Comparative mapping of the oat Dw6/dw6 dwarfing locus using NILs and association with vacuolar proton ATPase subunit H. Theoretical and Applied Genetics, 124: 1115-1125.

Nielsen J. 1977. A collection of cultivars of oats immune or highly resistant to smut. Canadian Journal of Plant Science, 57: 199-212.

Nielsen J. 1978. Frequency and geographical distribution of resistance to *Ustilago* in six wild species of *Avena*. Canadian Journal of Plant Science, 58: 1099-1101.

Nishyama I. 1936. Cytogenetical studies in *Avena*. I. Chromosome association in hybrids between *A. barbata* Pott. and autotetraploids *A. strigosa* Schreb. Cytologia, 7: 276-281.

Obour AK, Holman JD, Schlegel AJ. 2019. Seeding rate and nitrogen application effects on oat forage yield and nutritive value. Journal of Plant Nutrition, 42: 1452-1460.

Ociepa T, Okoń S. 2022. Chromosomal location of *Pm12*-A novel powdery mildew resistance gene from *Avena sterilis*. Genes, 13: 2409.

Okoń S, Cieplak M, Kuzdraliński A, et al. 2021. New pathotype nomenclature for better characterisation the virulence and diversity of *Blumeria graminis* f. sp. *avenae* populations. Agronomy, 11(9): 1852.

Pearce S. 2021. Towards the replacement of wheat 'Green Revolution' genes. Journal of Experimental Botany, 72: 157-160.

Peng Y, Yan H, Guo L, et al. 2022. Reference genome assemblies reveal the origin and evolution of allohexaploid oat. Nature Genetics, 54: 1248-1258.

Peng YY, Wei YM, Baum BR, et al. 2010. Phylogenetic inferences in *Avena* based on analysis of FL intron2 sequences. Theoretical and Applied Genetics, 121: 985-1000.

Rajhathy T. 1961. Chromosomal differentiation and speciation in diploid Avena. Canadian Journal of Genetics and Cytology, 3: 372-377.

Rajhathy T, Baum BR. 1972. *Avena damascena*: A new diploid oat species. Canadian Journal of Genetics and Cytology, 14: 645-654.

Rajhathy T, Dyck PL. 1963. Chromosomal differentiation and speciation in diploid *Avena*. II. The karyotype of *A. pilosa*. Canadian Journal of Genetics and Cytology, 5: 175-179.

Rajhathy T, Morrison JW. 1959. Chromosome morphology in the genus *Avena*. Canadian Journal of Botany, 37: 331-337.

Rajhathy T, Thomas H. 1974. Cytogenetics of Oats (*Avena* L.). Ottawa: Miscellaneous Publications of Genetics Society of Canada.

Rezai A. 1977. Variation for Some Agronomic Traits in the World Collection of Wild Oats (*Avena sterilis* L.). USA: Iowa State University.

Rezai A, Frey KJ. 1988. Variation in relation to geographical distribution of wild oats-seed traits. Euphytica, 39: 113-118.

Stebbins LG. 1971. Chromosomal Evolution in Higher Plants. London: Edward Arnold.

Steinberg JG, Fetch JM, Fetch TG. 2005. Evaluation of *Avena* spp. accessions for resistance to oat stem rust. Plant Disease, 89: 521-525.

Tan MYA, Carson ML. 2013. Screening wild oat accessions from Morocco for resistance to *Puccinia coronata*. Plant Disease, 97: 1544-1548.

Tang X, Yan H, Wang Z, et al. 2014. Evaluation of diversity and the relationship of *Avena* species based on agronomic characters. International Journal of Agriculture & Biology, 16: 14-22.

Welch RW, Brown JCW, Leggett JM. 2000. Interspecific and intraspecific variation in grain and groat characteristics of wild oat (*Avena*) species: very high groat $(1\rightarrow3),(1\rightarrow4)$-β-D-glucan in an *Avena atlantica* genotype. Journal of Cereal Science, 31: 273-279.

Welch RW, Leggett JM. 1997. Nitrogen content, oil content and oil composition of oat cultivars (*A. sativa*) and wild *Avena* species in relation to nitrogen fertility, yield and partitioning of assimilates. Journal of Cereal Science, 26: 105-120.

Wight CP, O'Donoughue LS, Chong J, et al. 2005. Discovery, localization, and sequence characterization of molecular markers for the crown rust resistance genes *Pc38*, *Pc39*, and *Pc48* in cultivated oat (*Avena sativa* L.). Molecular Breeding, 14: 349-361.

Yan H, Bekele WA, Wight CP, et al. 2016. High-density marker profiling confirms ancestral genomes of *Avena* species and identifies D-genome chromosomes of hexaploid oat. Theoretical and Applied Genetics, 129: 2133-2149.

Yan H, Zhou P, Peng Y, et al. 2020. Genetic diversity and genome-wide association analysis in Chinese hulless oat germplasm. Theoretical and Applied Genetics, 133: 3365-3380.

第二章　燕麦分子生物学研究

近百年来，经过育种家的不懈努力，高产、优质、多抗的作物新品种不断地被创造和培育出来，而作物育种模式的发展大体经历了 3 个时期。第一个时期是主要依赖表型观察，通过自交加代选育优秀自交系的传统经验育种；第二个时期是以杂种优势群体划分模式为基础，以筛选高配合力亲本组合为核心的杂种优势育种；第三个时期是综合了单倍体育种、分子标记育种、转基因育种的现代生物工程育种（王向峰和才卓，2019）。近年来，伴随人类社会步入互联网、大数据、人工智能时代，全球范围内的生物育种技术不断取得重大突破，现代种业已进入"常规育种+现代生物技术育种+信息化育种"的"4.0 时代"，正迎来以全基因组选择、基因编辑、合成生物及人工智能等技术融合发展为标志的新一轮科技革命。育种"4.0 时代"的实现，离不开对控制重要农艺性状的基因的挖掘，以及对其背后遗传机制的深入研究。

相比其他主要粮食作物，燕麦的分子生物学研究全面滞后。主要原因是燕麦为小宗作物，并未受到人们的广泛重视，各级政府部门在人力、财力和物力上的投入有限。另外，燕麦为异源六倍体，包含三套不同的基因组，遗传方式复杂。同时，燕麦基因组十分庞大，重复序列多，直到 2022 年才完成参考基因组的构建。好在随着测序、大数据和人工智能技术的发展，燕麦分子生物学研究正在进入飞速发展的阶段。

第一节　分子标记挖掘

一、分子标记类型和特点

分子标记（molecular marker）是继形态标记、细胞标记和生化标记之后发展起来的一种较为理想的遗传标记形式，指能够反映生物个体间或种群间基因组某种差异特征的 DNA 片段，是一种以 DNA 多态性为基础的遗传标记，直接反映基因组 DNA 间的差异，其发展经历了三个阶段。每一种分子标记都有其自身的特点和特定的应用范围。相比形态标记和生化标记，分子标记具有许多独特的优点：①不受组织类别、发育阶段以及环境的影响；②数量多，遍及整个基因组；③多态性高，自然存在许多等位变异；④标记技术简单、快速、易于自动化等。分子标记是现代生物学研究的基础工具。

1. 第一代分子标记

第一代分子标记是以 DNA 杂交为基础发展起来的，主要是限制性片段长度多态性（restriction fragment length polymorphism，RFLP）。在生物的长期进化过程中，种属、品种间在同源 DNA 序列上会发生变化，从而改变酶切位点的位置，使两个酶切位点间的片段长度发生变化。RFLP 正是利用这一原理，采用不同的限制性内切酶对基因组进行消化，再经过电泳、印迹和探针杂交来观察这种遗传差异。RFLP 的等位基因具有共显性的特点，结果稳定可靠、重复性好，特别适用于构建遗传连锁图。缺点是需要目标位点的 DNA 片段作为探针，使用放射性同位素及核酸杂交技术，既不安全又不易自动化。由于成本高，实验步骤多，周期长，标记稳定性较差，第一代分子标记目前已基本被淘汰。

2. 第二代分子标记

第二代分子标记主要是以 PCR 技术为基础的 DNA 标记，主要包括随机扩增多态性 DNA（random amplified polymorphic DNA，RAPD）、特异性片段扩增区域（sequence characterized amplified region，SCAR）、扩增片段长度多态性（amplified fragment length polymorphism，AFLP）、简单重复序列（simple sequence repeat，SSR）、简单重复序列间区（inter simple sequence repeat，ISSR）等。其中，SSR 是应用最为广泛的一类分子标记，至今仍然是生物学研究的重要工具，具有多态性高、稳定可靠等特点，因此是一种十分理想的分子标记，在遗传图谱构建、数量性状位点（QTL）定位、标记辅助选择、遗传检测等领域有着重要的应用价值。

3. 第三代分子标记

第三代分子标记以单核苷酸多态性（single nucleotide polymorphism，SNP）为代表。SNP 是指在基因组水平上由单个核苷酸变异所引起的 DNA 序列多态性，多态性频率大于 1%。严格来讲，SNP 只涉及单个碱基的变异，即碱基的转换（包括 A 与 G、T 与 C 互换）和颠换（包括 A 与 C、A 与 T、G 与 C、G 与 T 互换），不包括单个核苷酸的插入和缺失。SNP 标记数量众多，分布十分广泛，在人类基因组中，平均每 1.3kb 就存在一个 SNP 位点。同时，SNP 标记很容易实现自动化，由于成本低，非常适合需要大量分子标记的遗传作图等研究。目前已有多种检测 SNP 的方法，如基于 DNA 列阵的微测序法、动态等位基因特异杂交、寡聚核苷酸特异连接、DNA 芯片及 TaqMan 系统等（表 2-1）。

表 2-1　SNP 检测技术与适用范围

方法	仪器/方法平台	单个反应通量	特点	适用性
TaqMan 探针法	荧光定量 PCR	1	准确性高、重复性好	样本量大、检测位点少
SNaPshot 法	ABI 测序仪	10～15 个	通量中等	样本量中等、检测位点数中等和可多体系联用
MassArray 法	Sequenom 质谱仪	10～30 个	速度快、通量大	设计灵活、样本量大和检测位点较多
KASP	LGC 公司专利方法	每孔 1 个,支持多孔板	特异性高、灵活性强	设计灵活、样本量大和检测位点较多
芯片法	SNP 芯片	数千至数十万个	通量大	样本量大和检测位点多
二代测序	高通量测序平台	数万至数百万个	通量超大、准确性高	检测位点超多

二、SNP 标记检测技术

1. KASP

竞争性等位基因特异性 PCR（kompetitive allele-specific PCR，KASP）是一种基于荧光的同质基因分型技术，在原理上与 TaqMan 探针法类似，也是以终端荧光信号的读取来判断，每孔都是采用双色荧光检测一个 SNP 位点的两种基因型，不同的 SNP 对应不同的荧光信号。与 TaqMan 探针法不同的是，KASP 采用的是通用探针，可以与各种不同的基因特异引物配合使用，不需要每个 SNP 位点都合成特异的荧光引物，极大地降低了实验的试剂成本（约 80%）。同时，KASP 不依赖凝胶电泳，不需要专门的设备，可以使用常规的实时荧光定量 PCR（qPCR）仪器进行 SNP 基因分型，具有良好的兼容性。因此，KASP 具有灵活、便宜、准确等特点，广泛用于基因分型研究。

2. DNA 芯片

DNA 芯片（DNA chip）又称 DNA 微阵列（DNA microarray）或生物芯片，是一种以杂交原理为基础的 SNP 检测方法，其原理由核酸的分子杂交衍生而来，即利用已知序列的核酸探针对未知的核酸序列进行杂交检测。DNA 芯片可一次性对大量样品进行检测和分析，解决了常规核酸印迹杂交技术的复杂、自动化程度低、检查数量少等问题。DNA 芯片凭其信息量大、易于自动化和成本低的特点已得到大规模发展，但缺点是多态性差、分析范围较窄（陈思平，2017）。主要粮食作物如水稻、玉米、小麦已经开发了多张 SNP 芯片，用于分子生物学研究（表 2-2）。但燕麦基础研究落后，目前仅有一张 6K SNP 芯片被开发出来（Tinker et al.，2014）。

表 2-2　主要粮食作物 SNP 芯片（吴凯，2018）

作物	芯片大小	采用技术
小麦	9K	Illumina Infinium BeadChip
小麦	90K	Illumina Infinium BeadChip
小麦	660K	Affymetrix Axiom
大麦	9K	Illumina Infinium BeadChip
燕麦	6K	Illumina Infinium BeadChip
黑麦	600K	Affymetrix Axiom
水稻	6K	Illumina Infinium BeadChip
水稻	44K	Affymetrix GeneChip
水稻	50K	Affymetrix Axiom
水稻	1M	Affymetrix
玉米	50K	Illumina Infinium BeadChip
玉米	3K	Illumina Infinium BeadChip
玉米	600K	Affymetrix Axiom
玉米	50K	Affymetrix Axiom

3. 简化基因组测序

尽管 DNA 芯片具有通量高、易于自动化等优点，但存在多态性差、分析范围较窄等问题，因此仍需开发更多成本低、通量高的分子标记技术。近年来，高通量的简化基因组测序（reduced-representation genome sequencing，RRBS）的出现以及随之开发的标记挖掘生物信息学软件为大规模的 DNA 标记开发提供了契机。简化基因组测序是指利用限制性内切酶打断基因组 DNA，并对特定片段进行高通量测序获得海量遗传多态性标签序列来充分代表目标物种全基因组信息的测序策略。此方法实验步骤简单、成本低，而且可以不依赖参考基因组就能获得全基因组范围内的遗传多态性标签，因而广泛应用于生态学、进化学和基因组学等领域。目前广泛采用的简化基因组测序方法包括限制性酶切位点 DNA 测序（restriction-site associated DNA sequence，RAD-seq）、基于测序的基因分型（genotyping by sequencing，GBS）和特异性位点扩增片段测序（specific-locus amplified fragment sequencing，SLAF-seq）三种（表 2-3）。

表 2-3　三种不同简化基因组测序方法的比较

参数	RAD-seq	GBS	SLAF-seq
酶切	单/双酶切	单/双酶切	双酶切
片段选择	超声打断/电泳切胶	PCR 扩增/电泳切胶	电泳切胶
建库流程	烦琐	简单	简单
标记密度（Mb）	30～500	5～40	50～80
标记数目	多	多	多
标签测序深度	不一致	不一致	不一致
优点	获得标记多	建库简单	获得的分子标记分布更加均匀
缺点	建库烦琐	标记数量比 RAD 少，缺失率高	非特异性接头使降解的短 DNA 片段也可能建库，浪费数据量

　　RAD-seq 技术于 2007 年由 Miller 等（2007）提出，基本流程是：首先通过限制性内切酶将样本基因组 DNA 酶切成小片段，然后在片段两端加上接头，最后上机测序。该技术在无参考基因组物种的研究中具有较大的优势，因为可显著降低测序成本（相对于全基因组测序），同时能获得数量可观的基因组变异信息。这也是该技术能广泛应用于分子标记开发、遗传图谱构建、基因/QTL 定位和全基因组关联分析、群体遗传分析与分子育种领域的主要原因。

　　SLAF-seq 技术由 Sun 等（2013）提出，流程与 RAD-seq 十分类似，不同的是其在建库时采用了非特异性接头，基本流程为：首先通过生物信息学模拟酶切结果，以便选择合适的限制性内切酶，然后对特异长度的基因组 DNA 进行酶切，接着给每个片段加一级接头，混合后加二级接头，最后完成文库构建并上机测序。该技术适用于样本量较大且基因组较复杂的无参考基因组物种的研究。

　　GBS 是由 Elshire 等（2011）提出的一种简化基因组测序技术，原理是利用限制性内切酶对基因组进行酶切，加上 Barcode 接头和通用接头后，利用 PCR 进行扩增，最后上机测序。该技术建库步骤少，可以对大量样本进行建库，因此具有省时、成本低的优点，但获得的标记数比 RAD-seq 少。

　　4. 基因组重测序

　　全基因组重测序是对已知基因组序列物种的不同个体基因组进行重测序，并在此基础上结合各生物信息分析工具，对测序获得的序列信息与参考基因组进行比对，从而发掘各类变异信息，包括 SNP、插入缺失等，能够在全基因组水平上挖掘数以百万计的 SNP 等分子标记，从而能够从整体角度对物种的遗传变化进行解析。全基因组重测序还可以突破基因分型芯片的品种偏向性和标记不足问题，获得的新的遗传变异信息可为进一步绘制高密度芯片提供研究材料。经过全基因组重测序，能够获得更多无偏向性的分子标记，但存在成本过高的问题。不过随着测序成本的下降，全基因组重测序有望成为未来主流的标记开发方法。

第二节　分子标记在燕麦研究中的应用

一、分子遗传图谱的构建

遗传连锁图谱（genetic linkage map）是描述分子标记在染色体上相对位置的排列顺序图，通过计算分子标记在染色体交换时的重组率来确定其在染色体上的位置。遗传图谱对于基因定位十分重要，图谱上的标记数量越多，分布越均匀，则基因定位越精细。由于栽培燕麦是异源六倍体，基因组较为复杂，因此燕麦第一张遗传连锁图谱是 O'Donoughue 等（1992）构建的一个二倍体图谱。该图谱以二倍体大西洋燕麦 *A. atlantica* 和赫图拉燕麦 *A. hirtula* 杂交形成的 43 个 F_3 单株作为作图群体，包含 7 个连锁群，共有 188 个 RFLP 标记；每个连锁群大小在 30～118cM，共覆盖遗传距离 614cM。Rayapati 等（1994）构建了另一个燕麦二倍体遗传连锁图谱。该图谱以二倍体砂燕麦 *A. strigosa* 和威士燕麦 *A. wiestii* 杂交获得的 88 个 F_2 单株作为作图群体，共获得 10 个连锁群，包含 208 个 RFLP 标记，共覆盖遗传距离 2416cM，位点间平均遗传距离 12cM。随后，Yu 和 Wise（2000）以及 Kremer 等（2001）对该群体进行了进一步更新加密：Yu 和 Wise 构建的图谱包含 7 个连锁群，共有 513 个位点；Kremer 等构建的群体包含 9 个连锁群，共有 181 个位点，总长度 880cM，位点间平均遗传距离 5cM。

第一张六倍体栽培燕麦遗传连锁图谱由 O'Donoughue 等（1995）构建，作图群体为 'Kanota' 和 'Ogle' 杂交获得的 71 个 F_6 个体（KO 群体），包含 561 个标记，共获得 38 个连锁群，总长度 1482cM，位点间平均遗传距离 5.9cM。Jin 等（2000）利用 AFLP 标记和 RFLP 标记对 KO 群体进行了更新，得到一张包含 515 个标记、34 个连锁群的遗传图谱，总长度 2351cM。Kianian 等（2001）进一步将 221 个 RFLP 标记定位在 32 个连锁群上，使上述图谱总长度增加至 1770cM。随后，Groh 等（2001）采用 AFLP 标记对 KO 图谱进行了补充，新增了 71 个 AFLP 标记，分布在 21 个连锁群上。Wight 等（2003）进一步增加 KO 群体个体至 133 个，并利用 RFLP 标记、RAPD 标记、同工酶标记、SSR 标记、SCAR 标记以及形态学标记进行了图谱构建，更新后的 KO 图谱包含 29 个连锁群，共计 1166 个标记，总长度 1890cM。Tinker 等（2009）在此基础上，将 1010 个 DArT 标记锚定在 KO 图谱上，从而使其更加饱和。

此外，研究者还利用由其他六倍体品种配制的杂交群体进行了遗传连锁图谱的构建。Groh 等（2001）利用 'Kanota' × 'Marion' 群体构建的 KM 图谱，包含 27 个连锁群，分布有 103 个 AFLP 标记，总长度 736cM。Portyanko 等（2001）利用 'Ogle'×'TAMO-301' 群体构建的 OT 图谱，包含 426 个标记，总长度 2049cM。Zhu 和 Kaeppler（2003）利用 'Ogle'×'MAM17-5' 群体构建的 OM 图谱，包含 476 个标记，总长度 1396cM。Jin 等（2000）利用 AFLP 和 RFLP 标记构建的 'Clintland64'×'IL86-5698' 图谱，包含 30 个连锁群，共计 265 个标记，总长度 1363cM。De Koeyer 等（2004）利用 AFLP、RFLP 等分子标记构建的 'Terra'×'Marion' 图谱，包含 35 个连锁群，共计 430 个标记，总长度 727cM。Portyanko 等（2005）构建的 'MN841801-1'×'Noble-2' 图谱，含 30 个连锁群，共 231 个标记，总长度 1509cM。Hizbai 等（2012）利用 DArT 标记构建的 'Dal'×'Exeter' 图谱，共计 40 个连锁群，共计 475 个标记，总长度 1271.8cM。Pellizzaro 等（2016）利用 SNP 芯片构建的 'UFRGS 01B7114-1-3'×'UFRGS 006013-1' 图谱，包含 42 个连锁群，共计 502 个标记，总长度 1397cM。Ubert 等（2017）利用 SNP 芯片以两个皮裸燕麦杂交后代为群体构建的两张遗传图谱，分别包含 52 个和 49 个连锁群，共计 738 个和 588 个标记，总长度分别为 1699cM 和 1450cM。我国学者也利用不同的分子标记构建了六倍体燕麦遗传连锁图谱。徐微等（2013）构建了第一个裸燕麦遗传连锁图谱，以 '元莜麦' 和 '555' 杂交得到的 281 个 F_2 单株作为作图群体，总长度 1544.8cM，有 19 个连锁群，分布有 92 个 AFLP 标记、3 个 SSR 标记和 1 个穗型形态标记。相怀军（2010）以 '大明月莜麦'×'品七' 杂交得到的 155 个 F_2 单株作为作图群体，构建了一张包含 77 个标记的遗传连锁图谱，总长度 1192.7cM。随后，王玉亭（2011）、吴斌等（2014）和宋高原（2014）相继构建了另外三张六倍体燕麦遗传连锁图谱，多采用第二代分子标记如 AFLP、SSR 等进行构建，分子标记数量较少，图谱密度较低。

尽管已经构建了不少燕麦遗传连锁图谱，但多数采用 RFLP、RAPD、AFLP、SSR 等标记，标记数量少、密度低，图谱之间无法进行有效比较。得益于高通量 SNP 芯片和 GBS 测序技术的成功应用，六倍体燕麦图谱的比较和整合研究取得突破性进展。Oliver 等（2013）率先利用 DArT 技术开发了超过 11 000 个高质量的 SNP 标记，利用 6 个不同的自交群体作为作图群体，绘制了第一个高密度六倍体燕麦整合图谱，包含 21 个连锁群，有 1053 个标记，总长度 1838.8cM。随后，Tinker（2014）利用一张载有 5743 个 SNP 标记的芯片对上述图谱进行了加密，获得第二代高密度的一致性图谱，包含 4171 个标记。在此基础上，Chaffin 等（2016）进一步利用 SNP 芯片和高通量 GBS 测序技术对 12 个六倍体燕麦群体进行了遗传连锁图谱构建，比较整合后，获得第三代高密度的一致性图谱，包含 21 个连锁群，有 7202 个框架性标记，每个连锁群包含 146～667 个标记，总长度 2843cM。由于多数群体是春燕麦与春燕麦杂交产生的后代，因此 Sunstrum 等（2019）利用南方冬燕麦品种 'TX07CS-1948' 和春燕麦品种 'SA04213' 作为作图群体，采用 GBS

测序技术对作图群体进行基因型分析，构建了第一个冬燕麦和春燕麦杂交连锁图谱，包含 21 个连锁群，共有 6902 个标记，总长度 2153.3cM，其中有 3661 个标记与第三代一致性图谱的标记重叠。

二、遗传多样性研究

种质资源研究的重要内容之一是对种质资源的遗传多样性进行有效评价。遗传多样性的研究方法主要包括形态学和生化指标以及各种 DNA 标记。相对而言，形态学和生化指标容易受到外部环境的影响，因此很难对种质资源做出较为准确的评价。而 DNA 是遗传物质，DNA 标记的多态性是 DNA 水平上遗传多样性的直接反映，能够揭示生物遗传多样性的本质，且 DNA 标记多态性高、不受环境影响，更能揭示遗传多样性。根据遗传多样性结果对种质进行聚类分析，可以了解物种的系统发育、亲缘关系及起源，追溯育种过程中的基因位点变化，为种质保存、利用等提供理论依据。

目前，已有大量研究利用分子标记对燕麦种质尤其是栽培燕麦的遗传多样性进行了分析。O'Donoughue 等（1994）利用 RFLP 标记对 83 个北美洲燕麦品种的遗传多样性进行了研究，共检测到 278 个条带，其中 205 个条带表现出多态性。聚类分析和主成分分析将这 83 个燕麦品种大致分为春播和冬播两大类，这些品种之间的聚类关系与谱系分析结果一致。Fu 等（2003）利用 SSR 标记对 1886～2001 年选育的 96 个加拿大燕麦品种的遗传多样性和等位基因位点变化进行了研究，发现 1970 年以后选育的品种遗传多样性出现明显下降；进一步利用 AFLP 标记对来自 79 个国家和地区的 646 份以及 24 份未知来源的栽培燕麦的遗传多样性进行了系统研究，发现燕麦遗传多样性最高的国家是俄罗斯、美国、厄瓜多尔、智利以及中国，不同类型以及选育情况的燕麦种质之间遗传多样性相当；栽培燕麦和地中海燕麦之间发生较强的群体结构分化（Fu et al.，2005）。Klos 等（2016）利用 SNP 芯片和 GBS 测序技术对主要来自北美洲和欧洲的 635 份栽培燕麦种质资源进行了群体结构分析，发现其群体结构较弱，春冬性和地理来源是决定群体结构的主要因素，说明北美洲燕麦群体结构的形成与现代育种中的人工选择有关。Yan 等（2020）对北美洲、欧洲和中国燕麦的遗传多样性进行了分析，同样发现栽培燕麦并未发生很强的群体结构分化，中国裸燕麦和欧洲燕麦的群体遗传多样性低，可能与驯化瓶颈和育种选择有关。

我国燕麦工作者也利用 DNA 标记对燕麦种质的遗传多样性进行了较为系统的研究。徐微等（2013）利用 AFLP 标记对 281 个栽培裸燕麦品种进行了遗传多样性分析，20 对 AFLP 引物共扩增出 1137 条 PCR 条带，其中 260 条为多态性位点；内蒙古的裸燕麦品种遗传多样性最高，其次为山西和河北的种质，东北地区的种质较为独特，而西部地区的裸燕麦种质较为单一。相怀军（2010）利用 AFLP 标记对 177 份保存在我国的来自国内外的皮燕麦种质资源进行了遗传多样性分析，结果表明西欧皮燕麦种质的遗传多样最高，其次为北欧、日本和东欧，我国黑龙江皮燕麦种质资源的遗传多样性最低。聚类分析表明，除内蒙古外，我国其他地区的皮燕麦种质与国外的皮燕麦种质存在明显的群体分化，表明这些地区之间缺乏种质交换；而内蒙古的皮燕麦品种则与国外的皮燕麦品种表现出较高的遗传相似性，得益于这些年来内蒙古地区开展的积极引种工作，并通过杂交等方式将引种资源的优异基因导入适宜于当地种植的燕麦品种中，进而培育出一批优质的燕麦新品种。李进等（2021）采用目标起始密码子多态性标记（SCoT）对目前国内种植利用的 36 个饲用燕麦品种进行了遗传变异结构分析，结果表明国内种植利用的燕麦品种遗传基础较狭窄，来源相对单一。

　　总的来说，现代燕麦品种的遗传多样性还未发生较大程度的丢失，可能与很多品种直接从地方品种中筛选而来以及各地区间的大量种质发生交换有关。栽培燕麦品种之间的群体结构在很大程度上受人工选择的影响，如春播区和冬播区燕麦种质之间、地中海燕麦与栽培燕麦之间，甚至白色外稃与其他颜色外稃种质之间都发生了一定的遗传分化（Winkler et al.，2016）。

三、重要性状的基因定位

　　作物的许多重要性状不仅受到少量主效基因（质量性状）或者多个微效基因（数量性状）的控制，还受环境的影响。在传统杂交育种中，育种家通过表型对杂交后代进行筛选，经长时间观察后，最终获得目标性状优良的新品种。由于作物的许多性状为数量性状，且受到环境的强烈影响，因此传统育种过程需要 8～10 年。分子标记辅助选择（marker-assisted selection，MAS）以及更高层次的全基因组选择通过挖掘与农艺性状连锁的分子标记，整合大数据和人工智能以及基因编辑等技术，能够在较短的时间内获得目标性状优异的种质资源，大大缩短了育种年限，是未来作物育种的发展方向。然而，这些方法能够实现的基础是对重要农艺性状进行遗传定位，获得与之连锁的分子标记。

1. 基因定位方法

　　目前对作物重要性状进行基因定位的方法主要有两种，一是基于杂交群体的 QTL 定位，另一种则是基于连锁不平衡的关联分析。基于杂交群体的 QTL 定位是目前燕麦研究中使用最多的方法，其利用两个在目标性状上存在显著差异的材料作为亲本，通过杂交或者回交配制作图群体，然后利用分子标记对群体进行基因分型，最后利用统计学方法研究目标性状与多态性分子标记之间的连锁关系。

通常来讲，目标性状与分子标记的物理距离越近，二者呈连锁遗传的概率越高。想要通过这种方法获得较高的作图精度，要求双亲目标性状差异大且在后代中分离明显，表型性状容易分组，有足够多的多态性分子标记。总的来讲，初级作图群体容易构建，但是 QTL 定位并不会很精确；高级作图群体构建工作量大，但 QTL 定位相对准确。相比基于自然群体的全基因组关联分析（genome-wide association study，GWAS），双亲本 QTL 定位不需要考虑群体结构问题，遗传背景噪声相对较小，同时双亲本群体构建相对直接，只需要找到在目标性状上有显著差异而且遗传背景最好不要太远的一对亲本即可，不需要进行大规模的自然群体收集。由于分离区段相对较大，QTL 初定位不需要密度太高的分子标记，而QTL 精细定位只需在特定区段进行标记加密即可，所以双亲本 QTL 定位需要检测的分子标记相对较少。

关联分析（association analysis）又称关联作图（association mapping，AM），是以连锁不平衡（linkage disequilibrium，LD）为基础，将群体内的遗传标记与目标性状的表型数据进行关联分析的方法，由 Risch 和 Merikangas（1996）首先提出。连锁不平衡是指群体内不同位点等位基因间的非随机关联，即分属两个或两个以上基因座的等位基因同时出现在一条染色体上的概率高于随机出现的频率。连锁不平衡可以是同一条染色体上的不同区域，也可以是不同染色体上的区域（Gupta et al.，2005）。从某种程度来说，GWAS 是将候选基因分析和基因组扫描相结合来检测与定位 QTL 的一种方法，把全基因组的每一个分子标记当作一个候选基因进行关联分析。GWAS 具有检测范围广，可同时检测多个性状或同一座位的多个等位基因，精确度高，分辨率高，群体构建时间短等优点，已经广泛用于作物复杂性状研究（陆美光等，2021）。

2. 燕麦产量相关性状基因定位

提高产量是燕麦育种最重要的目标之一。影响产量的因素有很多，主要包括粒重、有效穗数、单位面积穗粒数，同时其他性状如株高、生育期等也会直接或间接影响燕麦产量。

株高是影响产量的主要农艺性状之一。20 世纪 60 年代以来，矮秆基因的运用大幅提高了主要粮食作物的产量，引发了"绿色革命"。在燕麦中，有 8 个已经报道的矮秆基因，即 $Dw1 \sim Dw8$（Molnar et al.，2012），但仅有 $Dw6$ 有育种价值。前人利用不同的群体和分子标记对 $Dw6$ 进行了遗传定位。Milach 等（1997）利用 RFLP 标记和含 $Dw6$ 基因的 F_2 群体对 $Dw6$ 基因进行了定位，发现 $Dw6$ 基因与一个标记 Xumnl45B 连锁。2006 年，Tanhuanpää 等利用 'Aslak' × 'Kontant'杂交创制的 F_2 群体，对 $Dw6$ 基因进行了定位，找到一个 RAPD 标记和一个逆转座元件微卫星扩增多态性（retrotransposon-microsatellite amplified polymorphism，

REMAP）标记与 *Dw6* 基因连锁，二者与 *Dw6* 基因分别相距 5.2cM 和 12.6cM。Howarth 等利用双亲本群体将 *Dw6* 基因定位在 SSR 标记 AME013 和 0L0256 之间，这两个 SSR 标记之间的遗传距离为 8.5cM。Molnar 等（2012）利用近等基因系对 *Dw6* 基因进行比较作图，发现了一个 RFLP 标记 aco245z 与 *Dw6* 基因紧密连锁，该标记位于连锁群 K033 上，随后通过非整倍性分析将 *Dw6* 基因定位在燕麦的 18D 染色体上。Zhao 等（2018）利用 aco245 标记开发了一个新插入缺失标记 bi17 来对 *Dw6* 基因进行定位，成功将其定位在一个 1.2cM 的范围内。在此基础上，Yan 等（2021）将 *Dw6* 基因定位在 SSR83 和 SSR120 标记之间，二者相距 1cM。与此同时，研究者还对其他株高基因进行了 QTL 定位（表 2-4）。Siripoonwiwat 等（1996）在 'Kanota'×'Ogle' 群体中鉴定到 21 个与株高相关的 QTL。Zhu 和 Kaeppler（2003）在 'Ogle'×'MAM17-5' 群体中检测到 4 个与株高相关的 QTL。随后，De Koeyer 等（2004）、Tanhuanpää 等（2008，2012）、Zimmer 等（2018）利用不同遗传群体对燕麦株高 QTL 进行了定位。同时，Tumino 等（2017）通过 GWAS 对 126 个燕麦品种的倒伏和株高 QTL 进行了扫描，发现了两个稳定表达的株高位点。

表 2-4　基于不同群体的燕麦 QTL 定位研究

杂交组合	群体	参考文献	性状	环境	QTL 数量
Kanota×Ogle	84 个 F$_6$ 重组自交系（RIL）	Siripoonwiwat et al., 1996	产量、籽粒百分比、容重、干草产量、抽穗期、株高	7 点×年	178
	71 个 F$_6$ RIL	Holland et al., 1997	抽穗期、株高、分蘖数	温室（1 点×年）	84
	71 个 F$_6$ RIL, 133 个 F$_9$ RIL	Kianian et al., 1999	籽粒油脂含量	5 点×年	4
		Kianian et al., 2000	β-葡聚糖含量	6 点×年	7
		Groh et al., 2001	籽粒长度、宽度、面积、百分比	5 点×年	15
Kanota×Marion	137 个 F$_6$ RIL	Kianian et al., 1999	籽粒油脂含量	3 点×年	4
		Kianian et al., 2000	β-葡聚糖含量	4 点×年	4
		Groh et al., 2001	籽粒长度、宽度、面积、百分比	3 点×年	8
轮回选择		De Koeyer et al., 2001	产量、抽穗期和株高	2 点×2 年	7
Ogle×TAMO-301	136 个 F$_6$ RIL	Holland et al., 1997	抽穗期、春化、光周期	3 点×年	62
Ogle×MAM17-5	152 个 F$_5$ RIL	Zhu and Kaeppler, 2003	抗病、株高、抽穗期	2 年×点	14
		Zhu et al., 2004	籽粒蛋白质和油脂含量	2 年×点	23

杂交组合	群体	参考文献	性状	环境	QTL 数量
Terra×Marion	101 个 F_6 RIL	De Koeyer et al., 2004	18 个农艺性状和品质性状	13 年×点	49
MN841801-1×Noble-2	158 个 F_6 RIL	Portyanko et al., 2005	抗冠锈病和开花期	大田（3 点×年）、温室（2 年×点）	14
Aslak×Matilda	137 个双单倍体（DH）	Tanhuanpää et al., 2008	10 个农艺性状和品质性状	2 年×点	36
		Tanhuanpää et al., 2012	11 个农艺性状	2 年×5 点	52
Dal×Exeter	146 个 F_5 RIL	Hizbai et al., 2012	10 个农艺性状和品质性状	1 年×点	26
UFRGS 8×UFRGS 930605	130 个 F_5+F_6 RIL	Scoles et al., 2006	抽穗期	3 年×点	2
	154 个 F_5 RIL	Nava et al., 2012	抽穗期	1 年×点（两个播期）	7
UFRGS 8×Pc68/5*Starter	130 个 F_5+F_6 RIL	Scoles et al., 2006	抽穗期	3 年×点	3
UFRGS 881971×Pc68/5*Starter	130 个 F_5+F_6 RIL	Scoles et al., 2006	抽穗期	2 年×点	1
	142 个 F_5 RIL	Nava et al., 2012	抽穗期	1 年×点（两个播期）	11
IAH611×Iltis	98 个和 72 个回交 F_2 代（BCF2）-6	Herrmann et al., 2014	13 个农艺性状和品质性状	3 年×3 点	33
578×三分三	202 个 F_2	宋高原，2014	籽粒长度、宽度和千粒重	1 年×点	17
夏莜麦×赤38莜麦	215 个 F_2：3 RIL	吴斌等，2014	β-葡聚糖含量	1 年×点	4
UFRGS 01B7114-1-3×UFRGS 006013-1	144 个 F_5：6+F_5：7 RIL	Ubert et al., 2017	皮裸性	1 年×点	1
	93 个 F_5：7 RIL	Zimmer et al., 2018	抽穗期和株高	1 年×点（两个播期）	1
URS Taura×UFRGS 017004-2	191 个 F_5：6+F_5：7 RIL	Ubert et al., 2017	皮裸性	1 年×点	1
UFRGS 01B7114-1-3×URS Taura	91 个 F_5：7 RIL	Zimmer et al., 2018	抽穗期和株高	1 年×点（两个播期）	2
TX07CS-1948×SA04213	178 个 F_7：8 RIL	Sunstrum et al., 2019	抗病、株高、抽穗期	6 年×点	12

抽穗期是另一个影响产量的重要农艺性状。Siripoonwiwat 等（1996）在 KO 群体中挖掘到 20 个与抽穗期连锁的 QTL，其中 Xbcd1405、Xbcd1968B、Xcdo187、Xisu1755B 四个位点能够解释超过 50%的表型变异。Holland 等（1997）在 KO

群体中找到 36 个与抽穗期相关的 QTL。随后不少研究对抽穗期 QTL 进行了扫描（表 2-4）。Klos 等（2016）采用 GWAS 对 635 个燕麦自然群体的抽穗期相关位点进行了扫描，发现了多个 QTL 与光周期和春化相关。

由于燕麦可用的分子标记不多，加之其基因组构成复杂，目前关于燕麦产量相关性状的基因定位研究不多（表 2-4）。Siripoonwiwat 等（1996）在 KO 群体中检测到 26 个与产量连锁的位点。De Koeyer 等（2001）对轮回选择中的分子标记与产量关系进行了研究，通过 ANOVA 分析发现了 6 个与产量显著相关的 QTL 区域，其中 5 个定位在 KO 图谱上。De Koeyer 等（2004）在 'Terra' × 'Marion' 群体中检测到的两个主效 QTL 与在 KO 群体中发现的产量性状 QTL 位于相同连锁群上。Tanhuanpää 等（2012）在 'Aslak' × 'Matilda' 群体中发现 7 个与产量相关的 QTL，其中 5 个与前人报道的 QTL 相同。在发现的燕麦产量 QTL 中，很多和其他性状 QTL 位于同一区域，如在 TM 群体中发现的产量 QTL 与在 KO 群体中发现的籽粒性状包括长、宽、面积 QTL 位于同一个染色体区段；在 AM 群体中发现的产量 QTL 与抽穗期 QTL、蛋白质含量 QTL 等位于同一个染色体区段。

3. 燕麦品质相关性状基因定位

食用燕麦的品质性状主要包括 β-葡聚糖、蛋白质、油脂含量，而饲用燕麦的品质性状主要包括粗蛋白、粗脂肪、酸性洗涤纤维、中性洗涤纤维、可溶性糖含量等。目前有少量研究对燕麦籽粒的 β-葡聚糖、蛋白质、油脂含量进行了 QTL 定位（表 2-4），但关于饲用燕麦品质性状基因定位的研究还未见报道。

Kianian 等（2000）对 KO 和 KM 群体中的 β-葡聚糖含量位点进行了定位，在 KO 中发现 7 个与 β-葡聚糖含量相关的 QTL，其中位于 KO3 连锁群上的 QTL 解释了 12.5%的表型变异；在 KM 群体中发现 4 个与 β-葡聚糖含量相关的 QTL，其中位于 KM14 连锁群上的 QTL 具有最大的表型贡献率，有两个 QTL 与 KO 群体重合。De Koeyer 等（2004）在 TM 群体中发现 3 个与 β-葡聚糖含量相关的 QTL，且与 KO 和 KM 群体中的 QTL 同源。吴斌等（2014）在 '夏莜麦' × '赤 38 莜麦' 群体中检测到 4 个 β-葡聚糖含量 QTL。除了基于双亲本群体，还有部分研究者利用 GWAS 对 β-葡聚糖含量位点进行了挖掘。Newell 等（2012）对 431 个燕麦品种的 β-葡聚糖含量进行了 GWAS 分析，检测到 3 个稳定表达的关联位点。Asoro 等（2013）在 446 份北美洲燕麦中发现了 51 个与 β-葡聚糖含量显著关联的 SNP 标记，部分 SNP 标记位于前人发现的 QTL 区间或附近。Zimmer 等（2020）在 413 个燕麦群体中检测到 7 个与 β-葡聚糖含量关联的 QTL。Fogarty 等（2020）利用 GWAS 分析检测到 58 个与 β-葡聚糖含量关联的分子标记。GWAS 和 QTL 定位分析都发现，部分显著关联的 SNP 标记或者 QTL 位于同一染色体上，说明控制燕麦 β-葡聚糖含量的基因可能成簇分布。例如，Fogarty 等（2020）将燕麦与大麦进行共线性比较后发现，有4个QTL所在的染色体区间与大麦具有较高共线性，这个区间还包含成簇分布的纤维素合成酶家族基因、尿苷葡萄糖焦磷酸化酶和腺苷葡萄糖焦磷酸化酶基因。

研究表明，燕麦籽粒油脂含量是高度可遗传的性状，遗传力为63%～93%（Schipper et al.，1991）。研究者利用双亲本群体鉴定到3～8个与籽粒油脂含量相关的QTL，其中一个与油脂合成第一限速酶乙酰辅酶A羧化酶（ACCase）位于同一染色体区段，且能够解释高达48%的表型变异。籽粒蛋白质含量是受多个基因控制的数量性状，受环境影响很大。Zhu等（2004）在'Ogle'×'MAM17-5'群体中检测到17个籽粒蛋白质含量QTL，可解释29%～42%的表型变异。随后的研究在其他群体中检测到2～5个籽粒蛋白质含量QTL，最高可解释42%的表型变异。Yan等（2023）利用GWAS检测到27个与籽粒蛋白质含量相关的QTL，其中两个在多个环境下稳定表达。

4. 燕麦抗病相关性状基因定位

燕麦病害研究主要集中在锈病和白粉病上，其中锈病包括冠锈病、秆锈病和叶锈病，以冠锈病和秆锈病研究最多。目前已经有超过100个抗冠锈病基因被报道，多来自地方品种和野生种如野红燕麦。相比抗冠锈病基因，已经报道的抗秆锈病基因较少，时至今日，只有17个抗秆锈病基因被正式报道，同样只有少数（11个）抗白粉病基因被正式报道。

前人利用基于双亲本群体的QTL定位对部分抗病基因进行了定位（表2-5），但可用的分子标记较少，且多数研究所用的为RFLP、RAPD、AFLP这类标记，使得定位精度不高且不同研究的定位结果不能相互比较印证。随着GBS等高通量测序技术的发展，越来越多的分子标记被开发出来并应用于抗病基因定位，从而挖掘了不少与抗病基因紧密连锁的分子标记，大大提高了其在分子标记辅助选择中的应用潜力，而且部分标记已经运用于育种，如Pc91（Gnanesh et al.，2013）、Pc98（Zhao et al.，2020b）等。

表2-5 已定位的抗病基因

病害	基因	标记类型	标记名称	参考文献
冠锈病	*Pc38*	RFLP	cdo673，wg420	Wight et al.，2005
	Pc39	RFLP	cdo666	Wight et al.，2005
	Pc45/PcKM	SNP	GMI_ES01_c12570_390	Zhao et al.，2020a
		SCAR	SCAR_3456624	Sowa and Paczos-Grzęda，2020
		TaqMan	PcKMSNP1	Gnanesh et al.，2015
		KASP	I05-0874-KOM16c1	Gnanesh et al.，2015；Kebede et al.，2019
		KASP	I05-1033-KOM17	Kebede et al.，2019

续表

病害	基因	标记类型	标记名称	参考文献
冠锈病	Pc48	RFLP	cdo337	Wight et al.，2005
	Pc53	SNP	GMI_ES02_c14533_567	Admassu-Yimer et al.，2018
	Pc54	RFLP	cdol435B	Bush and Wise，1996
		SNP	GMI_ES03_c13331_202	Admassu-Yimer et al.，2022
	Pc58	RFLP	PSR637、RZ516D	Hoffman et al.，2006
	Pc59	RFLP	cdo549B	Bush and Wise，1996
	Pc68	RAPD	ubc269	Penner et al.，1993b
		SNP	Pc68-SNP1、Pc68-SNP2	Chen et al.，2006
		AFLP	U8PM22、U8PM25	Kulcheski et al.，2010
		SDS-PAGE	AveX、AveY、AveZ	Satheeskumar et al.，2011
		RGA/RFLP	Orga1	Satheeskumar et al.，2011
	Pc71	RFLP	cdo783、cdo1502	Bush and Wise，1998
	Pc81、Pc82	RFLP	isu2192、OPC18	Yu and Wise，2000
	Pc83、Pc84、Pc85	STS	Agx4、Agx9、Agx47	Yu and Wise，2000
	Pc91	RFLP	UMN145	Rooney et al.，1994
		DArT	oPT-0350	McCartney et al.，2011
		SCAR	oPT-0350-cdc	McCartney et al.，2011
		KASP	oPT-0350-KOM4c2	Gnanesh et al.，2013
	Pc92	RFLP	OG176	Rooney et al.，1994
	Pc94	AFLP	AF94a	Chong et al.，2004
		SCAR	SCAR94-1、SCAR94-2	Chong et al.，2004
		SNP	Pc94-SNP1a	Chen et al.，2007
	Pc96	SNP	GMI_ES15_c15279_258、GMI_ES22_c2813_554	Abdullah et al.，2023
	Pc98	KASP	GMI_ES22_c3052_382_kom399、GMI_ES14_lrc18344_662_kom398	Zhao et al.，2020b
		KASP	GMI_DS_LB_6017_kom367、avgbs2_153634.1.59_kom410	Zhao et al.，2020b
	Pca	RGA/RFLP	isu2192	Kremer et al.，2001
			L7M2.2	Irigoyen et al.，2004
			b9-1	Sanz et al.，2013
	PcX	RFLP、RAPD	Xcdo1385F、XpOP6(A)、Xacor458A	O'Donoughue et al.，1996

病害	基因	标记类型	标记名称	参考文献
秆锈病	*Pg2*	GBS	avgbs2_126549.1.46、 avgbs_cluster_23819.1.27	Kebede et al.，2020b
	Pg3	RAPD	ACOpR-1、ACOpR-2	Penner et al.，1993a
	Pg6	SNP	AA2_483439497	Gordon et al.，2022
	Pg9	Acid-PAGE	avenin band	Chong et al.，1994
		RFLP、RAPD	Xcdo1385F、Xacor458A	O'Donoughue et al.，1996
	Pg13	SDS-PAGE	55.6kDa polypeptide locus	Howes et al.，1992
		RFLP、RAPD	Xmog12B、Xacor254C	O'Donoughue et al.，1996
		GBS	avgbs_13795.1、avgbs_4742.1	Kebede et al.，2020a
白粉病	*Pm1*	AFLP	E35M58-58、E35M57-152、 E37M48-205、E35M48-247	Hsam et al.，2014
	Pm3	SNP	GMI_ES03_c2277_336	Mohler，2022
	Pm4	DArT	PM4-2	Okońk et al.，2018
	Pm6	AFLP	EM35M58-451	Hsam et al.，2014
	Pm7	AFLP	E38M57-235	Hsam et al.，2014
		DArT	13745034	Brodführer et al.，2023
	Pm9	DArT	100058536_34AG	Herrmann and Mohler，2018
	Pm10	DArT	100028186	Herrmann and Mohler，2018
	Pm11	SCAR	Pm11-3	Ociepa et al.，2020
	Pm12	GBS	avgbs_200899	Ociepa and Okoń，2022

第三节　燕麦全基因组测序研究

一、基因组测序技术发展

全基因组序列是指通过测序组装获得的某生物个体染色体上线性排列的 DNA 序列。高质量全基因组序列的构建对于挖掘控制某个生物学性状的基因具有重要的指导意义。自 20 世纪 90 年代人类基因组计划实施以来，至 2023 年 6 月已有 30 360 个真核生物个体完成全基因组测序和组装，超过 1000 个植物物种完成全基因组测序（https://www.plabipd.de/）。尤其是第三代测序技术大规模应用以来，每年完成测序的物种/个体大幅增加（Kersey，2019）。在禾本科作物中，水稻是最先完成全基因组测序的物种，随后玉米、高粱、大麦、小麦等的全基因组测序工作相继完成。由于燕麦基因组十分庞大、复杂，直到2019年才首次完成二倍体物种的全基因组测序工作（Maughan et al.，2019）。

DNA测序技术的发展经历了三个阶段。最早的测序技术可追溯到20世纪50年代，Whitfeld利用化学降解法测定多聚核苷酸序列。1977年，Sanger等发明的双脱氧核苷酸末端终止法和Gilbert等发明的化学降解法将核苷酸测序带入崭新的阶段，标志着第一代测序技术的诞生。科学家利用第一代测序技术相继完成了从噬菌体基因组到人类基因组草图等的大量测序工作。但第一代测序技术成本高、通量低，仅人类基因组草图的完成就花费了10年时间。

进入21世纪后，测序技术有了大的突破。罗氏公司发明了454测序技术、Illumina公司发明了Solexa技术、ABI公司发明了SOLiD技术，标志着第二代测序技术的诞生。其中，罗氏公司的454测序技术是第一个商业化的测序技术。但Illumina公司后来居上，于2006年推出了基于Solexa技术的Genome Analyzer技术。该技术利用边合成边测序的方法，通过Sanger测序，结合荧光信号识别来判断DNA序列，是至今应用最为广泛的第二代测序技术。

近几年，以牛津纳米孔技术公司推出的Nanopore技术以及美国太平洋生物科学公司的单分子实时测序技术SMART为代表的第三代测序技术将DNA测序带入崭新的阶段。第三代测序技术在测序时无须PCR扩增，实现了对每一条DNA分子的单独测序，也称为单分子测序技术。与前两代测序技术相比，第三代测序技术最大的优势是读长长，单条读长可以达到Mb甚至更高，大大减少了基因组组装成本，使超大、复杂基因组的组装成为可能。

二、燕麦全基因组测序进展

尽管燕麦是重要的粮食作物，但一直缺乏参考基因组序列，主要原因是其基因组十分庞大（约12Gb），重复序列占比高，利用传统的第二代测序技术难以完成全基因组的测序和组装工作。近年来发展起来的具有读长长优势的第三代测序技术为燕麦全基因组测序提供了契机。基于此，Maughan等（2019）率先采用SMRT技术对燕麦As基因组二倍体大西洋燕麦 *A. atlantica* 和Cp基因组二倍体异颖燕麦 *A. eriantha* 进行了全基因组测序，并结合第二代测序完成了其基因组组装。获得的两个基因组序列大小分别为3.69Gb和3.78Gb，contig N50分别为5.5Mb和1.4Mb，重复序列占比均约83%，均注释了约50 000个基因。随后，Li等（2021）采用Nanopore技术对另外一个As基因组二倍体砂燕麦 *A. strigosa* 进行了全基因组测序，结合Illumina二代测序、高通量染色体构象捕获（high-throughput chromosome conformation capture，Hi-C）和RNA-seq技术对基因组进行校正、组装及注释，最终得到全长3.5Gb的高质量参考基因组，contig N50达到4.8Mb，注释了约 40 000 个基因。

近两年来，在国内外燕麦科学家的共同努力下，相继完成了六倍体皮燕麦和裸燕麦的全基因组测序工作，将燕麦研究带入了基因组时代。2019 年，百事公司科研人员率先释放了第一个燕麦六倍体'OT3098'的全基因组序列，其采用 SMRT 技术对燕麦进行了全基因组测序。随后又对该基因组进行了更新和全面注释，最新版本的基因组序列"OT3098 v2"存放在 GrainGenes 数据库（https://wheat.pw.usda.gov/GG3/node/922）。2022 年，德国亥姆霍兹慕尼黑中心（Helmholtz Zentrum München）科研人员联合加拿大、美国等 19 家单位率先在 *Nature* 杂志上发表了六倍体皮燕麦'Sang'及其四倍体祖先 *A. insularis* 和二倍体祖先 *A. longiglumis* 的参考基因组序列（Kamal et al.，2022）。该研究采用 Illumina 二代测序完成了六倍体'Sang'的组装工作，全长 11Gb，其中 10.3Gb 组装到 21 条染色体上；利用普通转录物组测序和全长转录物组测序 Iso-seq 共注释了 80 608 个高质量基因及 71 727 个低质量基因（图 2-1a）。然而，由于采用的是第二代 Illumina 测序技术，因此该

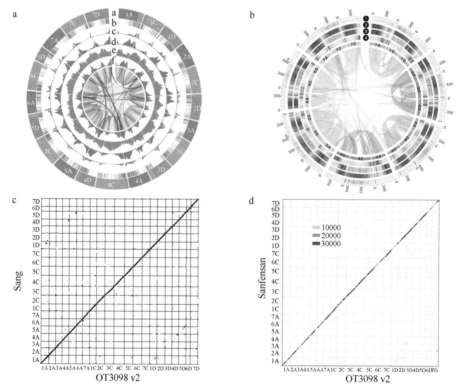

图 2-1 六倍体燕麦'Sang''Sanfensan'的基因组特征及其与'OT3098 v2'基因组的共线性比较

a.'Sang'基因组（Kamal et al.，2022）；b.'Sanfensan'基因组（Peng et al.，2022）；c.'Sang'和'OT3098 v2'的共线性比较；d.'Sanfensan'和'OT3098 v2'的共线性比较

基因组的 contig N50 只有 21kb，基因组完整性需要进一步提高。同一时间，四川农业大学联合吉林省白城市农业科学院等单位率先完成了原产我国的裸燕麦品种'三分三'及其四倍体祖先 *A. insularis* 和二倍体祖先 *A. longiglumis* 的参考基因组构建工作（Peng et al.，2022）。该研究采用 Nanopore 测序技术对六倍体进行了测序，结合 Hi-C 等技术对其基因组进行了组装，获得了全长 10.76Gb 的高质量参考基因组，contig N50 高达 75.3Mb，是当前麦类作物中最为完整的参考基因组之一；利用普通转录物组测序和 Iso-seq 共注释了 120 769 个高质量基因（图 2-1b）。

三、参考基因组在燕麦研究中的应用

参考基因组的构建极大地促进了燕麦遗传学和基因组学研究。自参考基因组发布以来，科学家利用其探究了燕麦的起源和进化（详见第一章）；将前期获得的标记信息比对到参考基因组上，明确了先前定位的基因在染色体上的物理位置；同时，利用参考基因组开发了能锚定到燕麦各染色体上的更多分子标记，促进了功能基因的定位研究。

1. 重要基因组家族分析

参考基因组的构建为挖掘重要基因家族的基因数量和分布，以及重要位点的定位提供了参考。籽粒富含 β-葡聚糖和高质量蛋白质，以及缺乏能引起乳糜泄的谷蛋白是燕麦有别于其他主要粮食作物的主要特点。纤维素合成酶是合成 β-葡聚糖的主要酶类，Kamal 等（2022）利用参考基因组对纤维素合成酶基因的数量和分布进行了分析，发现了 134 个基因，其中大部分来自 *CesA* 和 *CslF* 家族的基因在燕麦籽粒发育阶段大量表达。与其他禾本科作物相比，燕麦的纤维素合成酶基因并未发生明显扩张，说明其较高的籽粒 β-葡聚糖含量并不是由纤维素合成酶基因数量增加引起的，而是由基因位点变异和转录因子所致。燕麦籽粒蛋白质有别于小麦，主要由球蛋白组成（75%～80%），而醇溶蛋白（prolamin）只占 10%～15%。同时，燕麦醇溶蛋白与小麦不同，不会引起乳糜泄。通过全基因组筛选，在六倍体燕麦中鉴定到 135 个球蛋白基因，25 个燕麦谷蛋白（avenin）基因，6 个高分子量谷蛋白基因，以及 61 个其他醇溶蛋白基因，这些类谷蛋白在燕麦种子中都有表达。同时，在燕麦中未发现编码小麦 α 和 ω 醇溶蛋白的基因，并且燕麦类谷蛋白与小麦低分子量谷蛋白、γ 醇溶蛋白和大麦 β 醇溶蛋白具有很高的相似性。另外，燕麦类谷蛋白和球蛋白基因在拷贝数变异上表现出与小麦相反的变化趋势。这些结果解释了为何食用燕麦储藏蛋白不会引起乳糜泻。

植物 *NBS-LRR* 基因又称 *R* 基因，是一类具有特征性结构域的基因家族，能帮助植物抵御外界病原的侵入，在调控植物抗病性上发挥了重要作用。Peng 等（2022）利用参考基因组分析了六倍体燕麦及其祖先物种的抗病基因及其分布，发现 *R* 基因多成簇分布在染色体末端，将已经定位的抗锈病位点共分离标记或侧翼序列比对到参考基因上，发现很多抗锈病位点区域含有 *R* 基因，为进一步克隆这些抗病基因提供了参考。

2. 基因定位和克隆

皮裸性是燕麦重要的农艺性状，与燕麦品质和加工特性息息相关。研究发现，燕麦皮裸性受一对主效基因 *N1* 控制，并且受到其他基因调节和环境影响（Boland and Lawes，1973；Kibite and Taylor，1994）。Ubert 等（2017）利用连锁分析将 N1 定位在标记 GMI_ES14_c19259_657 和 GMI_ES17_c5923_221 之间，二者相距 11.7cM，以及 GMI_ES14_c19259_657 和 GMI_GBS_86198 之间，二者相距 6cM。Yan 等（2020）利用关联分析在六倍体燕麦一致性图谱的 Mrg20 连锁群上发现一个皮裸性状主效位点。由于之前的工作无参考基因组，因此 *N1* 定位于哪条染色体不得而知。2022 年，Peng 等对 659 份燕麦进行了 GBS 测序，并将原始数据比对到参考基因组上，将获得的近 50 000 个高质量 SNP 标记与皮裸性进行关联分析，在 4D 染色体上发现一个主效位点，将前人获得的 *N1* 基因侧翼标记比对到参考基因组上发现，*N1* 基因正位于关联区间，证实了 *N1* 基因位于 4D 染色体上，结合定位区间基因功能注释、转录物组和 qPCR 分析，挖掘到 *N1* 位点的一个候选基因（图 2-2）。

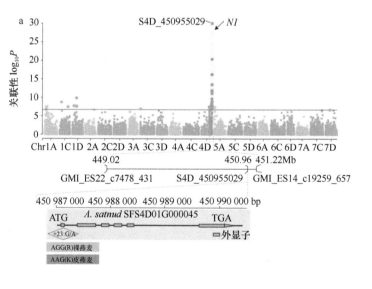

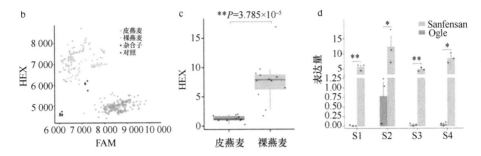

图 2-2 皮裸性基因全基因组关联分析及候选基因挖掘（Peng et al.，2022）

a. 全基因组关联（GWAS）分析；b. 基于关联位点转位的 KASP 验证；c. 候选基因在皮裸燕麦中的表达量比较；
d. 候选基因组在'Sanfensan'（裸燕麦）和'Ogle'（皮燕麦）小穗不同发育时期的表达量比较。HEX. 六氯-6-甲基荧光素；FAM. 荧光素异硫氰酸酯

多数燕麦的茎秆和旗叶上有一层白色的表皮蜡质覆盖，是自我防护的一道屏障，在燕麦抗逆过程中起着重要的作用。Kamal 等（2022）在'Tilling'群体中筛选到一个表面无蜡质层的突变体 glossy.1，基因定位将 glossy 定位在 1C 染色体上，定位区间仅包含一个编码 α-水解酶的基因。另外一个蜡质突变体 glossy.2 也具有相同的表型。该基因在大麦中的同源基因突变会造成 β-二酮以及表面蜡质缺失。

参 考 文 献

陈思平. 2017. 基于 KASP 的水稻基因组 SNP 标记开发及其育种应用. 华南农业大学硕士学位论文.

李进, 陈仕勇, 赵旭, 等. 2021. 基于 SCoT 标记的饲用燕麦品种遗传结构及指纹图谱分析. 草业学报, 30(7): 72-81.

陆美光, 段海燕, 姜恭好. 2021. 亚麻全基因组关联分析的研究进展. 中国农学通报, 37: 111-118.

宋高原. 2014. 六倍体裸燕麦 SSR 遗传图谱构建与子粒性状 QTLs 定位. 中国农业科学院硕士学位论文.

王向峰, 才卓. 2019. 中国种业科技创新的智能时代——"玉米育种 4.0". 玉米科学, 27: 1-9.

王玉亭. 2011. 燕麦籽粒皮裸性基因遗传与分子作图. 中国农业科学院硕士学位论文.

吴斌, 张茜, 宋高原, 等. 2014. 裸燕麦 SSR 标记连锁群图谱的构建及 β-葡聚糖含量 QTL 的定位. 中国农业科学, 47: 1208-1215.

吴凯. 2018. 农作物 SNP 芯片技术及其在分子育种中的应用. 山西农业科学, 46: 670-672.

相怀军. 2010. 燕麦种质遗传多样性及坚黑穗病抗性 QTL 定位. 中国农业科学院硕士学位论文.

徐微, 张宗文, 张恩来, 等. 2013. 大粒裸燕麦(Avena nuda L.)遗传连锁图谱的构建. 植物遗传资源学报, 14: 673-678.

Abdullah S, Gordon T, Yimer BA, et al. 2023. Mapping and identification of molecular markers for the *Pc96* gene conferring resistance to crown rust in oat. PLoS One, 18: e0283769.

Admassu-Yimer B, Bonman JM, Esvelt Klos K. 2018. Mapping of crown rust resistance gene *Pc53* in oat (*Avena sativa*). PLoS One, 13: e0209105.

Admassu-Yimer B, Klos KE, Griffiths I, et al. 2022. Mapping of crown rust (*Puccinia coronata* f. sp. *avenae*) resistance gene *Pc54* and a novel quantitative trait locus effective against powdery mildew (*Blumeria graminis* f. sp. *avenae*) in the oat (*Avena sativa*) line Pc54. Phytopathology, 112: 1316-1322.

Asoro FG, Newell MA, Scott MP, et al. 2013. Genome-wide association study for beta-glucan concentration in elite north American oat. Crop Science, 53: 542-553.

Boland P, Lawes DA. 1973. The inheritance of the naked grain character in oats studied in a cross between the naked variety caesar and the husked variety BO1/11. Euphytica, 22: 582-591.

Brodführer S, Mohler V, Stadlmeier M, et al. 2023. Genetic mapping of the powdery mildew resistance gene *Pm7* on oat chromosome 5D. Theoretical and Applied Genetics, 136: 53.

Bush AL, Wise RP. 1996. Crown rust resistance loci on linkage groups 4 and 13 in cultivated oat. Journal of Heredity, 87: 427-432.

Bush AL, Wise RP. 1998. High-resolution mapping adjacent to the *Pc71* crown-rust resistance locus in hexaploid oat. Molecular Breeding, 4: 13-21.

Chaffin AS, Huang Y-F, Smith S, et al. 2016. A consensus map in cultivated hexaploid oat reveals conserved grass synteny with substantial subgenome rearrangement. The Plant Genome, 9: plantgenome2015.2010.0102.

Chen G, Chong J, Gray M, et al. 2006. Identification of single-nucleotide polymorphisms linked to resistance gene *Pc68* to crown rust in cultivated oat. Canadian Journal of Plant Pathology, 28: 214-222.

Chen G, Chong J, Prashar S, et al. 2007. Discovery and genotyping of high-throughput SNP markers for crown rust resistance gene *Pc94* in cultivated oat. Plant Breeding, 126: 379-384.

Chong J, Howes NK, Brown PD, et al. 1994. Identification of the stem rust resistance gene *Pg9* and its association with crown rust resistance and endosperm proteins in 'Dumont' oat. Genome, 37: 440-447.

Chong J, Reimer E, Somers D, et al. 2004. Development of sequence-characterized amplified region (SCAR) markers for resistance gene *Pc94* to crown rust in oat. Canadian Journal of Plant Pathology, 26: 89-96.

De Koeyer DL, Phillips RL, Stuthman DD. 2001. Allelic shifts and quantitative trait loci in a recurrent selection population of oat. Crop Science, 41: 1228-1234.

De Koeyer DL, Tinker NA, Wight CP, et al. 2004. A molecular linkage map with associated QTLs from a Hulless × Covered spring oat population. Theoretical and Applied Genetics, 108: 1285-1298.

Elshire RJ, Glaubitz JC, Sun Q, et al. 2011. A robust, simple genotyping-by-sequencing (GBS) approach for high diversity species. PLoS One, 6: e19379.

Fogarty MC, Smith SM, Sheridan JL, et al. 2020. Identification of mixed linkage β-glucan quantitative trait loci and evaluation of AsCslF6 homoeologs in hexaploid oat. Crop Science, 60: 914-933.

Fu YB, Peterson GW, Scoles G, et al. 2003. Allelic diversity changes in 96 Canadian oat cultivars released from 1886 to 2001. Crop Science, 43: 1989-1995.

Fu YB, Peterson GW, Williams D, et al. 2005. Patterns of AFLP variation in a core subset of cultivated hexaploid oat germplasm. Theoretical and Applied Genetics, 111: 530-539.

Gnanesh BN, McCartney CA, Eckstein PE, et al. 2015. Genetic analysis and molecular mapping of a seedling crown rust resistance gene in oat. Theoretical and Applied Genetics, 128: 247-258.

Gnanesh BN, Mitchell Fetch J, Menzies JG, et al. 2013. Chromosome location and allele-specific PCR markers for marker-assisted selection of the oat crown rust resistance gene *Pc91*. Molecular

Breeding, 32: 679-686.

Gordon TC, Jin Y, Tinker NA, et al. 2022. Comparative sequencing and SNP marker validation for oat stem rust resistance gene *Pg6* in a diverse collection of *Avena* accessions. Theoretical and Applied Genetics, 135: 1307-1318.

Groh S, Zacharias A, Kianian SF, et al. 2001. Comparative AFLP mapping in two hexaploid oat populations. Theoretical and Applied Genetics, 102: 876-884.

Gupta PK, Rustgi S, Kulwal PL. 2005. Linkage disequilibrium and association studies in higher plants: Present status and future prospects. Plant Molecular Biology, 57: 461-485.

Herrmann MH, Mohler V. 2018. Locating two novel genes for resistance to powdery mildew from *Avena byzantina* in the oat genome. Plant Breeding, 137: 832-838.

Herrmann MH, Yu J, Beuch S, et al. 2014. Quantitative Trait Loci for Quality and Agronomic Traits in Two Advanced Backcross Populations in Oat (*Avena sativa* L.). Manhattan: John Wiley & Sons, Ltd: 5.

Hizbai BT, Gardner KM, Wight CP, et al. 2012. Quantitative trait loci affecting oil content, oil composition, and other agronomically important traits in oat. The Plant Genome, 5(3): 164-175.

Hoffman DL, Chong J, Jackson EW, et al. 2006. Characterization and mapping of a crown rust resistance gene complex (*Pc58*) in TAM O-301. Crop Science, 46: 2630-2635.

Holland JB, Moser HS, O'Donoughue LS, et al. 1997. QTLs and epistasis associated with vernalization responses in oat. Crop Science, 37(4): 1306-1316.

Howes NK, Chong J, Brown PD. 1992. Oat endosperm proteins associated with resistance to stem rust of oats. Genome, 35: 120-125.

Hsam SLK, Mohler V, Zeller FJ. 2014. The genetics of resistance to powdery mildew in cultivated oats (*Avena sativa* L.): Current status of major genes. Journal of Applied Genetics, 55: 155-162.

Irigoyen ML, Loarce Y, Fominaya A, et al. 2004. Isolation and mapping of resistance gene analogs from the *Avena strigosa* genome. Theoretical and Applied Genetics, 109: 713-724.

Jin H, Domier LL, Shen X, et al. 2000. Combined AFLP and RFLP mapping in two hexaploid oat recombinant inbred populations. Genome, 43: 94-101.

Kamal N, Tsardakas Renhuldt N, Bentzer J, et al. 2022. The mosaic oat genome gives insights into a uniquely healthy cereal crop. Nature, 606: 113-119.

Kebede AZ, Admassu-Yimer B, Bekele WA, et al. 2020a. Mapping of the stem rust resistance gene *Pg13* in cultivated oat. Theoretical and Applied Genetics, 133: 259-270.

Kebede AZ, Bekele WA, Mitchell Fetch JW, et al. 2020b. Localization of the stem rust resistance gene *Pg2* to linkage group Mrg20 in cultivated oat (*Avena sativa*). Phytopathology, 110: 1721-1726.

Kebede AZ, Friesen-Enns J, Gnanesh BN, et al. 2019. Mapping oat crown rust resistance gene *Pc45* confirms association with PcKM. G3 (Bethesda), 9: 505-511.

Kersey PJ. 2019. Plant genome sequences: Past, present, future. Current Opinion in Plant Biology, 48: 1-8.

Kianian SF, Egli MA, Phillips RL, et al. 1999. Association of a major groat oil content QTL and an acetyl-CoA carboxylase gene in oat. Theoretical and Applied Genetics, 98(6-7): 884-894.

Kianian SF, Fox SL, Groh S, et al. 2001. Molecular marker linkage maps in diploid and hexaploid oat (*Avena* sp.). *In*: Phillips RL, Vasil IK. DNA-Based Markers in Plants. Dordrecht: Springer Netherlands: 443-462.

Kianian SF, Phillips RL, Rines HW, et al. 2000. Quantitative trait loci influencing β-glucan content in oat (*Avena sativa*, 2n=6x=42). Theoretical and Applied Genetics, 101(7): 1039-1048.

Kibite S, Taylor JS. 1994. Inheritance and linkage relationships of genes conditioning Hullessness, multiflorous spikelet, and giantism in oat (*Avena sativa* L.). Canadian Journal of Plant Science, 74: 497-500.

Klos KE, Huang Y-F, Bekele WA, et al. 2016. Population genomics related to adaptation in elite oat germplasm. The Plant Genome, 9(2): 1-12.

Kremer CA, Lee M, Holland JB. 2001. A restriction fragment length polymorphism based linkage map of a diploid *Avena* recombinant inbred line population. Genome, 44: 192-204.

Kulcheski FR, Graichen FAS, Martinelli JA, et al. 2010. Molecular mapping of *Pc68*, a crown rust resistance gene in *Avena sativa*. Euphytica, 175: 423-432.

Li Y, Leveau A, Zhao Q, et al. 2021. Subtelomeric assembly of a multi-gene pathway for antimicrobial defense compounds in cereals. Nature Communications, 12: 2563.

Maughan PJ, Lee R, Walstead R, et al. 2019. Genomic insights from the first chromosome-scale assemblies of oat (*Avena* spp.) diploid species. BMC Biology, 17: 92.

McCartney CA, Stonehouse RG, Rossnagel BG, et al. 2011. Mapping of the oat crown rust resistance gene *Pc91*. Theoretical and Applied Genetics, 122: 317-325.

Milach S, Rines H, Phillips R. 1997. Molecular genetic mapping of dwarfing genes in oat. Theoretical and Applied Genetics, 95: 783-790.

Miller MR, Dunham JP, Amores A, et al. 2007. Rapid and cost-effective polymorphism identification and genotyping using restriction site associated DNA (RAD) markers. Genome Research, 17(2): 240-248.

Mohler V. 2022. Allocation of the oat powdery mildew resistance gene *Pm3* to oat chromosome 1A. Cereal Research Communications, 50: 1-8.

Molnar SJ, Chapados JT, Satheeskumar S, et al. 2012. Comparative mapping of the oat Dw6/dw6 dwarfing locus using NILs and association with vacuolar proton ATPase subunit H. Theoretical and Applied Genetics, 124: 1115-1125.

Nava IC, Wight CP, Pacheco MT, et al. 2012. Tagging and mapping candidate loci for vernalization and flower initiation in hexaploid oat. Molecular Breeding, 30: 1295-1312

Newell MA, Asoro FG, Scott MP, et al. 2012. Genome-wide association study for oat (*Avena sativa* L.) beta-glucan concentration using germplasm of worldwide origin. Theoretical and Applied Genetics, 125: 1687-1696.

O'Donoughue LS, Chong J, Wight C, et al. 1996. Localization of stem rust resistance genes and associated molecular markers in cultivated oat. Phytopathology, 86: 719-727.

O'Donoughue LS, Sorrells ME, Tanksley SD, et al. 1995. A molecular linkage map of cultivated oat. Genome, 38: 368-380.

O'Donoughue LS, Souza E, Tanksley SD, et al. 1994. Relationships among north American oat cultivars based on restriction fragment length polymorphisms. Crop Science, 34: cropsci1994.0011183X003400050021x.

O'Donoughue LS, Wang Z, Röder M, et al. 1992. An RFLP-based linkage map of oats based on a cross between two diploid taxa (*Avena atlantica* × *A. hirtula*). Genome, 35: 765-771.

Ociepa T, Okoń S. 2022. Chromosomal location of *Pm12*-A novel powdery mildew resistance gene from *Avena sterilis*. Genes, 13(12): 2409.

Ociepa T, Okoń S, Nucia A, et al. 2020. Molecular identification and chromosomal localization of new powdery mildew resistance gene *Pm11* in oat. Theoretical and Applied Genetics, 133: 179-185.

Okoń SM, Ociepa T, Nucia A. 2018. Molecular identification of *Pm4* powdery mildew resistant gene in oat. Notulae Botanicae Horti Agrobotanici Cluj-Napoca, 46: 350-355.

Oliver RE, Tinker NA, Lazo GR, et al. 2013. SNP discovery and chromosome anchoring provide the first physically-anchored hexaploid oat map and reveal synteny with model species. PLoS One, 8: e58068.

Pellizzaro K, Nava CI, Chao S, et al. 2016. Genetics and identification of markers linked to multiflorous spikelet in hexaploid oat. Crop Breeding and Applied Biotechnology, 16: 62-70.

Peng Y, Yan H, Guo L, et al. 2022. Reference genome assemblies reveal the origin and evolution of allohexaploid oat. Nature Genetics, 54: 1248-1258.

Penner GA, Chong J, Lévesque-Lemay M, et al. 1993a. Identification of a RAPD marker linked to the oat stem rust gene *Pg3*. Theoretical and Applied Genetics, 85: 702-705.

Penner GA, Chong J, Wight CP, et al. 1993b. Identification of an RAPD marker for the crown rust resistance gene *Pc68* in oats. Genome, 36: 818-820.

Portyanko VA, Chen G, Rines HW, et al. 2005. Quantitative trait loci for partial resistance to crown rust, *Puccinia coronata*, in cultivated oat, *Avena sativa* L. Theoretical and Applied Genetics, 111: 313-324.

Portyanko VA, Hoffman DL, Lee M, et al. 2001. A linkage map of hexaploid oat based on grass anchor DNA clones and its relationship to other oat maps. Genome, 44: 249-265.

Rayapati PJ, Gregory JW, Lee M, et al. 1994. A linkage map of diploid *Avena* based on RFLP loci and a locus conferring resistance to nine isolates of *Puccinia coronata* var. *avenae*. Theoretical and Applied Genetics, 89: 831-837.

Risch N, Merikangas K. 1996. The future of genetic studies of complex human diseases. Science, 273: 1516-1517.

Rooney WL, Rines HW, Phillips RL. 1994. Identification of RFLP markers linked to crown rust resistance genes *Pc 91* and *Pc 92* in Oat. Crop Science, 34: cropsci1994.0011183X0034 00040019x.

Sanz MJ, Loarce Y, Fominaya A, et al. 2013. Identification of RFLP and NBS/PK profiling markers for disease resistance loci in genetic maps of oats. Theoretical and Applied Genetics, 126: 203-218.

Satheeskumar S, Sharp PJ, Lagudah ES, et al. 2011. Genetic association of crown rust resistance gene *Pc68*, storage protein loci, and resistance gene analogues in oats. Genome, 54: 484-497.

Schipper H, Frey KJ, Hammond EG. 1991. Changes in fatty acid composition associated with recurrent selection for groat-oil content in oat. Euphytica, 56: 81-88.

Scoles GJ, Locatelli AB, Federizzi LC, et al. 2006. Loci affecting flowering time in oat under short-day conditions. Genome, 49(12): 1528-1538.

Siripoonwiwat W, O'Donoughue LS, Wesenberg D, et al. 1996. Chromosomal regions associated with quantitative traits in oat. Journal of Agricultural Genomics, 1996: 1-13.

Sowa S, Paczos-Grzęda E. 2020. Identification of molecular markers for the *Pc39* gene conferring resistance to crown rust in oat. Theoretical and Applied Genetics, 133: 1081-1094.

Sun X, Liu D, Zhang X, et al. 2013. SLAF-seq: An efficient method of large-scale *de novo* SNP discovery and genotyping using high-throughput sequencing. PLoS One, 8: e58700.

Sunstrum FG, Bekele WA, Wight CP, et al. 2019. A genetic linkage map in southern-by-spring oat identifies multiple quantitative trait loci for adaptation and rust resistance. Plant Breeding, 138: 82-94.

Tanhuanpää P, Kalendar R, Laurila J, et al. 2006. Generation of SNP markers for short straw in oat (*Avena sativa* L.). Genome, 49: 282-287.

Tanhuanpää P, Kalendar R, Schulman AH, et al. 2008. The first doubled haploid linkage map for cultivated oat. Genome, 51: 560-569.

Tanhuanpää P, Manninen O, Beattie A, et al. 2012. An updated doubled haploid oat linkage map and

QTL mapping of agronomic and grain quality traits from Canadian field trials. Genome, 55: 289-301.

Tinker NA, Chao S, Lazo GR, et al. 2014. A SNP genotyping array for hexaploid oat. The Plant Genome, 7: plantgenome2014.2003.0010.

Tinker NA, Kilian A, Wight CP, et al. 2009. New DArT markers for oat provide enhanced map coverage and global germplasm characterization. BMC Genomics, 10: 39.

Tumino G, Voorrips RE, Morcia C, et al. 2017. Genome-wide association analysis for lodging tolerance and plant height in a diverse European hexaploid oat collection. Euphytica, 213: 163.

Ubert IP, Zimmer CM, Pellizzaro K, et al. 2017. Genetics and molecular mapping of the naked grains in hexaploid oat. Euphytica, 213: 41.

Wight CP, O'Donoughue LS, Chong J, et al. 2005. Discovery, localization, and sequence characterization of molecular markers for the crown rust resistance genes *Pc38*, *Pc39*, and *Pc48* in cultivated oat (*Avena sativa* L.). Molecular Breeding, 14: 349-361.

Wight CP, Tinker NA, Kianian SF, et al. 2003. A molecular marker map in 'Kanota' × 'Ogle' hexaploid oat (*Avena* spp.) enhanced by additional markers and a robust framework. Genome, 46: 28-47.

Winkler LR, Michael Bonman J, Chao S, et al. 2016. Population structure and genotype-Phenotype associations in a collection of oat landraces and historic cultivars. Frontiers in Plant Science, 7: 1077.

Yan H, Yu K, Xu Y, et al. 2021. Position validation of the dwarfing gene *Dw6* in oat (*Avena sativa* L.) and its correlated effects on agronomic traits. Frontiers in Plant Science, 12: 668847.

Yan H, Zhang H, Zhou P, et al. 2023. Genome-wide association mapping of QTL underlying groat protein content of a diverse panel of oat accessions. International Journal of Molecular Science, 24: 5581.

Yan H, Zhou P, Peng Y, et al. 2020. Genetic diversity and genome-wide association analysis in Chinese Hulless oat germplasm. Theoretical and Applied Genetics, 133: 3365-3380.

Yu GX, Wise RP. 2000. An anchored AFLP- and retrotransposon-based map of diploid *Avena*. Genome, 43: 736-749.

Zhao J, Kebede AZ, Bekele WA, et al. 2020a. Mapping of the oat crown rust resistance gene *Pc39* relative to single nucleotide polymorphism markers. Plant Disease, 104: 1507-1513.

Zhao J, Kebede AZ, Menzies JG, et al. 2020b. Chromosomal location of the crown rust resistance gene *Pc98* in cultivated oat (*Avena sativa* L.). Theoretical and Applied Genetics, 133: 1109-1122.

Zhao J, Tang X, Wight C, et al. 2018. Genetic mapping and a new PCR-based marker linked to a dwarfing gene in oat (*Avena sativa* L.). Genome, 61: 497-503.

Zhu S, Kaeppler HF. 2003. A genetic linkage map for hexaploid, cultivated oat (*Avena sativa* L.) based on an intraspecific cross 'Ogle/MAM17-5'. Theoretical and Applied Genetics, 107: 26-35.

Zhu S, Rossnagel BG, Kaeppler HF. 2004. Genetic analysis of quantitative trait loci for groat protein and oil content in oat. Crop Science, 44: 254-260.

Zimmer CM, McNish IG, Klos KE, et al. 2020. Genome-wide association for β-glucan content, population structure, and linkage disequilibrium in elite oat germplasm adapted to subtropical environments. Molecular Breeding, 40: 103.

Zimmer CM, Ubert IP, Pacheco MT, et al. 2018. Molecular and comparative mapping for heading date and plant height in oat. Euphytica, 214: 101.

第三章　燕麦非生物胁迫研究

　　植物在复杂的环境中生长和繁殖，会受到多种不利环境因子[包括空气质量和流量（风）、光强和光质（辐射）、温度等物理因子以及水分、盐分、矿质营养、环境污染物和土壤 pH 等化学因子]的影响，统称为逆境胁迫或非生物胁迫。这些胁迫随时间和地理位置而发生变化，并对植物的生理和生化过程产生负面影响。而植物在适应非生物胁迫时往往会通过激素信号转导途径关闭气孔，从而大大减少对 CO_2 的吸收，导致通过卡尔文循环固定的 CO_2 当量显著下降，光合产物积累减少。植物对逆境胁迫的适应性反应不仅影响光合过程，而且影响蛋白质、脂质代谢和矿质营养吸收及同化等生物学过程，进而导致产量降低，甚至死亡。20 世纪 80 年代，美国科学家分析得到，非生物胁迫导致作物的实际产量只能达到其遗传潜力产量的 21.6%，因非生物胁迫导致的产量损失高达 69.1%（Boyer，1982）。

　　在这些非生物胁迫中，高温是最常见的，其次是盐碱、干旱、低温和各种类型的复合胁迫。也就是说，世界上只有 9%的土地适合种植谷物。由干旱少雨、土壤盐渍化、植被破坏、过度放牧、大风吹蚀等因素造成的土地荒漠化是人类面临的十大环境问题之首。全球受到荒漠化影响的地区有 32 亿 hm^2，约占陆地面积的 1/4，且仍在逐年扩大。我国是全球荒漠化较为严重的国家之一，其中西北地区以干旱、盐碱、高温为主，西南和东北地区以低温为主。但随着各种来源的温室气体排放导致全球变暖，全球降水格局发生改变，从而导致不规律的干旱或洪水。日益减少的优质土地越来越难以满足全球人口增长的粮食需求，为农牧业发展提出了新挑战，迫切需要育种家培育出更多可在边际土地生长、繁衍的优质作物和牧草新品种。

　　燕麦具有抗旱、耐盐碱和耐瘠薄等特性，又是优质的粮饲兼用型作物，有望成为荒漠化治理的先锋物种。在干旱、贫瘠和盐碱化土地上科学种植燕麦，既可以有效缓解粮食安全和饲草短缺问题，又可以改善生态环境，增加农牧民收入，产生显著的经济、生态和社会效益。因此，近年来尤其是 21 世纪以来，国内外开展了许多燕麦抗逆性研究，随着生物技术的发展，燕麦抗逆性研究逐渐深入（刘景辉和胡跃高，2010）。

第一节　燕麦耐盐性研究

一、植物耐盐性概述

1. 土壤盐碱化现状及成因

盐碱化土壤是指地壳土层中含有大量可溶性盐的土壤，包含盐渍土和碱土。盐渍土也称盐土，是电导率大于 4 且 pH 小于 8.5 的土壤类型，主要成分是 NaCl；碱土是电导率小于 4 且 pH 大于 8.5 的土壤，成分以 Na_2CO_3 和 $NaHCO_3$ 为主。据联合国粮食及农业组织（FAO）不完全统计，全世界的盐碱地面积约为 9.54 亿 hm^2，约占土地面积的 7%，30%的灌溉土地已经受到盐碱化影响。我国盐碱地面积约 1 亿 hm^2，相当于现有耕地的 1/4，且仍在不断扩大。我国盐渍土除了面积大，还有分布广、类型多样等特点，在西北、华北、东北西部和滨海地区都有分布，根据盐渍土分布地区生物气候等环境因素的差异，大致可将盐渍土分为滨海盐土与海涂、黄淮海平原盐渍土、东北松嫩平原盐土和碱土、半漠境内陆地盐土、青（青海）新（新疆）极端干旱的漠境盐土五大片区（俞仁培和陈德明，1999）。

盐渍土是一种非地带性土壤，其形成和分布与地带性自然条件有密切联系：沿海地区由于暴风雨、海平面上升和地下水位下降，海水入侵，形成盐碱地；而在内陆地区，许多土壤位于古老的深层盐层之上，但由于原生植被砍伐盐层向上移动，此外过量的灌溉水渗透到更深的含盐土壤，溶解盐分并将其向上吸引到根区，造成次生盐渍化。在干旱和半干旱地区，因降水量较少且蒸腾剧烈，一年的土壤积盐大于脱盐，表层土壤常有盐结晶析出，形成盐结皮或薄的盐结壳。

2. 植物对盐胁迫的生理响应

土壤盐渍化是限制全球农业生产的主要逆境胁迫之一。盐渍化土壤含有多种多样的盐分，但最具代表性的当属 NaCl，对于大多数物种而言，Na^+ 在体内积累会使植物遭受渗透胁迫和离子毒害的双重胁迫，被认为是盐渍化的罪魁祸首。根据对 NaCl 的耐受程度，可将植物分为甜土植物（glycophyte）和盐生植物（halophyte）。通常来讲，在 ≥200mmol/L NaCl 条件下能完成生活史的植物均划分为盐生植物，其余划分为甜土植物。甜土植物因对盐分的耐受能力有限，应对盐胁迫的主要机制为拒盐（Flowers et al.，1986）。大多数作物，尤其是禾本科作物属于甜土植物。

当植物根系所处环境的盐浓度高于其耐受阈值时，植物就会很快遭受渗透胁迫，导致水分亏缺和离子分配不均衡，主要表现为地上部生长速率下降，包括干物质增量减少，叶片扩张速率降低，新叶出现和侧芽发育减缓等症状，当盐浓度很高时，会快速引起植株地上部失水萎蔫甚至死亡（Taiz and Zeiger，2010）。由盐浓度过高引起的渗透胁迫，首先导致植物生理缺水，缺水能迅速从根系传输到其他器官，引起细胞内膨压降低，抑制细胞扩增。同时，低水势能引起脱落酸（ABA）的产生及其信号转导，导致保卫细胞去极化以及气孔开度和导度下降。而气孔导度的降低能引起细胞扩增、光合速率和碳代谢速率降低，进而减少生物量和产量。此外，光合速率的降低会抑制营养的吸收以及叶片蒸腾后的冷却。水分亏缺和离子分配不均也会扰乱植物的有氧代谢，引起活性氧（ROS）的积累超标，破坏氧化还原平衡（Munns and Tester，2008）。

当盐分在老叶中积累达到毒害浓度时，植物对盐分的响应进入离子毒害阶段。由于 Na^+ 是一种细胞毒素，能破坏膜系统和蛋白质活性，从而影响细胞分裂和扩增等生理、代谢过程以及矿质营养稳态平衡。高 Na^+ 还能引起细胞内 K^+ 亏缺，进一步导致 K^+/Na^+ 失调。此外，由于老叶不再生长，不能稀释更多的盐分，因此 Na^+ 浓度持续增加会导致老叶死亡，当老叶死亡的速度比新叶产生的速度快时，植物的光合能力将不足以提供新叶所需的碳水化合物，导致其生长速率进一步降低。在高盐浓度下，或者在缺乏控制 Na^+ 运输能力的盐敏感植物中，相比于渗透胁迫，盐分的离子毒害作用占据主导地位。对于大多数植物而言，Na^+ 比 Cl^- 更早达到毒害浓度，因此大多数研究集中在 Na^+ 外排和控制 Na^+ 在植物体内的运输方面（Munns and Tester，2008）。

因此，植物的盐响应机制可以分为对渗透胁迫的抗性和对离子毒害的抗性。对渗透胁迫的抗性主要与激素（如脱落酸和赤霉素）信号有关；对于离子毒害，主要是通过转运蛋白以及一些细胞壁特殊结构进行控制，包括限制 Na^+ 吸收并向地上部转运以及增加地上部 Na^+ 在液泡的区域化和盐腺分泌。

二、燕麦耐盐碱性研究进展

燕麦在恢复退化耕地和增加草地植被方面具有独特的作用，被认为是生态脆弱地区不可替代的特色粮草作物。田间研究表明，一些燕麦品种可以在 pH 高达 9.0 的碱性土壤中生长（Liu et al.，2020）。因此，在生态脆弱地区种植燕麦有利于扩大作物产量，同时能增加土地利用率，改善生态环境（Bai et al.，2018）。近年来，关于燕麦耐盐碱性的研究主要集中在种子萌发、生理反应以及转录物组、蛋白质组和代谢物组调控方面。

王波和宋凤斌（2006）对盐碱胁迫下的燕麦适应性进行研究发现，随着盐碱胁迫程度的增加，燕麦的株高、叶面积明显受到抑制，胁迫严重时燕麦会枯萎；燕麦叶片和根系的水势较对照均有所降低，其中裸燕麦较皮燕麦水势下降幅度大。

随着盐碱浓度的升高，植株对 Na^+ 的吸收增加，对 K^+ 的吸收受到抑制，导致 Na^+/K^+ 升高，而且叶片的 Na^+/K^+ 最高，穗的最低。对盐碱胁迫下的燕麦叶片光合特性进行研究发现，轻度盐胁迫促进了叶片光合速率的提高，随着盐浓度的增加，光合速率降低，同时盐碱胁迫降低了叶片的胞间 CO_2 浓度和蒸腾速率，重度盐胁迫则增加了燕麦的水分利用效率（王波等，2007）。对盐胁迫下的燕麦叶绿体超微结构进行研究发现，随着盐碱浓度的增加，叶绿体膨胀，基粒片层扭曲、变形、松散，基质稀薄，淀粉粒消失，膜逐渐解体，但这种变化有品种差异（王波等，2005）。

种质资源的多样性是研究植物耐盐机制的基础。采用 NaCl 和 Na_2SO_4 混合盐对 20 种基因型燕麦进行了评价，发现与耐盐型相比，高盐敏感型燕麦的叶绿素、相对含水量和 K^+/Na^+ 显著降低，产量明显下降。此外，通过转录物组分析发现，盐分会上调 Na^+-H^+ 逆向转运蛋白和钾转运蛋白基因以及转录因子 WRKY17 的表达（Kumar et al.，2021）。Bai 等（2018）采用不同的盐碱处理对 248 个基因型燕麦进行了筛选，发现种子萌发期耐受性与成熟期耐受性、盐耐受性与碱耐受性之间无显著相关性，并且中性盐胁迫和碱胁迫处理的表现不同：碱胁迫主要降低燕麦叶绿素含量，盐胁迫主要影响燕麦水分吸收。Xu 等（2021）比较了两个耐盐水平不同的燕麦品种的代谢物组和转录物组，发现在盐胁迫下大部分糖类和氨基酸含量升高；在敏感品种'白燕 5 号（BY5）'中，大部分代谢物的浓度在 150mmol/L NaCl 处理下升高，在 300mmol/L NaCl 处理下降低；转录物组分析显示，盐胁迫干扰了两个燕麦品种的生物合成，包括能量消耗和糖代谢，耐盐品种'白燕 2 号（BY2）'的大多数基因在盐胁迫下上调，增强了能量消耗（如糖酵解）和生物合成（如淀粉和糖代谢），相比之下，'BY5'的大多数基因下调，导致能量消耗和生物合成受到抑制；此外，修饰后的 Na^+-K^+ 转运蛋白基因表达与'BY2'的显性离子反应有关，以帮助其在高盐环境下降低 Na^+ 浓度、增加 K^+ 浓度。Zhang 等（2022）对 100 个燕麦品种/品系的耐盐性进行了评价，将其分为 3 个耐盐等级，并以 2 个耐盐品种和 2 个盐敏感品种为研究对象，比较了其在盐胁迫下的生理反应和 Na^+ 及 K^+-转运相关基因的表达模式，发现在盐处理下，耐盐品种通过增强抗氧化酶活性和积累更多的渗透调节物质来保持较高的生长速率、叶片细胞膜完整性与渗透调节能力；此外，耐盐品种通过降低 AsAKT1（内整流 K^+ 通道）和 AsHKT2;1（一种高亲和性 K^+ 转运蛋白，具有 Na^+ 转运活性）的表达来限制根系对 Na^+ 的吸收，增加 AsSOS1（质膜型 Na^+/H^+ 逆向转运蛋白）的表达从而通过根尖排出更多的 Na^+，增加 AsNHX1（液泡膜型 Na^+/H^+ 逆向转运蛋白）和 AsVATP-P1（液泡膜型 ATP 酶）的表达将更多的 Na^+ 区域化到根的液泡中，增加 AsKUP1（一种高亲和性 K^+ 转运蛋白）的表达来吸收更多的 K^+。

(1,3-1,4)-β-d-葡聚糖是禾本科植物响应各种环境信号的关键成分，是燕麦籽粒中最重要的功能成分。Liang 等（2021）将胡杨转录因子 PeNAC1 引入六倍体栽培燕麦中，获得 6 个转基因株系。与非转基因对照相比，PeNAC1 的表达显著提高了盐胁迫下转基因燕麦的种子发芽率、幼苗成活率和叶片叶绿素含量。这些生理变化增加了盐胁迫下转基因燕麦的小穗数和穗粒数，减少了单株产量损失。此外，过表达 $PeNAC1$ 显著增加了盐胁迫下转基因株系的(1,3-1,4)-β-d-葡聚糖含量，上调了(1,3-1,4)-β-d-葡聚糖生物合成蛋白 $As\text{CslF3}$、$As\text{CslF6}$ 和 $As\text{CslF9}$ 基因的表达，说明 $PeNAC1$ 调控了燕麦的(1,3-1,4)-β-d-葡聚糖合成和耐盐性。此研究增加了通过分子育种提高燕麦耐盐性和品质的信心。

第二节　燕麦水分胁迫抗性研究

一、抗旱性

1. 植物抗旱性概述

目前，全世界的干旱和半干旱地区已接近陆地面积的 1/3，且随着气候变化，干旱区面积仍在逐年递增。干旱是最复杂也是最干扰人类正常生产生活的主要自然灾害（山仑，2011）。我国是世界上的 13 个贫水国之一，干旱及半干旱区域已占国土面积的一半以上。农业每年缺水 300 亿 m^3，每年因旱灾造成的粮食损失为 100 亿 kg 左右，水资源短缺已严重制约我国农村经济的发展。随着灌溉农田面积的不断扩大，水资源供需矛盾日益恶化，北方地区尤甚。由于没有科学合理利用水资源，水资源短缺已成为农业发展的限制因素。黄河断流、淮河污染、耕地减少、草场退化、环境破坏、森林过度开采、土地荒漠化等问题日益突出，也是水资源过度开采造成的恶果。因此，在我国北方干旱和半干旱地区，水资源成为限制农业生产和整个国民经济发展的主要因素（山仑等，2004）。我国每年因干旱导致的作物减产相当于其他逆境胁迫导致的减产的总和。

干旱胁迫是许多作物生产的绊脚石，是由包括水分亏缺在内的几种不同因素综合造成的。缺水可以在细胞水平上定义为组织或细胞的含水量低于在最佳水合状态下所能维持的最大含水量。当发生缺水时，细胞发育及植物生长减慢。干旱会影响植物的光合作用、呼吸作用、物质运输、离子吸收和细胞代谢等，还会导致氧自由基（超氧化物、过氧化氢等）产生，从而对细胞膜造成氧化损伤。

陆地植物进化出多种多样的策略来帮助其应对干旱胁迫的各个方面，植物对水分胁迫的反应随胁迫持续时间和严重程度以及植物种类与发育阶段不同而变化很大。植物的耐旱性是通过生理、生化和分子水平的不同细胞机制实现的，如特定基因的表达和特定蛋白质的积累。使植物保持高水分状态是耐旱性育种的共同目标。渗透调节、减少气孔蒸腾及通过角质层的水分损失和避免木质部导管空穴化是帮助植物在干旱期间保持高水分状态的一些生理机制。例如，降低根细胞的渗透势，可以增强根对水的吸收。高等植物通过脱落酸信号转导通路调节气孔的开闭来控制水分流失是目前研究得最为深入的抗旱机制之一，但是气孔关闭会带来 CO_2 的吸收减少，导致光合碳同化过程及一系列直接和间接的代谢过程受阻，使植物生长发育受到抑制，作物产量降低，也就是说，植物的生长和抗旱性处于一个此消彼长的平衡状态，植物必须在干旱来临时做出部分牺牲，以尽可能地完成生活史（Yordanov et al.，2000）。为了解植物对水分胁迫的适应性，有必要详细研究植物根对干旱的响应策略。因此，近年来越来越多的研究领域致力于解析可能有助于作物应对水分胁迫并在干旱期间保持生产力的根系特征。

2. 燕麦抗旱性研究进展

缺水是制约燕麦生长和生产的主要因素之一，干旱可导致燕麦籽粒产量损失32%～69%（Zhao et al.，2011）。燕麦的抗旱性与其形态结构密不可分。在裸燕麦品种抗旱性研究方面，与不抗旱品种相比，抗旱品种有其特定的形态特征和生物学特性，表现为：植株较高，地上节多；穗叶距、穗节距短，穗颈细；叶片窄、短，且平展；根及次生根多；前期生物量高，后期干物质的根冠比大；小穗轮层多，小穗多；根力强，根发生较早，根期长，前期发育缓慢，生育期较长（杨虎庆，2004）。燕麦在不同生育时期的抗旱能力不同，生育前期比生育后期强。姬文琴等（2021）研究表明，干旱胁迫下燕麦根系表现出明显的形态可塑性，苗期通过增加根长、分支数和细根数来响应干旱胁迫，分蘖期主要通过减少根长、分支数来响应干旱胁迫，拔节期主要通过减缓各级根系的生长并增加根的分级数来响应干旱胁迫。Peltonen-Sainio（1997）研究表明，生长在高纬度地区的燕麦，如果在灌浆期发生干旱，并不能从高的叶面积持续期（LAD）中获益，但如果没有发生干旱或在开花前发生干旱，高 LAD 有利于产量形成。研究发现，裸燕麦在孕穗期前抗旱性强，干旱胁迫下籽实损失率为 31.9%；孕穗期后抗旱性弱，籽实损失率达 51.8%，后期比前期籽实损失率增加 20 个百分点（张凤英等，2015）。

除了形态特征，燕麦的抗旱性也与其细胞内的生理代谢过程有关。辛国荣等（1996）以高渗溶液模拟土壤干旱条件，研究了三个燕麦品种幼苗在水分胁迫下的一些生理和代谢变化，发现三个燕麦品种均表现出叶绿素含量下降、气孔趋于关闭的特点。Peltonen-Sainio 和 Akela（1995）研究也表明，燕麦在干旱条件下的气孔导度减少。众多研究表明，干旱胁迫下燕麦的脯氨酸积累量增加。Frey（1998）对 1914～1987 年育成的燕麦品种抗旱性进行比较的结果表明，1963 年后育成的燕麦品种抗旱性更强，并且开花后叶片衰老速率显著慢于老品种。燕麦不同品种间的抗旱性强弱同植株形态特征及细胞水分生理特性有密切关系。徐惠云等（1997）对 6 个裸燕麦品种进行了抗旱性研究，认为植株高大、叶片大而下披、株形松散、抗倒伏性差、生长缓慢和叶片蒸腾强度低、渗透作用小、细胞浓度高以及维持生命活动所需最低含水量低的品种，其抗旱能力强。

由于燕麦品种间抗旱性差异巨大，众多研究集中对不同品种或品系燕麦的抗旱性进行评价。在燕麦抗旱性鉴定方法方面，众多学者主要测定不同品种在不同水分胁迫下的叶片相对含水量、叶绿素含量、质膜透性、气孔孔径、脯氨酸含量及乙烯释放速率等生理指标的变化，并分析其变化规律及其与抗旱性的关系。同时，运用模糊数学中的隶属函数评价对各个指标进行综合评定和数量化分析，以此对燕麦抗旱性进行鉴定（Yadava and Bhatt，1989；Zaheri and Bahraminejad，2012；罗兴雨等，2018；赵宝平等，2020）。然而，燕麦抗旱性评价的指标选择没有统一的行业标准，存在很多争议，如一部分研究认为水分胁迫下光合作用受到抑制并非与气孔导度有关，而是主要来自非气孔因素；又如部分学者认为干旱胁迫下燕麦脯氨酸积累量的增加可以作为抗旱性评价的有效指标，但仍有很多研究者认为脯氨酸等渗透调节物质积累是胁迫的结果，其值不能始终随着干旱程度的增加而持续增加，不能作为抗旱性评价指标（樊英鑫等，2009）。

除了根系和叶片，近年来部分学者开始关注燕麦非叶绿色器官对干旱的响应。任鹏等（2014）发现，抗旱性强的燕麦品种'蒙燕1号'在受到水分胁迫时能通过增强穗颖渗透调节和抗膜脂过氧化能力、减弱穗颖细胞质膜损伤来适应干旱胁迫，以最大限度地减少水分胁迫对穗颖的伤害，有利于稳产。Tian等（2022）研究了温室条件下燕麦旗叶和叶鞘、颖片、外稃等非叶器官的光合特性，结果显示干旱胁迫显著降低了旗叶和非叶器官的相对含水量，且显著降低了旗叶的叶绿素和叶黄素含量，提高了颖片后期的光合色素含量，但颖片和外稃的相对含水量变化小于旗叶。此外，干旱胁迫可诱导非叶器官中磷酸烯醇丙酮酸羧化酶（PEPC）、辅酶Ⅱ-苹果酸脱氢酶（NADP-MDH）、辅酶Ⅱ-苹果酸酶（NADP-ME）、辅酶Ⅰ-苹果酸酶（NAD-ME）和丙酮酸磷酸二激酶（PPDK）等C4途径酶的活性，表明非叶器官的C4光合途径补偿了旗叶有限的C3光合作用（Tian et al.，2022）。

褪黑素与其他激素（脱落酸、赤霉素、生长素）相互作用从而调节内源激素水平，减缓了干旱胁迫导致的燕麦植株衰老，从而有助于提高其抗旱性。罗兴雨（2019）发现，外源褪黑素可减少干旱对燕麦幼苗造成的氧化损伤和对叶片细胞膜造成的损伤，并通过增加渗透调节物质来调节叶片细胞内渗透势，缓解了活性氧代谢失调，减轻了干旱胁迫对光合作用的抑制，表明外源褪黑素增加了燕麦的苗期抗旱性。

二、耐涝性

1. 植物耐涝性概述

水涝也称水淹胁迫，也是严重威胁植物生长的环境因子之一。在田间，淹水有两种形式：一种是部分淹水，即根和枝条的一部分被淹没；另一种是全淹，即整个植株被淹没。由于气体交换受阻以及随后的土壤微生物区系反应，过量的水引起各种环境因素发生复杂变化。土壤水涝会导致根区缺氧，并增强土壤中"植物毒素"的动员，从而抑制根和芽的生长。植物已经进化出一种代谢机制来应对低氧和缺氧环境以及随之而来的能量缺乏，并通过结构和形态变化来提高内部 O_2 供应，这是目前耐涝性研究的热点话题。水稻是一种具有显著耐涝性和多样性的作物，因此在耐涝性研究中被用作模式植物。其他模式植物（拟南芥）和特定的野生湿地物种的耐涝性研究也增加了我们对水涝与缺氧反应的认知，特别是明确了乙烯在植物耐涝性中的作用。耐涝品种的选育是多年来多学科交叉研究的结果。

2. 燕麦耐涝性研究进展

关于燕麦耐涝性的研究较少。研究人员使用 8 个商业品种（'UPF 14''UPF 16''UFRGS 7''UFRGS 14''UFRGS 16''UFRGS18''CTC 2''ORLA 9248'）开展了耐涝性研究，结果发现在植物发育的早期阶段，'UPF 16''UFRGS 14''UFRGS 7'更耐水淹（Claudia et al., 2008）。Arduini 等（2019）发现，分蘖期涝渍减缓了燕麦生长及其对氮素的吸收，对晚播燕麦产量构成永久性影响，导致其籽粒产量下降 42%～81%。

第三节　燕麦温度胁迫抗性研究

一、耐寒性

1. 植物响应低温胁迫的机制

低温是大田作物生产的主要障碍之一，会限制作物发芽，通过导致代谢失衡而减缓作物营养生长，并延迟或抑制作物生殖发育。根据温度不同，低温伤害可以分为 2 类：0℃以下的冻害和 0℃以上的冷害，植物处在不同程度的低温下会发生不同的反应，冻害对植物的危害更大。每年因低温胁迫导致的农作物产量降低使农业经济损失严重。

冷害分为直接伤害和间接伤害。直接伤害是由温度急剧下降导致的，细胞膜是直接伤害的作用部位。植物对冷害的原初反应是细胞膜透性改变，并且伴随各种生理代谢变化。当温度迅速降低到超过植物能适应的范围时，膜脂由液晶态向固态转变，若温度持续下降，膜会遭到不可逆的破坏，细胞中离子不可控地渗出。间接伤害一般发生在温度缓慢下降时，当植物受到伤害时，水解酶类活性往往高于合成酶类活性，从而加速物质的分解，导致可溶性蛋白含量减少，可溶性糖含量增加，抗氧化系统失衡，进而加剧膜脂过氧化损伤等。

冻害首先破坏叶绿体的膜结构，进而导致光合磷酸化过程中 ATP 合成酶的失活。研究表明，随着温度逐渐下降，细胞间隙结冰，水势发生变化，细胞原生质严重脱水，同时细胞体积减小，细胞膜收缩变形。当脱水程度达到临界值，细胞原生质就会不可逆地受损，严重程度随着温度的降低而增加，往往在温度回升后也不能恢复。同时，由于植物体内活性氧的不断积累和抗氧化酶活性的降低，膜脂发生过氧化，严重损伤细胞膜，导致离子外渗。低温引起的细胞膜系统损伤和细胞原生质脱水是植物受到不可逆伤害的关键（Wilson，1973；Wolfe，1978）。

2. 抗寒锻炼

植物的抗寒能力是一种潜能，大量研究证明，预先给予植物适当的低温处理，待其适应之后再经历更低的温度不至于造成致命损伤，通过抗寒锻炼可以使植物发挥出自身最大的潜力。抗寒能力强的植物，在没有经过抗寒锻炼时，也会因为温度的骤降而受到严重的冷害和冻害（Thomashow，1999；Juurakko et al.，2021）。影响植物抗寒锻炼的因素主要有温度、日照时间和植物本身，其中生长环境的温度变化和低温胁迫的时间对植物的抗寒性有直接影响。不同植物最适的锻炼温度和锻炼时间不同，当温度超过一定限度或低温胁迫时间过长，会造成植物受到严重的冷害或冻害，甚至导致植物死亡。抗寒锻炼能提高植物体内抗氧化酶活性、关键光合酶活性、游离脯氨酸和可溶性糖含量，还能诱导多种由低温调控的特异性蛋白表达。抗寒锻炼是一种使植物通过感知低温信号以及调控体内基因表达与代谢活动，从而适应更低的温度并且不会受到致命伤害的过程。抗寒能力有差异的植物对低温的应对方式不尽相同，有的植物通过增加原有蛋白质的表达水平，有的植物通过产生特异性诱导蛋白来抵御低温，表达水平取决于植物的抗寒能力（Hughes and Dunn，1996）。

3. 燕麦的抗寒性研究

燕麦喜凉，但抗寒能力有限，目前关于燕麦抗寒性的研究较少。Webb 等（1994）对一种冬黑麦品种 'Puma'、一种冬燕麦品种 'Kanota' 和一种春燕麦品种 'Ogle' 的冷驯化进行了详细分析，结果表明，未驯化的两个燕麦品种幼苗叶片均在-2℃时冻伤，而冬黑麦幼苗叶片在-4℃时才发生冻伤；所有品种在冷驯化 4 周后均达到最大抗性，春燕麦和冬燕麦的半致死温度分别降至-8℃和-10℃，而冬黑麦降至-21℃；在从未驯化的春燕麦叶片分离的原生质体中发现，-4～-2℃时膨胀裂解是主要的损伤形式，低于-4℃时由质膜磷脂双分子层改变导致的渗透响应能力丧失是主要的损伤形式；在从经过冷驯化的燕麦叶片分离的原生质体中发现，所有损伤温度下渗透反应丧失是主要的损伤形式。同时，康奈尔大学的团队对比了春燕麦和冬黑麦在受到冻害时的质膜脂质组成，发现相比春燕麦，冬黑麦质膜的磷脂含量较高，脑苷脂含量较低；春燕麦的甾醇种类以酰化甾基糖苷为主，冬黑麦以游离甾醇为主；燕麦与黑麦的磷脂分子种类类似，但燕麦的双不饱和物质相对比例低于黑麦，甾醇种类相对比例也不同（Uemura and Steponkus，1994）。冷驯化 4 周，燕麦和黑麦的游离甾醇与甾醇衍生物相对比例变化不大，而磷脂相对比例和非饱和物质相对比例均显著增加，但黑麦非饱和物质相对比例的增加高于燕麦，且发生在冷驯化第一周；黑麦和燕麦质膜的脑苷类物质相对比例逐渐降低，黑麦下降更为明显。冷驯化后，燕麦的酰化甾基糖苷和脑苷脂相对比例仍显著高于黑麦（Uemura and Steponkus，1994）。

光系统Ⅱ最大光化学效率（Fv/Fm）是研究植物抗逆性最常用的指标之一，能够快速、无创地监测与获得关键的抗冻性相关性状，比其他标准指标更灵敏和精确，并与现场评估的霜冻损害高度相关。由于不同品种/基因型对低温的响应变异性大，在胁迫后恢复 1～2 天进行测量更有利于评估燕麦的抗寒性（Rizza et al.，2001）。

二、耐热性

高温也是对植物细胞造成重大损害的非生物胁迫之一，热胁迫的程度每年会波动，主要取决于植物发育和繁殖时的气候特征。另外，在炎热的夏季，极端的温度变化会破坏植物实现最佳发育和结籽所需的分子间连接。日益严重的气候变化已经对世界各地的农业生产产生了巨大影响，高温造成了相当大的产量损失，由于全球气候持续变暖，高温对未来的全球粮食安全构成重大威胁（Jacob et al.，2007）。

植物耐热的典型特征是可减少高温对光合作用等关键过程的影响（Prasad et al.，2008）。耐热品种通常具有较高的光合速率，表现为叶片保持绿色，质膜热稳定性增加，并在高温下成功结籽。然而，在实际生产中的主要问题是，由于高温与其他环境因子（如干旱）相互作用，田间耐热性基因型/品种筛选是很困难的，因此应在可控生境下筛选耐热性基因型/品种，但这样做的成本很高（de Souza et al.，2012）。所以，除非对某个关键过程有很强的影响，否则基于基因或 QTL 的常规或现代育种设计通常不足以产生耐热品系。此外，想要通过传统方法实现遗传改良的最大潜力，需要仔细选择最适宜的育种方案。

不同燕麦品种在生长发育的关键阶段对热胁迫的耐受性不同。Taylor 和 Frey（1972）在气候控制室中研究了 4 个燕麦品种（澳大利亚的 'A465'、美国玉米带的 'Clintland 64'、美国东南部的 'Victorgrain' 和苏格兰的 'Craigs-afterlea'）在 5 个特定生长阶段对热胁迫的响应，在各生育期分别进行 7 天的温度日变化曲线处理，对照是在艾奥瓦州田间进行 7 天的 60 年平均日温度曲线处理，热胁迫处理是 60 年间 6 个最高温度（10%概率）的平均值，并没有在分蘖分化、茎尖伸长、花分化或籽粒灌浆等方面使品种间产量产生差异效应。另外，开花时热胁迫对燕麦品种产量的影响较大，与对照相比，花期热胁迫使 'Clintland 64' 产量降低 15%，'Victorgrain' 降低 29%，'A465' 降低 31%，'Craigs-afterlea' 降低 81%（Taylor，1967）。产量下降的主要原因是种子数量减少，然而大多数品种的产量补偿是通过增加种子重量来实现的。

第四节　燕麦金属胁迫抗性研究

一、铝胁迫

1. 植物耐铝性概述

铝在土壤中分布广泛，是地壳中含量较高的金属。铝在植物体内的含量较低，但对其生长发育有一定的帮助，适量的铝还可提高植物的抗逆性，但是超过一定浓度就会造成铝毒，甚至仅仅微克级的浓度就会对有些植物产生毒害作用。铝毒是限制作物生产的主要因素之一。在土壤 pH 低于 5.5 的情况下，铝的溶解性增强导致毒害，主要表现为根尖积累较多的铝，根部生长受到抑制，从而导致作物生长不良、生产力下降。铝胁迫不仅限制了作物对水分和养分的吸收，影响了作物的光合作用，还使植物体内其他元素的浓度发生了变化，如钾、镁、钙浓度失调，铝还与钙互作而产生毒害。同时，铝毒能引起活性氧的水平大幅增加，植物体内稳态遭到破坏（何龙飞等，2003）。

大面积的可耕酸性土壤逐渐使植物发育出复杂的铝抗性代谢机制，主要包括两种：一种是将铝从体内排出，另一种是在体内建立耐受性。铝元素是以有机酸如苹果酸、草酸等或酚类化合物的形式外排释放的。耐铝性研究证实了水稻、荞麦等作物可积累较高浓度的铝，生理上，植物对细胞壁进行修饰而改变其性质，或是铝与细胞壁中果胶的负电羧基螯合成低毒的螯合物；分子层面，耐铝性与多种酶及抗性基因相关，包括 XTH 家族和 STAR 家族，还有铝转运蛋白，ALMT、MATE、Nramp、ABC 转运蛋白以及水通道蛋白等各家族成员共同作用可将铝排出体外或是隔离在液泡中。因耐铝机制和基因功能存在差异，拥有耐铝性的植物主要为水稻、小麦这样的谷类作物，但同一物种中耐铝性品种与铝敏感性品种的各项指标相差较大，作物耐铝品种的选育较为困难，如不同小麦品种的耐铝性差异可高达 10 倍以上（陈泰林等，2010）。

2. 燕麦耐铝性研究进展

针对铝毒，首先研究的是单子叶谷类作物，后来在双子叶植物中也观察到耐铝性。在谷类作物中，不仅有水稻和小麦，燕麦也被认为是耐铝作物之一。在对燕麦品种的耐铝性评估时发现，燕麦对铝毒具有高度的耐受性。酸性耕地的铝毒是限制燕麦生长和产量的重要非生物因素，在美国不需要选择耐铝性燕麦品种，因为其用石灰来管理土壤酸碱度，燕麦不会受到高浓度铝的影响。在我国广泛种植的大多数燕麦品种在酸性含铝土壤中表现出一定的耐受性，可将铝从根中排出而不发生毒害，较其他谷类作物（包括小麦、玉米和大麦）的耐铝性更强（Nava et al.，2016）。

在水培系统中可以测定植物的耐铝性，配合测量铝电阻，通过苏木精（可与铝结合形成紫色复合物）染色可观察吸收的铝是否排出体外，通过桑黄素染色可观察根中铝的积累情况。燕麦铝敏感性品种在梯度铝处理下，幼苗表皮细胞、根尖和根松散组织的铝积累逐渐增多，根长、株高下降，丙二醛含量显著升高，在高浓度下，根尖会呈现凹凸不平或生长异常的现象（Kubicka and Kopras，2010）。铝处理下，不同燕麦品种的根部细胞膜会受到不同程度的损伤，但大多数品种即使是在高浓度下苏木精染色的根细胞也观察不到过多的紫色。燕麦具有高效的铝排出机制，在接触铝后其抗性被迅速诱导，目前已筛选出几个耐铝的燕麦品种，包括'摄政王''牧王''Baker''Esker'等（汤霞等，2022）。

燕麦与水稻、小麦等谷类作物的耐铝机制相似，主要是分泌有机酸，包括柠檬酸组成型排出以及苹果酸依赖型排出。铝处理能够刺激燕麦快速分泌苹果酸及柠檬酸，随着外部铝浓度的增加，根中分泌的苹果酸随之增加，燕麦品种之间对铝反应的差异与氧化应激及苹果酸分泌有关。有研究表明，燕麦根边界的细胞和根黏液会与铝结合，但是否与根排出铝有关联作用尚不清楚（Schneider et al.，2015）。在转基因植物中发现，编码有机酸分泌酶的基因过表达可以增强耐铝性。在苜蓿中，苹果酸脱氢酶（neMDH）基因过表达可以使根分泌更多的苹果酸来增强耐铝性；在拟南芥和苜蓿中，柠檬酸合酶基因过表达同样增强了耐铝性（Tesfaye et al.，2001）。Radmer 等（2012）利用苜蓿的 neMDH 基因转化燕麦，以研究其过表达对燕麦苹果酸分泌和耐铝性的影响，结果却发现该基因在维管组织中表达最高，但并没有增加苹果酸的分泌。作者分析可能是苹果酸转运蛋白无法根据苹果酸浓度对其进行输出，也可能是燕麦发生了蛋白质的错误折叠，缺乏 neMDH 活性。但苹果酸脱氢酶积累最多的燕麦根系生长减缓，耐铝性增强，其铝排出制仍有待进一步研究（Radmer et al.，2012）。

二、重金属胁迫

随着经济社会的快速发展，因人类活动和自然因素导致的重金属污染问题日益严重。各种工业废弃物以及污水的排放，使重金属长期积累在土壤中并以各种各样的形式存在，由于其溶解度和植物对其的利用效率不尽相同，重金属对植物产生或多或少的直接或间接影响。在我国，受污染的农田已高达全国耕地面积的1/5。重金属被植物根吸收后，被皮层的凯氏带以及木栓层所阻挡而积累在根细胞中，影响植物对营养元素和水的吸收。重金属在浓度相对较低时就会产生毒性，通常被认为以复合物的形式产生毒害，过量的重金属离子或螯合物会损害植物形态、生理和生化功能。根据对重金属的抗性可将植物分为四类：重金属敏感型、重金属排出型、重金属积累型和重金属超积累型。作物遭受重金属胁迫的特征是膜损伤、酶活性变化和根生长受到抑制，各方面都将受到严重危害，因此生产力降低而减产（Barceló and Poschenrieder，1990）。

1. 镉胁迫

植物生长在地球的不同生境中，应对着各种各样的胁迫。在重金属里，许多元素包括镉都是植物非必需的，这些有毒元素以低浓度的形式存在于环境中。环境中的镉主要来源于人类活动，大量化肥、农药施用还有工业排放（Choppala et al.，2014）。镉极大地影响着植物整株的新陈代谢，在土壤中镉是水溶性的，易迁移，能够很快被植物吸收并积累。镉无法降解，因此进入食物链中被牲畜、人类所食用后会造成严重的健康问题，被认为是最具植物毒性的污染物之一。镉影响植物根的吸收作用，进入植物细胞后，质外体和共质体途径都参与镉向多个器官的输送而影响植物的生长发育（Gallego et al.，2012）。镉可对植物营养器官、生殖器官、光合器官等造成负面影响，致使植物体内的营养元素失衡；导致气孔开闭和蒸腾速率等发生变化而引起稳态失调，光合色素含量下降，光合碳同化减弱；诱导氧化应激，严重时可导致植物组织坏死甚至死亡。镉积累时，植物主要表现为出现染色体畸形导致的畸形胚，细胞分裂和细胞周期改变，从而产生较高的突变率（Clemens，2006）。

随着镉污染土壤越来越多，某些植物随之进化出各种机制来应对镉胁迫。土壤镉浓度超过 35μmol/L 时，只有对镉建立起耐受性的作物才能存活（Brown et al.，1994）。镉耐受的主要机制是将镉排出或积累在某一部位。植物对镉建立防御机制主要通过信号转导，在形态和生理上表现为螯合素的合成、抗氧化系统的激活和各种激素的调节等。在不同的作物中，谷类作物比其他作物耐镉性高。镉在不同作物中的分布情况也存在差异。此外，镉的积累还与植物的生长阶段有关，成熟根的凯氏带能够有效减少其对镉的吸收，叶片中镉的积累会随着植物的生长而增加（Drążkiewicz et al.，2003）。

对燕麦镉胁迫进行研究发现，低浓度镉对燕麦的生长有一定的改善作用；随着浓度的增加，镉胁迫加重，燕麦的株高、根长、叶绿素含量以及生物量都受到明显抑制，活性氧代谢发生紊乱，细胞膜遭到破坏，体内动态平衡被打破；叶绿素含量随着镉浓度的升高先增加后降低，致使叶片发黄。镉不仅影响叶绿素的合成和降解，还会破坏叶绿体结构，并导致气孔关闭，直接影响燕麦的光合作用。光合受抑制以及氧化损伤是镉造成燕麦损伤及死亡的主要原因。镉主要富集于燕麦根部再逐步运输，籽粒富集的镉较少，减少了其进入食物链的危害（张茹等，2022）。不同燕麦品种对镉的积累及耐受性存在差异，因为燕麦对镉的吸收转运与其镉耐受性没有直接联系。王丽香等（2011）根据耐镉性将燕麦进行了分类：①镉转运少且耐镉性强；②镉转运多但耐镉性强；③镉转运多但耐镉性弱；④镉转运少且耐镉性弱。镉胁迫还会诱导燕麦植株体内腐胺的积累，促进乙烯生成并向地上部输送，对地上部的影响大于根部，所以植物根系更具耐镉性。一些燕麦品种在镉污染土壤中属于镉转运多且耐镉性强的类型，耐镉机制为排出和积累，即将镉向地上部运输并在地上部使其与一些蛋白质络合而固定在植物组织中（王丽香等，2011）。外源过氧化氢能够有效地减轻镉胁迫对燕麦的影响，缓解燕麦生长指标的下降，在光合作用方面，提高了类胡萝卜素的含量，增加了碳同化过程中关键酶的活性，增强了燕麦的耐镉性。外源水杨酸也能在一定程度上缓解镉胁迫对植物的伤害，镉胁迫下施用水杨酸能有效减缓光合系统的损伤，且这一缓解作用不受外源过氧化氢的影响；水杨酸和过氧化氢均减少了丙二醛与脯氨酸的含量，还提高了抗氧化酶的活性。研究表明，燕麦通过过氧化氢和水杨酸的互作来应对逆境（张玲等，2012）。

2. 铅胁迫

铅也是危害动植物健康的重金属元素之一，还是常见的具有高度毒性的不可降解的重金属污染物，主要以酸性盐的形式存在于被工厂废料、尾气和重金属废料污染的地区。铅污染土壤后积聚于表层，植物根吸收后形成不溶性化合物并积累于根中，但从根到地上部的运输受到一定的限制。铅还会以蒸汽或灰尘的形式存在于大气中，被植物的枝叶直接吸收（Wierzbicka et al.，2007）。另外，铅会抑制作物的生长，主要是干扰一些重要酶的功能，从种子发芽到植物成熟的整个过程中，铅能引起作物一系列形态、生理、生化层面的失调，导致生产力急剧下降。铅还能导致根中其他矿质离子如钙、铁等含量降低。铅抑制植物生长时对光合作用的影响尤为明显，与镉胁迫一样，能干扰叶绿素合成并加速其降解，从而显著降低光合速率（Sengar et al.，2008）。

铅对植物的影响因物种和品种差异而不同，还与暴露时间、重金属浓度等有关。一些植物逐渐进化出耐铅机制，对于燕麦而言，铅胁迫刺激了根、茎、叶中可溶性糖的积累，而可溶性糖的积累和体内转运是燕麦可耐受非生物胁迫的重要原因。而较高浓度的铅抑制了燕麦细胞的代谢以及过氧化氢的产生，使得其抗氧化性能降低。整体而言，燕麦相较于小麦耐铅性更强（Soares et al.，2020）。土壤中某些无机盐、氯化物或有机物增加，可以减少植物对铅的吸收，从而在一定程度上增加其耐铅性（Javis and Leung，2002）。

3. 锌胁迫

锌是常见的重金属元素，也是植物必需的微量营养元素，是生物分子的组成部分，供应过多或过少都会影响植物的生长发育。适量的锌可以改善作物品质，提高作物产量，还在作物抗旱性中发挥积极作用。锌会影响植物生长素的合成、气孔的开闭。缺锌植物会积累活性氧，从而影响膜完整性。缺锌也会影响植物生长关键酶的活性，使植物在强光照下变绿甚至坏死。缺锌植物还会通过改变根系形态来增加锌的吸收，使之维持在正常水平（Cakmak，2000）。但是过量的锌也会对植物产生伤害，过量吸收土壤中的可溶性锌，会降低植物叶绿素含量、净光合速率、气孔导度，导致细胞质和细胞器解体或紊乱、染色质凝聚、细胞核破裂等。过量的锌还会抑制作物对镁、铁的吸收，打破生理平衡（Lin and Aarts，2012）。

目前燕麦耐锌性研究较少，以缺锌研究为主。因我国含有可溶性锌的土壤比例较低，土壤锌缺乏成为限制植物生长发育的因素之一，耐锌缺乏与低锌作物的选育也成为棘手问题。不同的作物品种对锌的吸收与利用效率不一，因此耐锌性存在差异。齐冰洁等（2021）在选育耐低锌燕麦方面做出了贡献，发现短时间的低锌胁迫对燕麦生物量的影响并不显著，但随着时间的延长，锌高效品种较锌低效品种长势更好，有着更多的干物质积累，并且根系的质子分泌量更多、质膜 H^+-ATPase 活性更高，由此可知锌高效品种耐低锌能力更强；还得出低锌胁迫下燕麦品种的锌利用效率不同是根系生长存在差异的结果，锌高效品种在根系形态上表现出根系长度、面积以及根尖数均高于锌低效品种，因此有着更强的吸收能力。低锌胁迫比不供应锌的危害更大，原因可能是低锌诱导了燕麦对锌的需求；而不供应锌对地上部的危害要比根部严重，可能是补偿机制在发挥作用。同样，不供应锌对锌高效品种地上部的影响要小于锌低效品种。目前发现燕麦中'晋燕2004''内农莜1号''加10''6583''YS0404'为锌高效品种，'加7'为锌低效品种，野燕麦比栽培燕麦的锌利用效率低。锌肥过量使用也会对燕麦产生威胁，高锌胁迫能抑制燕麦的种子萌发、地上部和根系生长（孙艳楠等，2019；孙艳楠，2020）。

4. 其他重金属胁迫

（1）镍胁迫

镍是一种具有剧毒并可致癌的重金属，也是植物正常生长和发育所必需的微量元素之一，是植物氮代谢所需的尿素酶等酶的中心元素。缺镍会降低植物体内尿素代谢，并显著抑制植物生长，导致叶片黄化、坏死。在超过一定浓度时，镍也像其他重金属一样对植物产生毒性，而在人类活动影响下，被农业活动或是工业排放所污染的地方镍浓度高达正常值的 20 倍以上（Kanwar et al.，2012）。镍以乙酸镍、碳酸镍、氢氧化镍和氧化镍等化合物形式存在于土壤中，很容易被植物吸收，可穿过内皮层在中柱积累。高浓度的镍影响作物的生长、改变作物的形态、减少作物对矿质元素的吸收和运输。与铅相似，随着煤炭和石油的燃烧，镍在空气中的浓度越来越高且有很强的流动性，因此会抑制光合作用，破坏光合电子传递链，引起酶活性紊乱以及气孔关闭。此外，重金属胁迫都会加重氧化应激，造成 DNA 损伤和细胞膜透性改变。

在低浓度下，镍对燕麦种子萌发有积极影响，还能在一定程度上促进其吸收铁。而高浓度的镍则会抑制燕麦生长，在未经处理的废水中观察到燕麦种子发芽减少和生长迟缓。除了抑制种子萌发，过量镍的浸染也会降低燕麦淀粉酶和蛋白酶等酶的活性，并抑制发芽种子中储藏物质的水解。随着镍浓度升高，燕麦的叶绿素含量减少，脯氨酸含量增加，过氧化酶活性受到抑制，使叶片呈轴状，大量扭曲和卷曲（Szware et al.，2006）。很多谷物在镍污染地区可以用作修复植物，燕麦属于耐镍作物，但比小麦、谷子耐镍性弱。研究表明，多种外源氨基酸可以增强作物的耐镍性，其中水杨酸以及一氧化氮能通过减少活性氧来对镍胁迫引起的氧化应激起到一定的保护作用（Gupta et al.，2017）。

（2）汞胁迫

汞也是影响植物生长的有毒重金属。由于汞可作为提取金和银的试剂而被广泛使用以及工业的大量排放，加之含汞肥料、农药等的施用，土壤中的汞大量积累，汞污染也成为威胁全球环境的问题。汞对于植物来说是非必需元素，但很容易被作物吸收和运输，主要以离子形式被吸收。多种汞形式是有毒的，石灰土中汞毒性较轻，而有机汞化合物如甲基汞是最危险的。汞还可能与铁、铜或锌等必需元素竞争，占用其转运蛋白/通道进入根细胞而积累，只有小部分会运输到嫩枝。根中的汞会与细胞壁结合，与碳酸盐等阴离子化合物形成不溶性沉淀。汞也存在于空气中而被植物地上部所吸收。在作物中，汞的毒性主要表现为诱导活性氧产生而引起氧化应激，还会与含硫蛋白和分子结合而改变叶片细胞形态及功能。此外，汞还通过减少叶绿素含量、取代叶绿素中心原子镁、分解类囊体等方式影响光合作用。目前鉴定到的植物耐汞调节基因多与异黄酮合成、硫代谢等有关。外源一氧化氮、水杨酸以及细胞内一氧化碳都在一定程度上赋予了植物对汞的耐受性（Chen and Yang，2012）。

在燕麦耐汞性研究中发现，低浓度的汞对种子的萌发以及幼苗的生长有积极影响，同时增加了 α-淀粉酶活性、叶绿素含量；而高浓度的汞则抑制了光合作用，还使镁和钙含量降低，形态上表现为叶黄化、顶端和边缘叶坏死。汞在燕麦中的积累分布为根最高，其次是茎，最后是籽粒（郭小强和毛宁，2013）。燕麦对汞是不太耐受的，在汞浓度升高时，燕麦生长受到抑制，生物量受到的影响尤为明显，即使是最低汞剂量也会引起产量下降。此外，不同物种对汞的吸收是有差异的，燕麦、小麦等C3植物吸收汞蒸气中的汞更多，可高达玉米、高粱等C4植物的5倍之多。燕麦不同品种对汞的敏感性也表现出明显差别，'坝莜3号'的根系更为发达，耐汞性强于'坝莜1号'（郭小强和毛宁，2013）。在土壤中添加沸石粉、膨润土或石灰有助于提高燕麦耐汞性，因为这些中和性物质降低了汞对植物的毒性及其生物利用度，使得土壤及燕麦汞含量降低，其中石灰和膨润土对产量的影响比沸石粉更有利（Żołnowski et al.，2019）。

（3）铜胁迫

铜是存在于岩土矿物中一种重要的微量营养元素，在光合和呼吸电子传递链、碳水化合物分配以及蛋白质代谢等生理过程中发挥作用。铜作为许多酶系统（如Cu/Zn超氧化物歧化酶）的辅因子，有助于抗氧化反应。但过量的铜会造成环境污染并对植物产生毒害，其毒性表现为诱导活性氧快速形成，从而导致细胞损伤；影响叶绿体形态、生理以及质体醌受体，阻断光合电子传递等过程；造成根系生长迟缓，发育不良；导致分枝减少，叶片边缘坏死，生物量减少等。叶片失绿是铜毒的典型症状。植物主要通过金属螯合蛋白以及活性氧清除酶来控制铜水平（Sağlam et al.，2016）。但在一定浓度范围内，铜对植物生长有积极的影响。

过量的铜会影响燕麦种子的萌发。随着铜浓度的增加，燕麦种子的发芽率、发芽势表现为先升高后降低的趋势，50mg/L为最适浓度，此时对种子萌发最为有利（熊建林和余前媛，2013）。尽管铜过量会抑制燕麦生长，但燕麦在缓解铜毒方面仍具有一定的潜力。有学者评估了两个不同燕麦品种'Perona''Fronteira'缓解铜毒的能力，发现高浓度铜处理下两个品种的茎和根生长均减缓。但两个品种对铜的敏感性存在差异，'Perona'对铜较为敏感，'Fronteira'能够随着铜浓度的增加而增加根冠比，从而增加其对高浓度铜的耐受性。燕麦的铜耐受机制为释放铁载体，铁载体能与三价铁形成络合物，同时能与包括铜在内的其他二价阳离子形成络合物以减少重金属毒性。酚类化合物也可以与根际铜离子结合，从而减少重金属毒性。随着铜浓度的增加，'Fronteira'的酚类物质释放增加，而'Perona'则先增加后下降。此外，不同品种积累铜的部位也不相同，'Fronteira'优先在质外体积累铜，而'Perona'则是共质体，因此限制了其对其他元素的吸收及运输。上述结果表明'Fronteira'可能有铜排出机制，拥有更高的耐铜性（Marastoni et al.，2019）。

5. 复合胁迫

自然界是复杂多样的，土壤中重金属以单个元素去威胁作物的可能性较小，通常是两种或两种以上重金属对植物产生复合胁迫。但多种重金属的复合胁迫是复杂的，重金属之间可能存在竞争或协同关系。植物的缺铁症状与重金属胁迫有关，镍可以通过抑制三价铁的还原或通过与二价铁竞争根吸收位点来影响双子叶植物对铁的吸收，铜的毒性也会引起铁缺乏；铜和镍胁迫减少了复叶；铜和锌以及镍和镉在植物中竞争相同的膜载体。多数重金属离子如镉、镍、铅通常会抑制植物生长，但不同重金属的毒性是不一样的，可排列为 $As^{5+*}<As^{3+}<Cr^{6+}<Co^{2+}<Zn^{2+}<Ni^{2+}<Cu^{2+}<Ti^+<Hg^{2+}<Cd^{2+}<Ag^+$（Clijsters and Van Assche，1985）。不同重金属间产生的复合胁迫对植物的影响是不同的，如铅镉、汞镉的复合胁迫对燕麦产生双重效应，即低浓度时促进生长，高浓度时明显抑制生长；在铜和锌分别达到 60mg/kg 和 120mg/kg 时，燕麦幼苗抗氧酶的活性降低，但叶绿素含量出现异常高峰。重金属复合胁迫首先导致活性氧产生，破坏细胞膜结构，燕麦酶保护系统逐渐被破坏。随着胁迫加重，叶绿素 a 和 b 含量逐渐降低，燕麦光合作用被破坏。复合胁迫下，重金属的积累也不一致，铜、镉等积累于根部，很少向上迁移。研究发现，各种重金属胁迫下燕麦根系对铅、锌、镉、汞、砷的积累均高于地上部，其中铅、砷尤为明显，胁迫加重后，锌的积累最多，表明燕麦的生理特征主要受铅、锌、砷影响（闫超凡等，2020）。

三、稀土元素胁迫

稀土元素包括钪、钇和 15 种镧系元素，土壤中以镧和铈最为丰富。稀土元素已经广泛应用于化学工程、医学和农业肥料等各个方面，对作物的作用与锌、镁等营养元素相似，适量施用对植物的品质和产量都有益。镧和铈能改善作物生长，提高光合效率，如 25μmol/L 和 50μmol/L 的镧均增加了玉米的叶绿素含量与光合速率，铈处理也有类似作用（Duarte et al.，2018）。作物主要吸收土壤中的水溶性稀土元素，但酸雨影响可增加其溶解性，从而对作物产生威胁。过度使用稀土元素也会导致环境污染。与营养元素相似，过量的稀土元素也会对植物产生毒性，使作物活性氧增加导致氧化应激，从而抑制作物生长和光合作用，但作物也能产生抗氧化酶进行响应（Dridi et al.，2022）。

针对燕麦的稀土元素研究并不多见，以镧胁迫为主。有研究表明，施用外源过氧化氢对镧胁迫下裸燕麦幼苗的生长抑制有缓解作用，原因是外源过氧化氢增加了光系统 II 反应中心的开放，调节了激发能分配，提高了光能转换效率，从而降低了损伤，改善了叶片光合性能。同时，外源过氧化氢的施用可以在镧胁迫下减少镧向地上部的转运，并通过调控活性氧清除系统来降低氧化应激，从而缓解镧胁迫对裸燕麦幼苗生长的抑制；还通过诱导光合关键酶的活性提高了裸燕麦幼

---

* 砷（As）为非金属，鉴于其化合物具有金属性，本书将其归入重金属中一并统一。

苗的碳同化能力（刘建新等，2019）。施用一氧化氮也能适当缓解镧的伤害，减轻镧胁迫下裸燕麦幼苗叶片激发能过剩引起的光抑制；同时提高抗氧化酶的活性以控制活性氧积累，诱导幼苗根系和叶片精氨酸的合成并增强其代谢；还影响镧的转运，增加钾、钙、镁、铁等矿质营养元素的吸收，抑制铜的积累，调节锌、锰在根部和叶片的富集，缓解镧胁迫对幼苗的氧化损伤和生长抑制（刘建新等，2017）。同样，外源半胱氨酸也能提高裸燕麦对镧的吸收富集，还通过调节活性氧清除系统和提高渗透调节物质积累缓解镧对燕麦的胁迫（刘建新等，2021）。

参 考 文 献

陈泰林，钱春梅，张建军，等. 2010. 植物铝胁迫响应机制的研究进展. 热带农业科学，30(2)：37-48，86.

樊英鑫，荣冬青，吴桂丽，等. 2009. 莜麦(裸燕麦)抗旱研究进展. 河北北方学院学报(自然科学版)，(3)：43-46.

郭小强，毛宁. 2013. 汞离子对燕麦种子萌发及幼苗生长的影响. 甘肃农业，22：50-52.

何龙飞，王爱勤，刘友良，等. 2003. 植物耐铝性机制的研究进展. 广西农业生物科学，1：58-62.

姬文琴，杨智，汪辉，等. 2021. 不同生育阶段燕麦对干旱胁迫的响应. 中国草地学报，(1)：58-67.

刘新，刘瑞瑞，贾海燕，等. 2021. 外源半胱氨酸缓解裸燕麦镧胁迫的生理机制. 草业学报，30(11)：122-131.

刘建新，欧晓彬，王金成. 2019. 镧胁迫下外源 H_2O_2 对裸燕麦幼苗叶绿素荧光参数和光合碳同化酶活性的影响. 生态学报，39(8)：2833-2841.

刘建新，王金成，刘秀丽. 2017. 外源 NO 对镧胁迫下燕麦幼苗活性氧代谢和矿质元素含量的影响. 草业学报，26(5)：135-143.

刘景辉，胡跃高. 2010. 燕麦抗逆性研究. 北京：中国农业出版社.

罗兴雨，李亚萍，陈仕勇，等. 2018. 高寒燕麦苗期抗旱性研究. 南农业学报，31(9)：6.

罗兴雨. 2019. 外源褪黑素对燕麦苗期抗旱性的影响研究. 西南民族大学硕士学位论文.

齐冰洁，何竹青，孙艳楠，等. 2021. 燕麦不同锌效率品种苗期耐低锌胁迫的根系形态差异. 江苏农业学报，37(5)：1119-1124.

任鹏，赵宝平，刘瑞芳，等. 2014. 水分胁迫对燕麦穗颖渗透调节和抗氧化能力的影响. 西北植物学报，34(10)：2049-2055.

山仑. 2011. 科学应对农业干旱. 干旱地区农业研究，29(2)：1-5.

山仑，康绍忠，吴普特. 2004. 中国节水农业. 北京：中国农业出版社.

孙艳楠. 2020. 燕麦不同品种锌效率的评价及对低锌胁迫的响应. 内蒙古农业大学硕士学位论文.

孙艳楠，齐冰洁，贺鑫，等. 2019. 供锌水平对不同燕麦品种生长及锌积累的影响. 北方农业学报，47(4)：15-21.

汤霞，陈仕勇，周青平. 2022. 铝胁迫对燕麦种子萌发及幼苗生长的影响. 种子，41(9)：91-97，120.

王波，宋凤斌，任长忠，等. 2005. 盐碱胁迫对燕麦叶绿体超微结构及一些生理指标的影响. 吉林农业大学学报, (5): 5-9, 17.

王波, 宋凤斌. 2006. 盐碱胁迫对燕麦水势、干物质积累率以及 K⁺、Na⁺ 选择性吸收的影响. 农业系统科学与综合研究, (2): 105-108.

王波, 张金才, 宋凤斌, 等. 2007. 燕麦对盐碱胁迫的生理响应. 水土保持学报, (3): 86-89.

王丽香, 范仲学, 张欣, 等. 2011. 不同品种燕麦对镉胁迫响应的差异性研究. 农业环境科学学报, 30(1): 14-20.

辛国荣, 董美玲, 宋淑明. 1996. 牧草抗旱性研究: 1 水分胁迫下几种燕麦品种的一些生理生化变化及其与植物抗旱性关系的研究. 草业科学, 13(5): 50-55.

熊建林, 余前媛. 2013. 铜胁迫对燕麦种子萌发的影响. 安徽农学通报, 19(21): 15-16.

徐惠云, 李成雄, 崔林. 1997. 不同莜麦品种抗旱性的研究. 麦类作物学报, (6): 27-29.

闫超凡, 叶丽丽, 陈余道, 等. 2020. 多金属胁迫对燕麦重金属累积及生理特征的影响. 桂林理工大学学报, 40(3): 597-605.

杨虎庆. 2004. 莜麦品种抗旱特征研究. 甘肃农业科技, (8): 23-24.

俞仁培, 陈德明. 1999. 我国盐渍土资源及其开发利用. 土壤通报, (4): 15-16, 34.

张凤英, 刘洋, 马志宏, 等. 2015. 莜麦生物学特性及旱地高产栽培技术. 农业开发与装备, (8): 101-102.

张玲, 金丹丹, 陈红星, 等. 2012. 水杨酸或过氧化氢减轻镉对裸燕麦毒性的研究. 沈阳师范大学学报(自然科学版), 30(2): 282-288.

张茹, 赵宝平, 王永宁, 等. 2022. 不同镉浓度对 3 个燕麦品种光合特性及镉富集转运系数的影响. 草地学报, 30(8): 2089-2099.

赵宝平, 任鹏, 徐忠山, 等. 2020. 水分胁迫对不同抗旱性燕麦品种光合及产量形成的影响. 麦类作物学报, 40(11): 1399-1407.

Arduini I, Baldanzi M, Pampana S. 2019. Reduced growth and nitrogen uptake during waterlogging at tillering permanently affect yield components in late sown oats. Front Plant Sci, 10: 108.

Bai J, Yan W, Wang Y, et al. 2018. Screening oat genotypes for tolerance to salinity and alkalinity. Front Plant Sci, 9: 1302.

Barceló J, Poschenrieder CH. 1990. Plant water relations as affected by heavy metal stress: A review. Journal of Plant Nutrition, 13: 11-37.

Boyer JS. 1982. Plant productivity and environment. Science, 218: 443-448.

Brown SL, Chaney RL, Angle JS, et al. 1994. Phytoremediation potential of *Thlaspi caerulescens* and bladder campion for zinc-and cadmium-contaminated soils. Environ Qual, 23: 1151-1157.

Cakmak I. 2000. Possible roles of zinc in protecting plant cells from damage by reactive oxygen species. New Phytol, 146: 185-205.

Chen J, Yang ZM. 2012. Mercury toxicity, molecular response and tolerance in higher plants. Biometals, 25: 847-857.

Choppala G, Saifullah, Bolan N, et al. 2014. Cellular mechanisms in higher plants governing tolerance to cadmium toxicity. Critical Reviews in Plant Sciences, 33(5): 374-391.

Claudia FL, de Mattos LAT, de Oliveira AC, et al. 2008. Flooding tolerance in oat. J New Seeds, 5(4): 29-42.

Clemens S. 2006. Evolution and function of phytochelatin synthases. J Plant Physiol, 163: 319-332.

Clijsters H, Van Assche F. 1985. Inhibition of photosynthesis by heavy metals. Photosynth Res, 7: 31-40.

de Souza MA, Pimentel AJB, Ribeiro G. 2012. Breeding for heat-stress tolerance. Chapter 11. *In*:

Fritsche-Neto R, Borém A. Plant Breeding for Abiotic Stress Tolerance. Heidelberg, New York: Springer: 137-156.

Drążkiewicz M, Tukendorf A, Baszyński T. 2003. Age-dependent response of maize leaf segments to cadmium treatment: Effect on chlorophyll fluorescence and phytochelatin accumulation. Journal of Plant Physiology, 160(3): 247-254.

Dridi N, Brito P, Bouslimi H, et al. 2022. Physiological and biochemical behaviours and antioxidant response of helianthus annuus under lanthanum and cerium stress. Sustainability, 14(7): 4153.

Duarte ACO, De Oliveira C, Ramos SJ, et al. 2018. Lanthanum content and effects on growth, gas exchanges, and chlorophyll index in maize plants. Acta Sci Biol Sci, 40: e38469.

Flowers TJ, Hajibagheri MA, Clipson NJW. 1986. Halophytes. The Quarterly Review of Biology, 61(3) : 313-337.

Frey K. 1998. Genetic responses of oat genotypes to environmental factors. Field Crops Res, 56: 183-185.

Gallego SM, Pena LB, Barcia RA, et al. 2012. Unravelling cadmium toxicity and tolerance in plants: Insight into regulatory mechanisms. Environmental and Experimental Botany, 83: 33-46.

Gupta V, Jatav PK, Verma R, et al. 2017. Nickel accumulation and its effect on growth, physiological and biochemical parameters in millets and oats. Environmental Science and Pollution Research, 24: 23915-23925.

Hughes MA, Dunn MA. 1996. The molecular biology of plant acclimation to low temperature. Journal of Experimental Botany, 47: 291-305.

Jacob D, Bärring L, Christensen OB, et al. 2007. An inter-comparison of regional climate models for Europe: Model performance in present-day climate. Climatic Change, 81: 31-52.

Javis MD, Leung DWM. 2002. Chelated lead transport in Pinus radiata: An ultrastructural study. Environ Exp Bot, 48: 21-32.

Juurakko CL, diCenzo GC, Walker VK. 2021. Cold acclimation and prospects for cold-resilient crops. Plant Stress, 2: 100028.

Kanwar MK, Bhardwaj R, Arora P, et al. 2012. Plant steroid hormones produced under Ni stress are involved in the regulation of metal uptake and oxidative stress in Brassica juncea L. Chemosphere, 86: 41-49.

Kubicka H, Kopras W. 2010. Assessment of oat varieties sensitivity to the impact of aluminium. Ecological Chemistry and Engineering A, 17(10): 1257-1261.

Kumar N, Anuragi H, Rana M, et al. 2021. Elucidating morpho-anatomical, physio-biochemical and molecular mechanism imparting salinity tolerance in oats (Avena sativa). Plant Breeding, 140(5): 835-850.

Liang XD, Shalapy M, Zhao SF, et al. 2021. A stress-responsive transcription factor PeNAC1 regulating beta-D-glucan biosynthetic genes enhances salt tolerance in oat. Planta, 254(6): 1-14.

Lin YF, Aarts MGM. 2012. The molecular mechanism of zinc and cadmium stress response in plants. Cellular and Molecular Life Sciences, 69: 3187-3206.

Liu L, Petchphankul N, Ueda A, et al. 2020. Differences in physiological responses of two oat (Avena nuda L.) lines to sodicsodic-alkalinity in the vegetative stage. Plants-Basel, 9(9): 1188.

Marastoni L, Tauber P, Pii Y, et al. 2019. The potential of two different Avena sativa L. cultivars to alleviate Cu toxicity. Ecotoxicology and Environmental Safety, 182: 109430.

Munns R, Tester M. 2008. Mechanisms of salinity tolerance. Annual Review of Plant Biology, 59: 651-681.

Nava IC, Delatorre CA, Pacheco MT, et al. 2016. Aluminium tolerance of oat cultivars under hydroponic and acid soil conditions. Experimental Agriculture, 52(2): 224-236.

Peltonen-Sainio P. 1997. Leaf area duration of oat at high latitudes. Journal of Agronomy and Crop Science, 178(3): 149-155.

Peltonen-Sainio P, Akela P. 1995. Comparison of physiological methods to assess drought tolerance in oats. Soil Plant Sci, 45(1): 32-38.

Prasad PVV, Staggenborg SA, Ristic Z. 2008. Impacts of drought and/or heat stress on physiological, developmental, growth, and yield processes of crop plants. Chapter 11. In: Ahuja L. Response of Crops to Limited Water: Understanding and Modeling Water Stress Effects on Plant Growth Processes. Wisconsin: Madison: 301-355.

Radmer L, Tesfaye M, Somers DA, et al. 2012. Aluminum resistance mechanisms in oat (*Avena sativa* L.). Plant and Soil, 351: 121-134.

Rizza F, Pagani D, Stanca AM, et al. 2001. Use of chlorophyll fluorescence to evaluate the cold acclimation and freezing tolerance of winter and spring oats. Plant Breeding, 120: 389-396.

Sağlam A, Yetişsin F, Demiralay M, et al. 2016. Copper stress and responses in plants. Plant metal interaction. Amsterdam: Elsevier: 21-40.

Schneider AB, Nava IC, Hervé CB. et al. 2015. Chromosome-anchored QTL conferring aluminum tolerance in hexaploid oat. Mol Breeding, 35: 121.

Sengar RS, Gautam M, Sengar RS, et al. 2008. Lead stress effects on physiobiochemical activities of higher plants. Rev Environ Contam Toxicol, 196: 73-93.

Sharma A, Kumar V, Shahzad B, et al. 2020. Photosynthetic response of plants under different abiotic stresses: A review. Journal of Plant Growth Regulation, 39: 509-531.

Soares TFSN, dos Santos Dias DCF, Oliveira AMS, et al. 2020. Exogenous brassinosteroids increase lead stress tolerance in seed germination and seedling growth of *Brassica juncea* L. Ecotoxicology and Environmental Safety, 193: 110296.

Szware W, Sklrska E, Wkgrzecki A. 2006. Comparison of the response of wheat and oats to nickel in subsoil during the early phase of growth. Polish Journal of Environmental Studies, 15(2A): 195-198.

Taiz L, Zeiger E. 2010. Plant Physiology. Sunderland: Sinauer Associates.

Taylor GA. 1967. The Influence of Temperatures on Differentiation of Oat Genotypes. Ames: Iowa State University.

Taylor GA, Frey KJ. 1972. Influence of temperature at various growth stages of oat cultivars. I. Utilization of controlled environment chambers, climatological data and developmental growth stages 1. Crop Science, 12(4): 450-453.

Tesfaye M, Temple SJ, Allan DL, et al. 2001. Overexpression of malate dehydrogenase in transgenic alfalfa enhances organic acid synthesis and confers tolerance to aluminum. Plant Physiol, 127: 1836-1844.

Thomashow MF. 1999. Plant cold acclimation: Freezing tolerance genes and regulatory mechanisms. Annual Review of Plant Physiology and Plant Molecular Biology, 50: 571-599.

Tian H, Zhou Q, Liu W, et al. 2022. Responses of photosynthetic characteristics of oat flag leaf and spike to drought stress. Frontiers in Plant Science, 13: 917528.

Uemura M, Steponkus PL. 1994. A contrast of the plasma membrane lipid composition of oat and rye leaves in relation to freezing tolerance. Plant Physiol, 104: 479-496.

Webb MS, Uemura M, Steponkus PL. 1994. A comparison of freezing injury in oat and rye: Two cereals at the extremes of freezing tolerance. Plant Physiol, 104: 467-478.

Wierzbicka MH, Przedpeska E, Ruzik R, et al. 2007. Comparison of the toxicity and distribution of cadmium and lead in plant cells. Protoplasma, 231: 99-111.

Wilson JM. 1973. Chilling injury in plants. Annual Review of Plant Physiology, 24(1): 445-466.

Wolfe J. 1978. Chilling injury in plants-the role of membrane lipid fluidity. Plant, Cell and Environment, 1(4): 241-247.

Xu Z, Chen X, Lu X, et al. 2021. Integrative analysis of transcriptome and metabolome reveal mechanism of tolerance to salt stress in oat (*Avena sativa* L.). Plant Physiol Biochem, 160: 315-328.

Yadava RBR, Bhatt RK. 1989. Physiological evaluation of drought resistance in oats. Journal of Agronomy and Crop Science, 163(2): 138-140.

Yordanov I, Velikova V, Tsonev T. 2000. Plant responses to drought, acclimation, and stress tolerance. Photosynthetica, 38: 171-186.

Zaheri A, Bahraminejad S. 2012. Assessment of drought tolerance in oat (*Avena sativa*) genotypes. Annals of Biological Research, 3(5): 2194-2201.

Zhang MX, Bai R, Nan M, et al. 2022. Evaluation of salt tolerance of oat cultivars and the mechanism of adaptation to salinity. Journal of Plant Physiology, 273: 153708. doi: 10.1016/j.jplph.2022.153708.

Zhao BP, Ma BL, Hu YG, et al. 2011. Leaf photosynthesis, biomass production and water and nitrogen use efficiencies of two contrasting Naked vs. Hulled oat genotypes subjected to water and nitrogen stresses. Journal of Plant Nutrition, 34(14): 2139-2157.

Żołnowski AC, Sądej W, Suski MS, et al. 2019. Impact of paper mill waste on physicochemical properties of soil, crop yield, and chemical composition of plants. CLEAN-Soil, Air, Water, 47(8): 1900080.

第四章 燕麦育种研究

燕麦作为粮饲兼用型作物，具有营养价值高、饲草产量高、青草适口性好、消化率高等特点，还可用于青贮及调制干草。除此之外，燕麦还具有较强的抗性，如耐瘠薄、耐盐碱、抗寒、耐旱等优良特质。这使得全球范围内燕麦的种植区域十分广泛。近年来，随着对燕麦产业需求的不断扩大，我国燕麦的种植面积日益增加，随之而来的就是对燕麦新品种的需求日益迫切。因此，引进、选育燕麦新品种并进行相关研究具有十分重要的意义。

第一节 燕麦育种目标

由于我国从 20 世纪 50 年代才开始整理、收集燕麦种质资源，同时燕麦育种工作起步较晚，且多为引进品种，本地选育品种较少，因此适合区域性种植的优良品种更少。总体来讲，我国燕麦育种工作主要可以分为 3 类：第一类为经过长期自然和人工选择形成的适合本地生长的品种；第二类为随着牧草产业快速发展，我国专家学者通过开展大量研究培育出的很多适宜当地种植的新品种；第三类为通过引种驯化而利用的品种（郑殿升和张宗文，2017）。这些新品种解决了燕麦产业的部分问题，也为燕麦的优质高产提供了一定的保障。对于人工草地选育和栽培，燕麦育种研究工作主要集中于 3 方面：第一方面为品种筛选研究，具体体现在生长期、生长指标、草地产量、营养品质、饲草价值评估等方面；第二方面为种植方式研究，具体体现在种植密度、轮茬技术、间作套种技术、饲草混播技术对牧草产量与品质的影响方面；第三方面为田间管理研究，通过对施水施肥研究、对水肥气热耦合等因素综合调控来展现牧草种植的生长特性、饲草产量和营养品质、抗性等指标，从而选出有利品种推广（柯强和兰剑，2022）。在此基础上，随着畜牧业的不断发展，其对燕麦的需求日益迫切，加上国家的大力支持和科研工作者的不断努力，我国的燕麦育种工作取得了不菲的成绩（叶雪玲等，2023）。

育种目标是指在一定的自然、栽培和社会经济条件下，对选育的品种进行生物和经济目标设计，也是对育成品种在性状上的具体要求。从生态学看，育种目标必须适应当地生态环境，以求充分利用当地有利的生态条件争取高产，同时能有效地协调生产中存在的多种矛盾，提高光、热、水、肥等资源的利用效率，克服不利的生态条件而争取稳产，选出的品种要能充分利用自然优势、扬长避短，这样才能满足当地经济发展需要和充分利用当地栽培条件。燕麦育种目标制定的侧重点有所不同，大体上可分为以下两个阶段。

第一阶段：燕麦育种的初级阶段，由于生产上对燕麦没有专门的需求，燕麦品种多以引进为主，育种家的育种经验较少，因此缺乏具体的育种目标，一般是将一些丰产性较好的材料作为育种材料来处理，但成效甚微，很多优良材料基本在试验中途丢失。

第二阶段：老一辈育种人员在育种目标上把提高亩成穗数、早熟等性状作为突破口，提出当时的育种目标为高产。性状上要求抗寒抗旱、适于早播、分蘖快而多、成穗率高、株型紧凑、株高中等、多花多实、籽粒大小中等、灌浆快、早熟、籽粒饱满度稳定、抗条纹叶枯病和白粉病等。采用的育种方法主要为系谱法，将高产和抗性强的亲本杂交，对后代材料进行一系列筛选，从而选育出优良品系。培育成的代表品种有'青燕1号''青燕2号''青燕3号''白燕7号''青引3号''坝莜1号''坝莜2号''坝莜3号'等。

一、未来育种目标的几点思路

一是随着气候变暖，冬春冻害、干旱、干热风等非生物灾害越来越频繁，但是在育种工作者的努力下，加上旱地育种目标的设定和鉴定技术的应用，应该把品种的抗旱性和节水性作为核心需求。二是目前条锈病和白粉病仍是常发病害，且叶锈病、赤霉病、纹枯病等日趋严重，加上品种审定制度对抗病性的一票否决制，所以抗病性，特别是抗条锈病、叶锈病、白粉病必须重点关注。三是随着燕麦种植面积的不断扩大，茎基腐病或将成为黄淮麦区，尤其是旱地的重大病害，而这一病害目前没有很好的抗源，需要在基础研究及种质创新方面迅速开展研究，争取早日实现育种应用。四是随着产量的提升，生产机械化的普及，倒伏成为旱地生产的主要限制因素，倒伏燕麦即使加价也没有机收人员愿意收割。五是市场需求结构发生新的变化，使国内燕麦市场需求产生明显变化，从中长期来看，国内对优质高产燕麦的需求空间较大。2020年以来，每年的中央一号文件到省政府和市政府都把推进发展优质燕麦作为供给侧结构性改革、种植业结构调整的重要方向与抓手。

二、育种目标的确定

近年来气候复杂多变，为应对气候变化，在育种上将抗逆性和稳产性作为燕麦品种选育的主要目标，同时应注重品种的稳产、节水、抗旱、抗穗发芽、抗倒春寒能力，从而培育出好品种。

1. 产量结构

为适应不同的生态条件和地力，要因地制宜地选育并推广生产潜力不同的品种，选育出的品种不仅有较高的生产潜力，还必须有较强的适应性和抗灾能力，以最大限度地保证自身生产潜力的实现，从而促进不同生态条件下燕麦的均衡、持续增产。根据育种实践和生产发展的要求，提出如下产量结构模式：适于肥力较高地区或扩灌区旱肥地种植的品种；适于盐碱地种植的品种。

2. 抗逆性

抗性是检验一个品种是否具有稳产性和广适性的重要指标。品种选育实践表明，燕麦具有以下五大抗性：抗寒（幼苗习性为半冬性到弱冬性，抗寒性达到1～2级）、抗旱（抗旱性达1～2级）、抗倒、抗病（要求抗白粉病、条锈病、叶锈病、赤霉病等）、抗青干（后期耐高温，抗干热风）。

三、创新育种技术

燕麦的高产、优质、抗逆等性状，包括许多生理生化性状、形态结构性状、生长发育性状和产量构成性状是由多基因控制的，因此利用普通的细胞遗传学难以进行深入研究。我们今后的工作要侧重于以现代育种技术应用助力新品种选育，把重点放在用常规技术不易解决而又对燕麦生产影响较大的问题上，从抗逆基因挖掘、分子标记开发、高产优质育种技术研发、种质创新和新品种培育等方面出发，在理论和实践两方面实现突破。

第二节　饲用燕麦育种技术

一、引种

引入外国品种是增添国内作物遗传资源的重要手段，也是全球大多数农业国家促进农业发展的重要举措之一。纵观世界农业发展历史，可发现许多国家种植的各类作物及其品种多数源自国际的引种、改良与繁衍。我国燕麦品种及其生产的发展也是如此，通过引进外来品种并不断加以改进，使燕麦种质资源得以丰富，从而推动燕麦产业的进步与发展（郑殿升和张宗文，2017）。

我国引种过程经历了三个阶段：20世纪五六十年代引入486份，70年代至

90 年代中期引入 596 份，90 年代末至今引入 1017 份。前两个阶段引进的燕麦种质资源已编入《中国燕麦品种资源目录》（赵秀芳等，2007），推动了我国燕麦种质资源的快速增加。迄今为止，我国从国外引进的燕麦种质资源总计 2099 份，涵盖 29 个物种，以栽培燕麦 A. sativa 为主。引进国家包括加拿大（1041 份）、丹麦（502 份）、匈牙利（52 份）、苏联和俄罗斯（84 份）、美国（64 份）和澳大利亚（24 份）等。多元的引种源头为我国燕麦研究和发展提供了宝贵的遗传资源。引进国外资源极大地丰富了我国的燕麦遗传资源库，目前我国拥有燕麦种质资源共计 5282 份，位居全球第五，意味着我国在全球范围内具有丰富的燕麦资源储备。同时，引进的 29 个物种使我国成为全球燕麦物种最多的三个国家之一，与加拿大和俄罗斯齐名。我国引进的燕麦物种在倍性水平上分为 15 个二倍体种、9 个四倍体种和 5 个六倍体种；在粒型上分为 2 个裸粒种和 27 个带皮种；在生活年限上分为 28 个一年生种和 1 个多年生种。这样的多样性为我国的燕麦研究提供了广泛的遗传基础，为农业科研和发展提供了丰富的资源（郑殿升和张宗文，2017）。

引进国外资源的主要目的是丰富我国的燕麦遗传资源、拓宽燕麦的遗传距离，以更好地满足燕麦生产的需要。这一举措不仅为燕麦生产提供了有益的遗传资源，还为燕麦育种和其他科研提供了基础材料。20 世纪 50 年代以来，我国的科技工作者在引进国外燕麦种质资源的同时，进行了种质的观察和鉴定工作，并将挑选出的优质资源成功应用于生产、育种及其他科研领域，取得了显著的成果。引进国外的燕麦种质资源后，通过鉴定、品比、区试和生产示范，一些优良品种经过审定后可以在生产上直接推广，一些表现突出的品种如下：'ВИР1998（华北 2 号）'最初引自苏联，20 世纪 60 年代主要在华北地区（河北、山西、内蒙古）进行联合试验和推广，80 年代推广面积曾达到 14 万 hm^2，为该地区的燕麦生产做出了显著贡献；'Nuprime（永 492、小 465'）'最初引自法国，自 20 世纪 70 年代开始在内蒙古、河北坝上和山西雁北地区推广，80 年代前后推广面积达到 2 万 hm^2；'Ot195（永 73-7）'引自加拿大，20 世纪 80 年代在内蒙古进行推广，为当地燕麦生产提供了有效的遗传资源；引自苏联的 'хидиНЫ'（译名为'赫波 1 号'）和引自匈牙利的 '1-6-800'（曾定名为'坝选 3 号'）均曾在河北坝上地区有一定的推广面积（任长忠和胡跃高，2013；杨海鹏和孙泽民，1989）。

21 世纪以来，我国在燕麦科研方面加大了支持力度，特别是通过组建燕麦荞麦产业技术体系和增加经费投入，为促进燕麦引种工作的快速发展提供了有力支持。这一系列的措施有助于推动燕麦品种的研究、鉴定和筛选，从而培育出一批具有优越性能的品种并在生产上直接推广，如吉林白城地区的'白燕'系列，河北坝上地区的'坝燕'系列，青海的'青引（莜）'系列，均在生产上试种和推广（郑殿升和方嘉禾，2001；郑殿升和张宗文，2017）。

二、传统育种

1. 系统育种

20 世纪 60 年代以前，在没有任何可用资源和研究资料的基础上，我国燕麦育种工作者选择收集整理农家固有品种，经过大田种植，筛选鉴定出一批产量突出、品质较好的农家品种，并在主产区进行推广种植，其中的代表品种有山西的'五寨三分三''李家场'，河北的'丰宁大滩'等（杨晓虹等，2012）。60 年代以后则以种植国外引进品种为主，中国农业科学院作物科学研究所等单位从苏联、加拿大、欧美等国家引进了大批燕麦品种资源，经过多年的全国区域性试验和生产鉴定试验，挑选出一批抗性好、产量高的燕麦品种，代表品种有'华北 1号''华北 2 号''永 75''永 492''坝选 1 号''坝选 3 号''青引 1 号''青引 2 号''魁北克''甜燕 2 号''KONA''Haywire'等，还包括饲草型燕麦品种'丹麦 444''苏联燕麦''青永久 001''青永久 473''LENA''YTY'等（曹丽霞等，2021；杨崇庆等，2022；赵世锋等，2007；周建萍等，2010）。作为我国较早的燕麦研究团队之一，青海省畜牧兽医科学院的燕麦研究团队分别从丹麦、挪威和俄罗斯等国家引进了'青海 444''Lena（林纳）''青海甜燕麦''青引'系列燕麦，研发了适用于我国青藏高原地区的燕麦高产优质配套种植技术，并广泛推广种植，取得了良好的经济效益和社会效益，其中'青海 444'适应性强、产量高、品质优，至今还是育种家开展新品种选育的最佳亲本材料。

2. 杂交育种

杂交育种（cross breeding）是将具有不同遗传特性的个体进行杂交获得新的基因型个体或群体，然后选择符合生产要求的基因型群体进行选育，最后育成新品种的过程。在杂交后代中，不仅能够获得集亲本优良性状于一体的新类型，由于杂种基因的超亲分离，还可能选育出性状超越任意亲本的新类型，并且可能由于部分性状微效基因的分离和积累，从而产生亲本所不具备的新性状（闫天芳，2020）。

燕麦为自花授粉植物，品种内遗传物质纯合，品种间杂交有较高优势。Brown和 Patterson（1992）利用种间杂交技术培育出半矮生型燕麦品种'OT207'，其茎秆粗大、硬度高、抗倒伏力强，运用到育种工作中，可以获得产量高且抗倒伏的品种，同时证明燕麦的半矮生性状受显性基因 $Dw6$ 控制。范银燕和崔林（1996）在国内发现了首例燕麦雄性不育材料（Cs），属"无花粉型"雄性不育，研究发现不育性状由 1 对隐性核基因控制，不育度达到 100%。崔林等（1999）在裸燕麦中将不育性状进行转育，为皮燕麦与裸燕麦进行杂交育种开创了新局面。刘俊青和付晓峰（2004）采用'8115-1-2'为母本，'鉴17'为父本进行种间杂交，培育出抗旱、亩产量为150～250kg 的高产裸燕麦新品种'燕科1号'。杨才等（2009）采用多亲本复合杂交、冬季温室繁殖加代和人工辅助授粉等方法，育成燕麦新品种'冀张燕1号'。刘彦明等（2011）以及刘彦明和李朴芳（2010）利用杂交技术分别选育出旱地莜麦新品种'定莜6号''定莜8号'。刘龙龙等（2012）以裸燕麦'品五'为父本，'CAMS-6'核不育材料为母本进行杂交，通过系统选育，育成新品种'品燕2号'。杨才等（2014）利用温室加代措施，通过三种间聚合杂交，育成了株高为55～140cm、生育期为65～100天的新品种，解决了燕麦在南方生长不能抽穗结实和燕麦种植范围窄的生产问题。

20世纪60年代初期，我国燕麦育种工作者开始意识到育种工作仅利用地方品种和引进品种的局限性，所以随后在直接引用种植国外燕麦品种的同时，还成功开展了燕麦品种间杂交和育种技术的研究工作，通过杂交育种方法先后培育了'雁红10号''晋燕4号（雁红11号）''晋燕3号''青燕1号''冀张莜1号'等新品种（乔有明等，2003；周建萍等，2010），使得我国燕麦育种水平大大提高。

20世纪70年代初，为了拓宽燕麦遗传背景，突破育种瓶颈，我国开始了皮裸燕麦间的杂交工作。将从国外引进的抗倒伏、抗病、高产皮燕麦与我国原有的燕麦种质资源进行杂交，为了克服远缘物种存在的杂交不亲和、分离世代长和稳定性差等系列问题，我国育种学家采用了多次授粉、多次回交、幼胚拯救、染色体加倍、花粉管导入等技术手段，从而创制出大量具有抗旱、抗倒伏、抗病、高产等特性的优异燕麦新品种（任长忠等，2016；王柳英，2002；武永祯等，2010；周海涛等，2012），代表品种有'晋燕5～9号''20-1''花旱2号''花中21号''花晚6号''坝莜1号''坝莜9号''远杂一号''定燕2号''蒙饲燕1号''蒙饲燕5号'等（张春林等，2021；周海涛等，2012；周建萍等，2010）。

3. 倍性育种

倍性育种即多倍体育种，植物界中多倍体较为普遍，我们所熟知的许多作物如小麦、燕麦、马铃薯、苜蓿等均是自然形成的多倍体。但自然形成多倍体的速度极为缓慢，当人们掌握了多倍体的形成规律和有效诱导方法后，就可以在极短的时间内有效地创造出大量经济价值很高的多倍体新类型，从而造福于人类（张执信等，1991）。

迄今为止，燕麦有30个物种，其中野生种25个、栽培种5个（Ladizinsky，1998）。燕麦物种具有3个染色体组倍型，即二倍体（$2n=14$，基因组A、C）、四倍体（$2n=28$，基因组 AB、AC）和六倍体（$2n=42$，基因组 ACD），每个染色体组由7条染色体组成。最常见的栽培燕麦为六倍体，包括 A、C、D 三个染色体组（AACCDD），由异源四倍体燕麦（CCDD）与同源二倍体燕麦（AA）远缘杂交而来（Baum，1977；Yan et al.，2016；张波和任长忠，2022）。

系统选育、杂交育种等常规育种方法多依赖现有遗传资源的收集和筛选以及育种家的经验，且育种周期长、优异基因无法有效结合、育成品种带壳率高，在品种改良上难以有较大的突破和创新。为解决这一问题，近年来燕麦育种新技术新方法逐渐发展起来，科研人员经过多年潜心研究，利用单倍体育种法、核不育育种法、四倍体×六倍体种间杂交育种法育成了'花中21号'（杨才和王秀英，2005）、'品燕2号'（刘龙龙等，2012）、'冀张燕1号'（杨才等，2009）、'远杂一号'（周海涛等，2012）等燕麦新品种（杨崇庆等，2022）。

4. 诱变育种

通过诱变创制植物种质资源带来的经济价值潜力巨大：改变一个地区作物的种植面积和比例结构，增加产量和收益，减少杀虫剂和农药使用，节水，通过作物早熟增加土地使用率，促进轮作，提高作物加工品质，满足不同消费者的偏好，改良营养，易于收获及脱粒，增加出口收入及减少进口（Ahloowalia et al.，2004）。有效利用核辐射与航天诱变等技术，可以改进植物的蛋白质、淀粉、油脂质量和产量，提高植物抗逆（涝、旱、盐、热、寒）和抗主要病虫害的能力，培育综合性状优异的罕见新种质及育种新材料（不育系、自交系、恢复系等），带来能作为潜在生物能源以及具有经济价值及环境改良功能的诱变改良半驯化种种质（刘录祥等，2009）。

化学诱变是种质创新的有效途径之一（程芳艳等，2018）。相对于自然变异、人工杂交、基因工程等方法，化学诱变耗时较短、操作简单、成本较低且能产生较多突变类型，在种质创新及解决某些育种问题上具有独特的作用（胡志峰和郁继华，2014）。常用的化学诱变剂主要有甲基磺酸乙酯（ethyl methyl sulfonate，EMS）、叠氮化钠（sodium azide，NaN_3）和 N-甲基-N-亚硝基脲（N-methyl-N-nitrosourea，MNU）等（于沐和周秋峰，2017）。其中，NaN_3 是叠氮化物中最具代表性的化学诱变剂，处理材料后能够产生大范围的点突变，且染色体畸变率较低，是一种高效、安全、价格低廉的化学诱变剂（程志锋等，2008）。Spence 于1965年首次报道了 NaN_3 的诱变效应，此后其在动植物等多个领域得到了广泛应用（王伟等，2020）。

NaN_3 是一种具有诱变作用的无机盐，在酸性环境下会产生 HN_3 分子，HN_3进入细胞会抑制呼吸作用以及 ATP 形成（刘建霞等，2019），造成 DNA 分子发生碱基替换，诱发点突变（张瑞成，2017）。经 NaN_3 处理后，燕麦 M1 代植株的生长发育受到显著影响，出苗期、抽穗期以及成熟期均较对照明显延后。张希太（2011）研究报道，经 NaN_3 处理的小麦种子在大田播种后出苗较正常种子推迟4～

5 天，麦苗明显细弱，生长缓慢。这可能是由于 NaN_3 处理使得植物细胞供能受到了抑制，从而影响了幼苗生长（蔺豆豆等，2022）。

NaN_3 处理会对植物种子胚造成不同程度的损伤，使得植物在诱变一代（M1）就发生广泛变异。半致死剂量被认为是诱导突变的最佳剂量（任立凯等，2014），但由于化学诱变的不定向性，经半致死剂量处理后不一定能够获得目标突变体。董文科等（2018）对多年生黑麦草进行诱变处理，结果表明所获得的抗旱性较强的变异株并不全部来自半致死剂量处理。Colasuonno 等（2016）利用不同浓度 EMS 处理小麦种子，结果显示处理浓度高于半致死剂量时才会获得稳定的目标突变体。Konzak 等（1975）和张彦波等（2015）发现 NaN_3 处理植物时浓度不同，目标突变体的出现频率也不同。由此可见，NaN_3 处理会使植物发生大幅变异，但不同剂量下出现的突变体类型及其频率不尽相同（蔺豆豆等，2022）。因此，在燕麦的诱变育种工作中，若要获得尽可能多的稳定的目标突变体，就不能仅局限于半致死剂量，而是需要尝试不同的诱变剂量。

诱导抗病性突变有以下四种途径：第一种是保留原有优良性状的同时，辐射优良品种使其产生抗病突变；第二种是辐射感病品种种子，在后代中选出抗病突变体，最终选育成抗病品种；第三种是诱变出各抗病单株的抗病基因，通过杂交选育综合抗病基因型品种；第四种是辐射诱变出新型抗病基因再选育（冯延卿，1990）。但辐射诱变机制还不甚清楚、有益突变频率较低、突变方向难以把握等问题依然存在。因此，加强基础理论方面的分子生物学、细胞学、生理生化研究有利于诱变育种的发展（郭向萌和押辉远，2011）。在突变育种实践中，往往多重视突变的获得，而对突变体的研究不够深入。应利用基因组学、代谢物组学和蛋白质组学的理论方法，加快对重要突变体的特异性状进行分子鉴定，研究其调控机制，并对其进行分子定位、基因克隆及表达谱和功能分析，建立重要突变新种质基因资源的分子突变育种平台（刘录祥等，2009）。今后诱变基础研究将更多关注增加有益突变谱，开展突变体快速鉴定及筛选。

促进农作物持续增产和品质改善的最有效途径是种质创新。除了育种周期短、针对性强、能破除基因连锁和促进优异基因聚合等优点，辐射诱变育种技术还能与传统育种及分子生物育种技术相结合，多种技术及学科的协同合作，将带动诱变育种的进一步发展，在往后燕麦育种的产量提高、品质优化、抗逆性增强等方面将发挥巨大作用。突变技术在植物育种计划中的广泛使用使世界各地数以百计的作物物种产生了成千上万的新品种，但绝大多数品种（包括谷物、油料作物、根和块茎类作物和观赏植物）分布在发展中国家，种植面积上亿公顷，为国家经济贡献数十亿美元。因此，植物诱变育种是一种有效的保护和加强全球食品安全的途径（于沐和周秋峰，2017）。

三、分子技术育种

在育种工作人员的不断努力下，我国燕麦常规育种取得了重大成就，育成'蒙燕 1 号''草莜 1 号''白燕 7 号''坝燕 1 号''坝燕 4 号''青燕 1 号''陇燕 1～3 号''草莜 1 号'等突出品种（侯龙鱼等，2019）。由于常规育种的周期相对较长，且需要投入较高的人力和物力成本，尤其在当前对燕麦需求迫切的情况下，我们必须提高育种技术水平，以加速育种进程。在分子育种方面，随着六倍体栽培燕麦及其最可能的祖先物种高质量参考基因组序列的构建，实现燕麦的全基因组选择育种和精准育种成为可能，为分子标记辅助选择（MAS）在燕麦育种中应用奠定了基础。而鉴定到与目标基因紧密连锁或共分离的分子标记是 MAS 在燕麦育种中应用的关键（叶雪玲等，2023）。

1. 燕麦遗传连锁图谱的构建

我国研究人员利用遗传多样性与指纹图谱构建等方法在燕麦分子标记辅助选择育种方面开展了大量的研究工作，结果显示内蒙古和山西裸燕麦资源多样性最为丰富，东北地区资源独特，西部地区资源遗传结构单一，东欧组群与我国内蒙古组群遗传关系最近，揭示了裸燕麦由我国山西、内蒙古地区传播到东欧这一途径（吴斌等，2019）。同时，大量研究结果证明我国是栽培大粒裸燕麦的起源中心，而且我国的皮燕麦资源分为两类，第一类为内蒙古、青海以及国外引进的资源，第二类则是国内其他地区的资源，两类资源亲缘关系较远、基因渗透少，也反映了我国皮燕麦的生产现状。内蒙古、青海和甘肃等农牧交错地区为满足当地草业需求，多引进和选育国外皮燕麦品种资源（相怀军等，2010）。

Fu 等（2005）通过 AFLP 标记对 670 份栽培燕麦进行了遗传多样性分析，结果表明燕麦的绝大部分（89.9%）遗传变异分布于以国家为界的组群中，仅 6.2% 的遗变异分布于以地理为界的组群中，且俄罗斯和美国的栽培燕麦资源遗传多样性最丰富，而来自地中海的种质与其他地区的种质遗传距离最大。He 和 Bjørnstad（2012）利用三种类型的分子标记对来自北欧的 94 份燕麦种质资源进行了相关研究，从资源分布国家来分析，结果显示挪威的燕麦品种多样性最高，德国与其他北欧国家（如芬兰、挪威和瑞典）的品种遗传相似度低，且多样性最低；还检测了这些品种的特异等位基因数目，通过标记检测到古老品种（23 个）的特异等位基因远多于新育成品种（6 个），香农-维纳指数也支持这一结果，为燕麦育种方面的工作开展奠定了坚实的基础。

O'Donoughue 等（1995）利用 'Kanota' × 'Ogle' 的杂交后代构建了首张六倍体栽培种燕麦的遗传连锁图谱，包含 561 个遗传标记组成的 38 个连锁群，为燕麦遗传育种研究奠定了遗传学基础。Tanhuanpää 等（2008，2012）利用来自芬兰'Aslak'和瑞典'Matilda'杂交产生的 F_1 个体花药培养衍生的 DH 群体构建并完善了六倍体燕麦的遗传连锁图谱，图谱密度得到质的提高。Oliver 等（2013）利用 SNP 标记整合构建了新的燕麦遗传连锁图谱，并确定了 21 个连锁群所对应的每条染色体，为燕麦基因组的构建提供了框架。遗传连锁图谱是基因组结构构建、基因定位以及分子标记辅助选择育种等方面研究的基础。随着现代分子生物学的发展，如简化基因组测序、SNP 芯片等技术已经在国外燕麦遗传连锁图谱研究中大规模应用，但我国应用较少，严重限制了我国燕麦的遗传连锁图谱研究。

2. 燕麦重要农艺性状基因的定位

基因连锁定位是指利用功能基因与分子标记之间的连锁和重组，通过计算分子标记与功能基因之间的交换率来确定功能基因在染色体上的具体位置。在作物中，许多重要性状是数量性状，如株高、分蘖数、叶长、叶宽等农艺性状，以及籽粒数、千粒重、籽粒长、籽粒宽等产量性状，其遗传基础通常由 QTL 控制（叶雪玲等，2023）。通过基因连锁定位，可以揭示 QTL 在染色体上的位置，有助于深入了解作物性状的遗传机制。

早在 1993 年，研究人员就利用 RAPD 标记 UBC269 定位到一个冠锈病抗性基因 Pc68，但这样的鉴定方法相对简单、准确性较低（Penner et al.，1993）。O'Donoughue 等（1995）利用 561 个分子标记构建了第一张六倍体栽培燕麦遗传连锁图谱，打开了燕麦 QTL 遗传定位研究的大门。Milach 等（1997）将 4 个含有不同矮秆基因的亲本'OT207''NC2469-3''AV17/3/10''AV18/2/4'与高秆亲本'Kanota'进行杂交，对 4 个 F_2 代群体分别进行燕麦株高的 QTL 定位，发现了 4 个与株高相关的主效 QTL。大量的研究发现了与产量相关的 QTL，如 De Koeyer 等（2004）利用 TM（'Terra'×'Marion'）群体发现了与产量相关的 3 个 QTL；将皮燕麦'Terra'和裸燕麦'Marion'杂交，对 F_6 代群体进行农艺性状 QTL 定位，结果共发现 34 个与产量、粒重、开花期、β-葡聚糖含量相关的主效 QTL。徐微等（2013）利用 AFLP 和 SSR 标记，构建了首张大粒裸燕麦遗传连锁图谱。Herrmann 等（2014）检测到 6 个与千粒重相关的 QTL。宋高原等（2014）发现了 17 个控制籽粒长度、宽度、千粒重的 QTL。吴斌等（2014）利用 231 对 SSR 标记，构建了更高密度的大粒裸燕麦遗传连锁图谱，并定位了 4 个与 β-葡聚糖含量连锁的 QTL。随着分子标记技术的发展和遗传定位水平的提高，针对燕麦各种性状的 QTL 定位研究越来越多，涉及燕麦生长发育的方方面面，为后期燕麦农艺性状和产量性状的精准定位、基因克隆及分子标记辅助选择育种奠定了基础。

3. 全基因组关联分析

随着高通量分子鉴定技术及精准表型鉴定技术的应用，除了传统的以连锁为基础的 QTL 作图，基于连锁不平衡的 QTL 作图即全基因组关联分析也在燕麦研究中逐渐应用开来。其通过识别数百至数千个定位群体中高密度的分子标记，一般来说是十万或上百万个 SNP 标记，筛选出与复杂表型性状相关联的分子标记，并通过分析这些分子标记对表型的遗传效应，为优异种质资源及其优异基因的利用提供分子参考。Klos 等（2016）利用 SNP 芯片和 GBS 技术对 631 份燕麦种质资源进行了分子鉴定，结合冠锈病抗性数据开展了全基因组关联分析，共获得与冠锈病抗性相关的 SNP 标记 29 个，这些标记分布于 12 个连锁群上，除了检测到前人报道的 *Pc48*、*Pc58a*、*Pc68*、*Pc71*、*Pc91* 和 *PcKM* 等 QTL 外，还在 *Mrg03*、*Mrg08* 和 *Mrg23* 连锁群上发现了先前没有报道过的新 QTL。Newell 等（2011）首次利用 DArT 标记对来自全球 53 个国家的 1205 份燕麦资源进行了全基因组扫描，认为全基因组关联分析可用于绘制燕麦遗传连锁图谱；并利用 DArT 标记对 431 份燕麦进行了全基因组关联分析，结果共挖掘到 3 个与 β-葡聚糖含量显著关联的基因位点。Asoro 等（2013a）对 446 份北美洲燕麦资源的 β-葡聚糖含量进行了测定，并利用 DarT 标记进行了全基因组关联分析，结果发现 51 个与 β-葡聚糖含量显著关联的分子标记。Tumino 等（2016）采用混合线性模型对 138 个欧洲燕麦品种进行了全基因组关联分析，结果发现 7 个与抽穗时间相关的显著性标记以及 6 个与耐霜冻性相关的显著标记。随后，Tumino 等（2017）分析了包括地方品种、旧品种和现代品种在内的欧洲燕麦种质的倒伏与株高性状，通过全基因组关联分析发现 6 个与倒伏相关联、2 个与株高相关联的标记。Yan 等（2020）对 805 个燕麦品系的群体结构和遗传多样性进行了研究，通过全基因组关联分析发现 4 个与裸粒性状高度相关的标记，其中最相关的标记位于 *Mrg21* 连锁群上。Canales 等（2021）对燕麦的抽穗期进行了全基因组关联分析，结果在红燕麦连锁群 *Mrg01* 和 *Mrg08* 上以及白燕麦连锁群 *Mrg13* 上发现了与抽穗日期显著相关的分子标记。此外，利用全基因组关联分析，人们还对外稃颜色、籽粒皮裸性和抽穗期等诸多农艺性状进行了定位研究。

4. 全基因组选择

全基因组选择（genomic selection, GS）利用覆盖全基因组的分子标记，对个体进行遗传评估与选择。相对于 MAS 方法，GS 方法充分反映了目标性状的遗传变异，有效地提高了选择的准确性，尤其是对于遗传力低的数量性状，可以同时选择多个性状，提高了育种效率，降低了成本。Asoro 等（2013b）比较了 GS、MAS 方法及基于混合线性模型的表型选择方法在提高燕麦 β-葡聚糖含量方面的育种差异。经过两轮选择，GS 和 MAS 方法分别将燕麦群体的 β-葡聚糖含量平均值从 4.57% 提高到 6.87% 和 6.88%，而基于混合线性模型的表型选择方法平均值仅为 6.68%。在 β-葡聚糖含量最高的 20 个燕麦家系中，11 个来自 GS 方法，8 个来自 MAS 方法，仅有 1 个来自表型选择方法，说明与表型选择方法相比，GS 方法具有更高的效率及准确性。

5. 基因编辑技术

基因编辑（gene editing）是利用人工核酸酶对 DNA 序列进行改造来达到研究目的的一种新型的遗传工程技术，包括锌指核酸酶（zinc-finger nuclease，ZFN）技术、转录激活因子样效应物核酸酶（transcription activator-like effector nuclease，TALEN）技术和成簇规律间隔短回文重复序列关联蛋白 9（clustered regulatory interspaced short palindromic repeats/CRISPR-associated protein 9，CRISPR/Cas9）技术。相较其他两种技术，CRISPR/Cas9 技术具有操作简单、周期短、效率高、能同时对多个靶点进行编辑等特点，已成为近年来基因编辑的首选方法，为燕麦的分子育种研究带来了新思路和新方法。武志娟（2018）首次在燕麦育种中构建了 CRISPR/Cas9 基因表达载体，并通过基因枪转化法将载体导入'甜燕 1 号'成熟胚中，虽然没有得到预期的"拿捕净"种质，但表明了 CRISPR/Cas9 基因编辑在燕麦育种中应用的可行性。于东洋等（2019）通过构建乙酰辅酶 A 羧化酶（ACCase）的 CRISPR/Cas9 表达载体，对燕麦进行了基因编辑，试图将关键位点的异亮氨酸突变为亮氨酸而使燕麦具有抗性，该研究成功敲除了 *ACCase* 基因，但不是完成靶向敲除，为后续燕麦基因组编辑提供了理论依据。

第三节　燕麦主导品种及特征

一、世界主导品种

俄罗斯、加拿大、美国等燕麦生产大国的常规杂交育种和品种引种工作已经经历了上百年的发展（刘迎春和周青平，2011）。早在 1788 年，有记录的燕麦育种选择工作就在英国北部的马铃薯（*Solanum tuberosum*）种植地开展（Stuthman，1995）。第一例关于燕麦杂交工作的报道可追溯至 1873 年（Shirreff，1873）。然而，直到 1930 年燕麦杂交育种工作才真正引起广泛关注（Brown and Patterson，1992；Stuthman，1995）。欧洲国家在燕麦育种工作中应用杂交技术早于美国（1925年）（Stuthman，1995）。此外，国外的燕麦育种工作在早期以种植燕麦为主，该类燕麦主要用于饲喂牲畜，表明国外的燕麦育种早于且优于我国（叶雪玲等，2023）。

国外的燕麦育种工作大概经历了引种、选育和杂交 3 个主要阶段（Brown and Patterson，1992）。早在 18 世纪末期，美国先后引进了许多著名的适应性良好的燕麦品种，如'Red Rustproof''White Russian''Silvermine''Kherson'等（Coffman et al.，1961）。由于引种材料存在部分混杂，燕麦育种工作者便利用"纯系选择"或"单株选择"方法从混合材料中分离出产量最高和适应性最好的基因型，代表品种有'Burt''Fulghum''Albion'等（Coffman et al.，1961）。直到20世纪30年代，杂交技术才成为现代育种的主要手段（Brown and Patterson，1992），并育成了一大批高产、抗病、矮秆、高蛋白质的燕麦新品种（Brown and Patterson，1992；Loskutov and Khlestkina，2021；Stewart and Mcdougall，2014；Stuthman，1995；胡文绣，1980；吴斌等，2019；叶福钧，1983；赵桂琴等，2007）。根据欧盟国家植物品种数据库的记录，目前登记在库的栽培燕麦品种有384份，其中法国44份、德国38份、波兰33份、意大利23份、西班牙21份、奥地利19份等。在美国种质资源信息网上，已认证的燕麦品种达138个。加拿大政府官网登记的燕麦品种有255个。苏格兰的燕麦品种库也登记了196个品种。这些数据表明，国外的燕麦育种工作取得了显著成就，构建了丰富多样的品种资源库，对我国燕麦育种工作具有借鉴意义（叶雪玲等，2023）。

二、我国主导品种

2002～2024年，我国在燕麦育种方面取得了一定的成果，经全国草品种审定委员会审定登记的燕麦品种有21个，其中育成品种6个、引进品种14个、地方品种1个。燕麦是青海、甘肃、内蒙古、新疆等地区家畜的主要饲料，因此青藏高原、内蒙古和新疆地区是我国燕麦的主要种植地区，燕麦育种也主要集中在以上地区。国内主要种植的专用燕麦品种有'青引1号''青引2号''青海444''青燕1号''蒙燕1号''草莜1号''白燕7号''坝燕1号''坝燕4号''冀张燕2号''陇燕1号''陇燕3号''定燕2号'，主要集中种植在河北、内蒙古、青海、山西，其次是甘肃、宁夏、陕西、新疆、吉林、辽宁、四川、贵州和云南等地（徐欣然，2021）。尽管我国在燕麦育种方面已经取得了一定的进展，提高了育种水平，并加强了生理、生化和遗传方面的基础理论研究，但与一些发达国家相比总体水平仍然较低，在育成品种质量、育种手段、育种理论与技术应用等方面还存在较大的差距（叶雪玲等，2023）。

参 考 文 献

曹丽霞，侯龙鱼，赵世锋，等. 2021. 20个燕麦品种饲草产量和品质比较分析. 西南民族大学学报(自然科学版)，4: 335-341.

程芳艳，王继亮，孙翊轩，等. 2018. 化学诱变在寒地水稻育种中的应用. 北方水稻，48(5): 1-5, 10.

程志锋，杨文香，刘大群. 2008. ^{60}Coγ射线与EMS对小麦近等基因系 TcLr10 的复合诱变. 华北农学报，S2: 92-95.

崔林, 范银燕, 徐惠云, 等. 1999. 中国首例燕麦雄性不育的发现及遗传鉴定. 作物学报, 3: 296-300.

董文科, 路旭平, 姜寒玉, 等. 2018. 多年生黑麦草 EMS 诱变与耐旱性评价. 核农学报, 10: 1889-1897.

范银燕, 崔林. 1996. 燕麦 Cs 雄性不育的发现及初步鉴定. 麦类作物学报, 1: 7-8.

冯延卿. 1990. 辐射诱变与小麦抗病育种. 青海农林科技, 3: 34-35.

郭向萌, 押辉远. 2011. 离子辐射诱变小麦育种研究进展. 安徽农业科学, 11: 6334-6335.

侯龙鱼, 朱泽义, 杨杰, 等. 2019. 我国饲草用燕麦现状、问题和潜力. 西南民族大学学报(自然科学版), 3: 248-253.

胡文绣. 1980. 近年来国外燕麦生产和科研概况(三). 内蒙古农业科技, 3: 42-45.

胡志峰, 郁继华. 2014. UV-B 辐射对黄化番茄幼苗生长及光合作用的影响. 甘肃农业大学学报, 49(5): 75-79, 87.

柯强, 兰剑. 2022. 宁夏地区饲用燕麦育种与栽培研究进展. 农业与技术, 22: 61-64.

李润枝, 陈晨, 张培培, 等. 2009. 我国燕麦种质资源与遗传育种研究进展. 现代农业科技, 17: 44-45.

蔺豆豆, 赵桂琴, 柴继宽, 等. 2022. 叠氮化钠诱变燕麦 M1 代的主要性状分析. 草地学报, 3: 587-593.

刘建霞, 张梦丽, 李慧, 等. 2019. 苦荞麦种子与幼苗对叠氮化钠诱变的响应. 江苏农业科学, 10: 85-88.

刘俊青, 付晓峰. 2004. 旱地裸燕麦新品种"燕科一号"的选育. 内蒙古农业科技, 5: 31.

刘龙龙, 崔林, 周建萍, 等. 2012. 利用核不育燕麦新种质选育新品种品燕 2 号. 山西农业科学, 5: 445-446.

刘录祥, 郭会君, 赵林姝, 等. 2009. 植物诱发突变技术育种研究现状与展望. 核农学报, 6: 1001-1007.

刘文辉, 贾志锋, 梁国玲. 2020. 我国饲用燕麦产业发展现状及存在的问题和建议. 青海科技, 3: 82-85.

刘彦明, 李朴芳. 2010. 旱地燕麦新品种定莜 6 号的选育及其特征分析. 干旱地区农业研究, 5: 1-4.

刘彦明, 任生兰, 边芳, 等. 2011. 旱地莜麦新品种定莜 8 号选育报告. 甘肃农业科技, 8: 3-4.

刘迎春, 周青平. 2011. 燕麦研究最新进展. 青海科技, 6: 20-23.

彭远英, 颜红海, 郭来春, 等. 2011. 燕麦属不同倍性种质资源抗旱性状评价及筛选. 生态学报, 9: 2478-2491.

乔有明, 尹大海, 裴海昆. 2003. 早熟 1 号燕麦品种的选育. 草业科学, 3: 34-36.

任长忠, 崔林, 杨才, 等. 2016. 我国燕麦高效育种技术体系创建与应用. 中国农业科技导报, 1: 1-6.

任长忠, 胡跃高. 2013. 中国燕麦学. 北京: 中国农业出版社.

任立凯, 王龙, 李强, 等. 2014. 小麦 EMS 诱变育种研究进展及其在连云港的应用. 江苏农业科学, 9: 80-82.

宋高原, 霍朋杰, 吴斌, 等. 2014. 裸燕麦子粒性状的 QTL 分析. 植物遗传资源学报, 5: 1034-1039.

王柳英. 2002. 青海省牧草种质资源研究现状、问题及对策. 青海畜牧兽医杂志, 5: 27-28.

王伟, 王斌, 曹平平, 等. 2020. 小麦叠氮化钠诱变群体产量及相关性状遗传特性分析. 江苏农业科学, 3: 102-105.

吴斌, 张茜, 宋高原, 等. 2014. 裸燕麦SSR标记连锁群图谱的构建及β-葡聚糖含量QTL的定位. 中国农业科学, 6: 1208-1215.

吴斌, 郑殿升, 严威凯, 等. 2019. 燕麦分子育种研究进展. 植物遗传资源学报, 3: 485-495.

武永祯, 田长叶, 李云霞, 等. 2010. 优质加工型裸燕麦新品种坝莜九号的选育和利用. 河北农业科学, 3: 50-51.

武志娟. 2018. 燕麦乙酰辅酶A羧化酶基因CT区的克隆及CRISPR/Cas9技术体系建立. 内蒙古农业大学硕士学位论文.

相怀军, 张宗文, 吴斌. 2010. 利用AFLP标记分析皮燕麦种质资源遗传多样性. 植物遗传资源学报, 3: 271-277.

徐微, 张宗文, 张恩来, 等. 2013. 大粒裸燕麦(Avena nuda L.)遗传连锁图谱的构建. 植物遗传资源学报, 4: 673-678.

徐欣然. 2021. 西南地区高产优质饲用燕麦种质资源筛选. 成都大学硕士学位论文.

闫天芳. 2020. 皮、裸燕麦杂交花序结构特性和籽粒特性遗传分析. 扬州大学硕士学位论文.

杨才, 王秀英. 2005. 采用花药单倍体育种方法育成花中21号莜麦新品种. 河北北方学院学报(自然科学版), 3: 45-48.

杨才, 周海涛, 李天亮, 等. 2014. 采用三种间聚合杂交法育成多种类型长光照不敏感型燕麦新种质资源. 种子, 4: 60-62.

杨才, 周海涛, 张新军, 等. 2009. 利用核不育莜麦ZY基因育成优质高蛋白燕麦新品种"冀张燕1号". 河北北方学院学报(自然科学版), 1: 39-41.

杨崇庆, 常耀军, 杨娇, 等. 2022. 燕麦生产及品种选育技术研究进展. 麦类作物学报, 5: 578-584.

杨海鹏, 孙泽民. 1989. 中国燕麦. 北京: 农业出版社: 230-240.

杨晓虹, 周海涛, 杨才, 等. 2012. 我国燕麦育种技术的回顾与发展方向. 中国种业, 9: 6-7.

叶福钧. 1983. 国外燕麦科研动态. 内蒙古农业科技, 1: 44-48.

叶雪玲, 甘圳, 万燕, 等. 2023. 饲用燕麦育种研究进展与展望. 草业学报, 32(2): 160-177.

于东洋, 王凤梧, 融晓萍, 等. 2019. 利用CRISPR/Cas9技术对燕麦乙酰辅酶A羧化酶(ACCase)基因的编辑. 分子植物育种, 17(19): 6356-6362.

于沐, 周秋峰. 2017. 小麦诱发突变技术育种研究进展. 生物技术通报, 3: 45-51.

张波, 任长忠. 2022. 燕麦基因组学与分子育种研究进展. 植物学报, 6: 785-791.

张春林, 韩冰, 赵瑛琳, 等. 2021. 早熟饲草新品种蒙饲5号燕麦的选育. 中国种业, 12: 102-104.

张瑞成. 2017. 大豆化学诱变群体开发及其疫霉根腐病抗性初步分析. 湖南农业大学硕士学位论文.

张希太. 2011. NaN$_3$诱变小麦山农8355后代变异的研究及SSR分析. 农业与技术, 2: 38-42.

张向前. 2010. 燕麦种质农艺性状、耐盐和AFLP分子标记的遗传多样性分析. 内蒙古农业大学硕士学位论文.

张彦波, 肖磊, 董策, 等. 2015. 平阳霉素和NaN$_3$对小麦诱变效应的比较研究. 河南科技学院学报(自然科学版), 5: 6-9.

张执信, 许金玲, 戚长秋, 等. 1991. 谈谈饲料作物的倍性育种. 饲料博览, 1: 32-35.

赵桂琴, 慕平, 魏黎明. 2007. 饲用燕麦研究进展. 草业学报, 4: 116-125.

赵世锋, 王志刚, 田长叶, 等. 2007. 张家口市燕麦产业现状及发展对策综述. 河北农业科技, 3:

50-51.

赵秀芳, 戎郁萍, 赵来喜. 2007. 我国燕麦种质资源的收集和评价. 草业科学, 3: 36-40.

郑殿升, 方嘉禾. 2001. 高品质小杂粮作物品种及栽培. 北京: 中国农业出版: 54-66

郑殿升, 张宗文. 2017. 中国燕麦种质资源国外引种与利用. 植物遗传资源学报, 18: 1001-1005.

周海涛, 李天亮, 张新军, 等. 2012. 粮草兼用型莜麦新品种 "远杂一号" 的选育·特征特性·栽培技术. 安徽农业科学, 19: 10040-10042.

周建萍, 刘龙龙, 崔林. 2010. 山西省燕麦育种现状及资源特点. 山西农业科学, 11: 6-9.

Ahloowalia BS, Maluszynski M, Nichterlein K. 2004. Global impact of mutation-derived varieties. Euphytica, 135: 187-204.

Asoro FG, Newell MA, Beavis WD, et al. 2013a. Genomic, marker-assisted, and pedigree-BLUP selection methods for β-glucan concentration in elite oat. Crop Science, 5: 1894-1906.

Asoro FG, Newell MA, Scott MP, et al. 2013b. Genome-wide association study for beta-glucan concentration in elite north American oat. Crop Science, 53(2): 542-553

Baum BR. 1977. Oats: Wild and Cultivated. A Monograph of the Genus *Avena* L. (Poaceae). Minister of Supply and Services. Biosystematics Research Institute Research Branch, Agriculture Canada.

Brown CM, Craddock JC. 1972. Oil content and groat weight of entries in the world oat collection. Crop Science, 12: 514-515.

Brown CM, Patterson FL. 1992. Conventional oat breeding. *In*: Marshall HG, Sorrells ME. Oat Science and Technology. Madison: ASA and CSSA: 613-656

Canales FJ, Montilla G, Bekele WA, et al. 2021. Population genomics of Mediterranean oat (*A. sativa*) reveals high genetic diversity and three loci for heading date. Theoretical and Applied Genetics, 134(7): 2063-2077.

Coffman FA, Murphy HC, Chapman WH. 1961. Oat Breeding. *In*: The American Society of Agronomy. Oats and Oat Improvement. São Paulo: Agronomy Monographs: 263-329.

Colasuonno P, Incerti O, Lozito ML, et al. 2016. DHPLC technology for high-throughput detection of mutations in a durum wheat TILLING population. Bmc Genetics, 1: 1-10.

De Koeyer DL, Tinker NA, Wight CP, et al. 2004. A molecular linkage map with associated QTLs from a Hulless × Covered spring oat population. Theor Appl Genet, 7: 1285-1298.

Fu YB, Peterson GW, Williams D, et al. 2005. Patterns of AFLP variation in a core subset of cultivated hexaploid oat germplasm. Theoretical and Applied Genetics, 3: 530-539.

He X, Bjørnstad Å. 2012. Diversity of North European oat analyzed by SSR, AFLP and DArT markers. Theoretical and Applied Genetics, 1: 57-70.

Herrmann MH, Yu JZ, Beuch S, et al. 2014. Quantitative trait loci for quality and agronomic traits in two advanced backcross populations in oat (*Avena sativa* L.). Plant Breeding, 133: 588-601.

Klos KE, Huang Y-F, Bekele WA, et al. 2016. Population genomics related to adaptation in elite oat germplasm. The Plant Genome, 9(2): 1-12.

Konzak CF, Niknejad M, Wickham I, et al. 1975. Mutagenic interaction of sodium azide on mutations induced in barley seeds treated with diethyl sulfate or *N*-methyl-*N'*-nitrosourea. Mutation Research/Fundamental and Molecular Mechanisms of Mutagenesis, 1: 55-61.

Ladizinsky G. 1998. A new species of *Avena* from Sicily, possibly the tetraploid progenitor of hexaploid oats. Genetic Resources and Crop Evolution, 45: 263-269.

Liang X, Shalapy M, Zhao S, et al. 2021. A stress-responsive transcription factor PeNAC1 regulating beta-d-glucan biosynthetic genes enhances salt tolerance in oat. Planta, 6: 130.

Loskutov IG, Khlestkina EK. 2021. Wheat, barley, and oat breeding for health benefit components in grain. Plants, 1: 86.

Loskutov IG. 2008. On evolutionary pathways of *Avena* species. Genetic Resources and Crop Evolution, 55: 211-220.

Milach SCK, Rines HW, Philips RL. 1997. Molecular genetic mapping of dwarfing gene in oat. Theor Appl Genet, 95: 783-790.

Newell MA, Asoro FG, Scott MP, et al. 2012. Genome-wide association study for oat (*Avena sativa* L.) beta-glucan concentration using germplasm of worldwide origin. Theoretical and Applied Genetics, 125(8): 1687-1696.

Newell MA, Cook D, Tinker NA, et al. 2011. Population structure and linkage disequilibrium in oat (*Avena sativa* L.): Implications for genome-wide association studies. Theoretical and Applied Genetics, 122(3): 623-632.

O'Donoughue LS, Sorrells ME, Tanksley SD, et al. 1995. A molecular linkage map of cultivated oat. Genome, 2: 368-380.

Oliver RE, Tinker NA, Lazo GR, et al. 2013. SNP discovery and chromosome anchoring provide the first physically-anchored hexaploid oat map and reveal synteny with model species. PLoS One, 8: 10.

Penner GA, Chong J, Wight CP, et al. 1993. Identification of an RAPD marker for the crown rust resistance gene *Pc68* in oats. Genome, 5: 818-820.

Shirreff P. 1873. Improvement of the Cereals. Edinburgh: William Blackwood and Sons: 1-26.

Somers DA, Rines HW, Gu W, et al. 1992. Fertile, transgenic oat plants. Bio/technology, 12: 1589-1594.

Stewart D, McDougall G. 2014. Oat agriculture, cultivation and breeding targets: Implications for human nutrition and health. British Journal of Nutrition, S2: S50-S57.

Stuthman DD. 1995. Oat Breeding and Genetics. *In:* Welch RW. The Oat Crop: Production and Utilization. Dordrecht: Springer Netherlands: 150-176.

Tanhuanpää P, Kalendar R, Schulman AH, et al. 2008. The first doubled haploid linkage map for cultivated oat. Genome, 8: 560-569.

Tanhuanpää P, Manninen O, Beattie A, et al. 2012. An updated doubled haploid oat linkage map and QTL mapping of agronomic and grain quality traits from Canadian field trials. Genome, 4: 289-301.

Tumino G, Voorrips RE, Morcia C, et al. 2017. Genome-wide association analysis for lodging tolerance and plant height in a diverse European hexaploid oat collection. Euphytica, 213(8): 1.

Tumino G, Voorrips RE, Rizza F, et al. 2016. Population structure and genome-wide association analysis for frost tolerance in oat using continuous SNP array signal intensity ratios. Theoretical and Applied Genetics, 129(9): 1711-1724.

Yan H, Bekele WA, Wight CP, et al. 2016. High-density marker profiling confirms ancestral genomes of *Avena* species and identifies D-genome chromosomes of hexaploid oat. Theoretical and Applied Genetics, 129: 2133-2149.

Yan H, Zhou P, Peng Y, et al. 2020. Genetic diversity and genome-wide association analysis in Chinese Hulless oat germplasm. Theoretical and Applied Genetics, 133: 3365-3380.

第五章　燕麦高产种植模式

第一节　间　套　作

燕麦通常以单作为主，但随着科技的进步，陆续出现了间套作、混作、轮作等种植新模式。间混套作是指通过选择适宜的作物种类，组成具有空间成层性和时间演替性的分布体系，可充分利用环境资源，显著提高单位土地面积产量，从而提高土地利用率（柴强和殷文，2017；Li et al.，2020）。

燕麦单作时，只有一个物种，群体中只存在种内相互作用。燕麦间混套作体系与单作体系不同，具有两个或者两个以上的物种，多个物种在较长的时间内共同生长，既有种内相互作用，又有种间相互作用。而种间相互作用包括种间竞争作用和种间促进作用（或种间补偿作用）。种间竞争作用是指不同物种为争夺土壤、光照、水分等资源而产生的一物种直接或间接抑制另一物种生长的现象，结果通常是一物种取得优势而另一物种受到抑制甚至被消灭。种间促进作用是指一物种通过生命活动改善周围环境而对另一物种的生存和生长产生正影响的现象（Callaway，1995）。当燕麦间套混作体系的种间竞争作用大于种间促进作用时，间套混作没有生产优势；当种间竞争作用小于种间促进作用时，表现出明显的间套混作优势（Vandermeer，1989；Wang et al.，2021）。国际上通常将土地当量比（land equivalent ratio，LER）作为衡量间套混作体系是否具有生产优势的重要指标之一，其意义是指单位面积土地上间套混作两个或者两个以上的物种时获得的产量或者收获物与各物种单作时的收益之比，计算公式如下：

$$LER=(Y_{io}/Y_{so})+(Y_{ie}/Y_{se})$$

式中，Y_{io} 和 Y_{ie} 分别代表间套混作面积上燕麦与其他物种的产量；Y_{so} 和 Y_{se} 分别代表单作燕麦与单作其他物种的产量。因此，当 LER>1 时，表明间套混作有生产优势；当 LER<1 时，表明为间套混作有生产劣势（Willey，1979）。

基于 Web of Knowledge 和 CNKI 等数据库，对国内外期刊上发表的涉及间套混作体系土地当量比的文献进行检索，总结出国内外不同地区间套混作体系的土地当量比。表 5-1 显示，无论是国内还是国外，燕麦与豆科作物间套混作最为普遍，且多数条件下间套混作体系的土地当量比（LER）大于 1，主要原因是适宜条件下的间套混作可以显著提高豌豆的固氮比例和固氮量（Geijersstam and Mårtensson，2006），说明燕麦间套混作模式相对于单作具有明显的产量优势。

表 5-1　世界各地燕麦间套混作体系的土地当量比（LER）

国家	地区	作物组合	LER	参考文献
希腊	塞萨洛尼基州	燕麦‖野豌豆	0.89～1.09	Dhima et al.，2007
加拿大	纽芬兰岛	燕麦‖豌豆	1.13～1.31	Kwabiah，2004
美国	加利福尼亚州	燕麦‖花椰菜	1.34	Santos et al.，2002
中国	北京	燕麦‖豌豆	1.37～1.76	李隆，2013
	吉林	燕麦‖大豆	1.29～1.46	马怀英等，2021；王亚南等，2023
	山西	燕麦‖红芸豆	1.09	王月等，2022
	山西	燕麦‖马铃薯	1.07～1.36	彭良斌等，2023；任长忠和胡跃高，2013；王月等，2022；王亚南等，2023；吴娜等，2015
	吉林	燕麦‖向日葵	1.37	钱欣等，2018
	吉林	燕麦‖玉米	1.23～1.38	钱欣等，2018；任长忠和胡跃高，2013
	吉林	燕麦‖绿豆	1.19	马怀英等，2021；钱欣等，2018
	吉林	燕麦‖花生	1.41	马怀英等，2021

　　国内多个地区建立了燕麦‖马铃薯高效套作种植模式。任长忠和胡跃高（2013）研究发现，燕麦‖马铃薯套作模式下，苗期马铃薯植株矮小，可在燕麦带间形成通风透光的通道，使燕麦行间光照、温度和湿度条件均得到改善，二氧化碳浓度提高，改善了燕麦的生长环境；燕麦套作较单作的穗粒数增加 4.3 粒，千粒重增加 3.1g，单株粒重增加 0.33g，尤以边行优势最明显；同时燕麦的存在改善了马铃薯所需的光照、温度、湿度条件，马铃薯套作的单株结薯数比单作增加。彭良斌等（2023）在山西省右玉县开展的燕麦‖马铃薯带状间作模式试验表现出明显的增产效应，3 年试验期间的土地当量比分别为 1.11、1.07 和 1.17；间作的边 1 行燕麦籽粒产量显著高于间作的其他边行和单作行，对燕麦籽粒产量的贡献率达到 35.6%～38.5%；产量构成分析显示，间作边 1 行燕麦地上部生物量、有效穗数和穗粒数的增加是籽粒产量提高的决定因素。王月等（2022）在晋北农牧交错带构建的燕麦‖马铃薯、燕麦‖大豆和燕麦‖红芸豆 3 种带状间作模式的土地当量比分别为 1.06、0.96 和 1.09，间作边 1 行对燕麦籽粒产量的贡献最大，贡献率分别为 28%、27% 和 32%；同时研究表明燕麦‖马铃薯和燕麦‖红芸豆带状间作模式均具有较高的生产优势，燕麦籽粒产量分别比燕麦单作增加 13.5% 和 18.0%。王亚南等（2023）分析不同燕麦间作模式对作物产量以及土壤线虫数量、多样性和群落结构的影响

时发现，间作模式在土地利用率和作物总产量方面有一定的优势，其中燕麦||马铃薯间作模式最佳，土地当量比最高（1.36），其次为燕麦||大豆间作模式（土地当量比为 1.29）；4 种燕麦间作模式均显著降低了植物寄生线虫的相对丰度，提高了食微线虫的相对丰度，优化了土壤线虫的群落结构；燕麦||大豆间作模式的食微线虫相对丰度最高（88.4%），植物寄生线虫相对丰度最低（6.3%），且多项生态学指数（瓦斯乐斯卡指数、线虫通路指数、多样性指数和均匀度指数）显著高于燕麦单作；燕麦||赤小豆间作模式的土壤线虫富集指数最高，植食性线虫成熟度指数最低，土壤线虫群落受干扰程度最低。综上所述，边行效应是燕麦间作具有产量优势的重要原因，燕麦||马铃薯带状间作增加了土地利用率，优化了土壤线虫群落结构，具有较好的产量效应。

宁夏固原建立了燕麦||玉米套作种植模式，研究发现此模式可以提高透光率，改善田间通风和二氧化碳供给条件，并能协调温度和湿度，从而促进燕麦生长发育，利于边行优势的发挥，燕麦套作时边行与内部各行相比，穗粒数增加 3.25 粒，千粒重增加 2.8g，单株籽粒产量提高 19.8%；玉米套作较单作的双穗率提高 36.8%，穗粒数增加 56 粒，百粒重增加 3.1g，穗粒重提高 13.3%（任长忠和胡跃高，2013）。钱欣等（2018）在东北地区的白城市进行了燕麦带状间作模式筛选试验，比较了燕麦||玉米、燕麦||向日葵和燕麦||绿豆 3 种带状间作模式，其土地当量比分别为 1.10～1.14、1.23～1.38 和 1.05～1.08；燕麦||向日葵间作模式呈现出明显的产量优势，边行燕麦的穗粒数、穗数和边行向日葵的千粒重分别比内部各行提高 16%～25%、23%～30% 和 10%～13%。3 种燕麦间作模式的边行籽粒产量以及吸氮量分别较单作及间作内部各行显著提高 58.6%～88.1% 和 24.9%～77.9%，间作模式的边行对燕麦籽粒产量及吸氮量的贡献率分别达到 44.2%～45.1% 和 44.8%～47.1%，高于边行所占比例（1/3）（钱欣，2017；钱欣等，2018；Qian et al.，2018）。马怀英等（2021）在吉林省西部地区研究发现，燕麦||绿豆、燕麦||花生和燕麦||大豆 3 种间作模式均具有显著的产量优势，其中燕麦||花生和燕麦||大豆间作模式的土地当量比分别为 1.41 和 1.46，比燕麦||绿豆间作模式分别高出 18.5% 和 22.7%，燕麦||大豆间作模式具有更高的年际产量稳定性。

刘慧（2008）在内蒙古地区开展燕麦间作研究发现，燕麦||谷子和燕麦||豌豆间作较燕麦单作的株高分别提高 18.3% 和 41.3%，茎粗分别提高 100% 和 75%，叶面积指数分别提高 43.0% 和 26.7%。燕麦间作的鲜、干草产量均大于单作，其中以燕麦||豌豆间作的产量最高，鲜、干草产量分别较燕麦单作显著提高 28.8% 和 27.9%。燕麦间作的粗蛋白、粗脂肪和粗纤维含量均大于单作，分别提高 20.2%～37.5%、1.1%～33.3% 和 3.4%～56.6%。燕麦间作的籽粒产量均高于单作，其中燕麦||豌豆间作的籽粒产量最高，比单作显著提高 16.1%；其次为燕麦||谷子间作、燕麦||大豆间作，分别比单作显著提高 14.9% 和 13.0%（表 5-2）。Wang 等（2021）

在中国东北地区进行了燕麦‖箭筈豌豆间作试验，发现间作在牧草产量、土地当量比（LER）和净收益方面均具有显著优势；燕麦间作比例为1∶1时，土地当量比（LER）最高，较其他播种处理高11%～57%，比燕麦单作和箭筈豌豆单作的产量分别高28.7%～66.4%和12.6%～166.9%。

表5-2　燕麦单作同其他作物间作体系的农艺性状和饲草品质比较（刘慧，2008）

间作模式	株高（cm）	茎粗（mm）	叶面积指数	鲜草产量（kg/hm²）	干草产量（kg/hm²）	籽粒产量（kg/hm²）	粗脂肪（%）	粗纤维（%）	粗蛋白（%）
燕麦单作	98.9	0.56	8.40	1642.9c	487d	129.5b	1.89d	1.45d	4.45d
燕麦‖豌豆	139.7	0.98	10.64	2116.7a	623a	150.4a	2.25b	1.90b	5.35bc
燕麦‖谷子	117.0	01.12	12.01	1886.6b	555bc	148.8a	2.27b	1.50cd	6.12a
燕麦‖大豆				2041.2ab	567ab	146.2a	1.94cd	2.09ab	5.75ab
燕麦‖高丹草				1904.0b	560b	145.3ab	1.93cd	2.27a	5.72ab
燕麦‖马铃薯				1805.4bc	531bcd	143.6ab	2.52a	1.65c	5.65ab
燕麦‖青贮玉米				1704.5bc	498cd	143.9ab	1.91d	1.65c	5.59ab

注：同列不同字母表示不同处理间存在显著差异（$P<0.05$），下同

　　冯晓敏等（2015）在吉林省进行燕麦‖大豆和燕麦‖花生间作研究发现，间作体系优势明显，土地当量比（LER）分别为1.41～1.63和1.31～1.52。同大豆间作的燕麦，除单株粒重及千粒重外的其他各产量构成因子均增加；同花生间作的燕麦各产量构成因子如小穗数、穗粒数、单株粒重均高于单作燕麦；间作提高了大豆各产量构成因子，但花生的结荚数及单株粒重有所降低。研究间作体系的光合特性发现，间作提高了燕麦的叶绿素含量和净光合速率，改变了燕麦的叶绿素构成，延缓了其衰老。

第二节　混　　作

　　混作是指将两种或两种以上生育季节相近的作物按一定比例混合种在同一块田地上的种植方式，多不分行，或在同行内混播或在株间点播。通过不同作物的恰当组合，混作可提高光能和土地利用率。研究发现，燕麦与小黑麦或者豌豆混作的干草产量、粗蛋白和可消化干物质含量均高于单作，产量优势明显（LER>1）（Dhima et al.，2007）。国内与燕麦混作的作物主要为一年生豆科作物，如箭筈豌豆（陈广珉，2017；张耀生等，2001；甄玉鑫，2021）、驴食豆、长柔毛野豌豆（张耀生等，2001）、豌豆（郭常英等，2022；张荟荟等，2014）、大豆（郭常英等，2022）等，也有在盐碱地上同老芒麦、苜蓿、披碱草、无芒雀麦等多年生牧草混作的生产模式（刘慧，2008；卢艳丽，2008）（表5-3）（图5-1）。

表 5-3　国内常见的燕麦混作组合

省份	作物组合	参考文献
内蒙古、甘肃、青海	燕麦×箭筈豌豆	陈广珉，2017；张耀生等，2001；甄玉鑫，2021
青海	燕麦×驴食豆	张耀生等，2001
青海	燕麦×长柔毛野豌豆	张耀生等，2001
青海、新疆	燕麦×豌豆	郭常英等，2022；张荟荟等，2014
青海	燕麦×大豆	郭常英等，2022
内蒙古	燕麦×老芒麦	卢艳丽，2008
内蒙古	燕麦×苜蓿	刘慧，2008；卢艳丽，2008
内蒙古	燕麦×披碱草	卢艳丽，2008
内蒙古	燕麦×无芒雀麦	刘慧，2008

图 5-1　燕麦与箭筈豌豆混作

国内的燕麦混作模式以燕麦×箭筈豌豆混作最为普遍，不仅可以增加饲草生物量，亦可显著提高草产品营养品质，还可提高水分和养分利用率，并改善土壤营养。研究发现，与单作相比，燕麦与箭筈豌豆混作的饲草产量提高了 13.4%～202.8%，饲草粗蛋白含量提高了 52.5%～150.1%（Wang et al.，2022）。陈广珉（2017）在内蒙古农牧交错区研究发现，燕麦混作较单作的鲜草产量增加了 4.0%～24.2%，粗蛋白含量增加了 14.4%～43.8%；其中，燕麦×豌豆 2∶1 混作播种后第 105 天（收获期）的鲜、干草土地当量比分别为 1.24 和 1.27，显著高于燕麦单作和其他混作处理（表 5-4）。张荟荟等（2014）研究亦发现，燕麦混作的粗蛋白含量均高于单作，粗纤维含量普遍降低，粗脂肪含量有所增加，其中'初岛燕麦'×'中豌六号'混作的粗蛋白含量较'初岛燕麦'单作提高了 36.8%。刘小月（2022）在内蒙古阴山北麓地区开展燕麦×长柔毛野豌豆混作研究发现，混作提高了燕麦分蘖数、叶绿素相对含量，以及长柔毛野豌豆分枝数、地上部生物量及植株氮、磷、钾含量；燕麦×长柔毛野豌豆 2∶3 混作模式的燕麦鲜草、干草和籽粒相对产量较单作分别提高 5.3%～27.2%、6.6%～32.7%和 20.7%～23.5%；燕麦混作的根系直径、根表面积、根冠比和根系体积较单作分别提高 17.1%～22.6%、85.5%～91.3%、60.0%～66.7%和 58.7%～75.7%，说明混作显著促进了燕麦根系的生长，是燕麦混作产量较单作明显增加的内在原因之一。甄玉鑫（2021）比较了甘肃庆阳地区燕麦×箭筈豌豆混作体系的水分及养分利用率，发现混作体系的耗水量比燕麦和箭筈豌豆单作分别降低 18.4%和 20.0%，燕麦混作的干物质水分利用效率和粗蛋白水分利用效率分别比单作提高 19.4%和 35.1%。此外，燕麦混作不仅具有明显的饲草生产优势，还对土壤有明显的改善作用，陈广珉（2017）发现燕麦×箭筈豌豆混作处理播种后 105 天的土壤容重较燕麦单作降低了 2.6%～9.5%，燕麦×箭筈豌豆 1∶2、燕麦×箭筈豌豆 1∶3、燕麦×箭筈豌豆 3∶1 混作处理的土壤微生物生物量碳含量较燕麦单作增加了 13.6%～60.5%，燕麦×箭筈豌豆 2∶1 混作处理的土壤微生物生物量氮含量较燕麦单作显著增加 21.2%，可见燕麦×箭筈豌豆混作具改善土壤营养条件的潜力。

表5-4　燕麦×豌豆混作体系不同生长阶段鲜草和干草土地当量比（LER）

燕麦×豌豆	75 天		90 天		105 天	
	鲜草	干草	鲜草	干草	鲜草	干草
1∶1	1.69a	1.21a	1.02c	0.70d	0.92d	0.95d
1∶2	1.22b	1.12b	1.15b	1.12a	0.75e	0.94d
1∶3	1.10d	0.90d	1.21a	1.09a	0.96c	0.99c
2∶1	1.40c	1.07c	1.04c	0.82c	1.24a	1.27a
3∶1	1.60e	1.20a	1.21a	0.88b	1.05b	1.04b

刘慧（2008）在内蒙古地区对燕麦混作模式进行研究发现，燕麦×苜蓿和燕麦×无芒雀麦混作较燕麦单作的株高分别提高 43.0%和 41.2%，茎粗分别提高 9.0%和 59.4%，叶面积指数分别提高 21.9%和 13.1%，鲜草产量分别提高 17.9%和 9.5%，干草产量分别提高 16.9%和 8.7%；燕麦×无芒雀麦、燕麦×苜蓿混作分别比燕麦单作的产量提高 9.3%和 4.6%，充分体现了燕麦混作的生产优势。李倩（2008）在内蒙古包头市重度盐碱地上以'内农大莜一号'裸燕麦为材料比较燕麦单作和混作模式的产量发现，燕麦×苜蓿混作>燕麦×披碱草混作>燕麦单作，表明燕麦混作的产量均高于单作，且燕麦×苜蓿混作的燕麦籽粒产量最高，为 1028.4kg/hm²，干草产量为 9082.5kg/hm²，分别是燕麦单作的 2.09 倍和 1.69 倍，

说明燕麦×苜蓿混作更有利于提高燕麦的产量。

此外，混作是把不同作物、品种组合在一起，人为创造农艺性状和遗传背景不同的综合群体，区别于病原物对单作组分的完全亲和，其对混作组分并非完全亲和，因此混作可以推迟病害流行的时间，使燕麦在最易感病的时期躲过病原物的侵染，对病原物起到一定的稀释作用，降低病原菌流行和暴发的潜在危险，可以显著提高种群的抗病性（南志标，1986）。燕麦生产可选用耐旱涝、耐瘠薄、抗性强的作物组合，利于改善田间小气候，降低湿度，提高温、光、水、肥利用率，控制杂草，亦可减轻自然灾害和病虫害影响，达到稳产保收。

第三节　轮　　作

在同一块田地上，按一定年限有计划地科学轮换栽种几种性质不同的作物称为轮作，俗称换茬。国内陆续出现了多样化的燕麦轮作模式，常见的有燕麦—水稻、燕麦—玉米、燕麦—长柔毛野豌豆—青贮玉米、燕麦—大豆—青贮玉米等（表5-5）。轮作的优势有很多，主要包括以下几个方面。

表5-5　国内燕麦轮作模式研究

地区	轮作模式	文献来源
甘肃	燕麦—豌豆—胡麻—燕麦	柴继宽，2012
云南	长柔毛野豌豆+皮燕麦—马铃薯；长柔毛野豌豆+皮燕麦—裸燕麦；长柔毛野豌豆+皮燕麦—苦荞麦	伍祥文等，2021
内蒙古	眉豆—燕麦	吴鹏博等，2020
山东	燕麦—水稻	张文娟等，2019
山西	燕麦—长柔毛野豌豆—青贮玉米，燕麦—长柔毛野豌豆—谷子，燕麦—长柔毛野豌豆—燕麦，燕麦—大豆—青贮玉米，燕麦—大豆—谷子，燕麦—大豆—燕麦，燕麦—燕麦—青贮玉米，燕麦—燕麦—谷子	侯东来等，2022
吉林	燕麦—玉米	Ren et al.，2007
山西	燕麦—玉米	杨轩等，2022

1. 轮作可以充分利用土壤养分和水分条件，利于稳产高产

不同作物的根系深浅不同，轮换栽培不同的作物可吸收不同土层的养分和水分，而不同类型的作物轮作就可以充分利用土壤的各种养分和水分，利于连续获得高产。侯东来等（2022）以晋北地区主要栽培作物玉米、谷子、燕麦、大豆、长柔毛野豌豆和紫花苜蓿为对象设计了8个轮作模式，以生物产量和经济效益为评价指标进行粮草轮作模式研究，筛选出燕麦—长柔毛野豌豆—谷子、燕麦—大豆—青贮玉米、燕麦—长柔毛野豌豆—青贮玉米和燕麦—大豆—谷子4个适宜在

晋北地区推广应用的粮草轮作模式。杨轩等（2022）通过模型分析发现，燕麦—玉米轮作具有较高的产量与水分利用效率，拥有较高生产力的同时也具备较好的气候适应性，马铃薯与燕麦、大豆轮作、玉米—燕麦轮作模式的耗水量较低，更适宜保持土壤水分。张文娟等（2019）在山东省东营市推广的燕麦—水稻轮作技术，利用单季水稻春夏季闲田开展燕麦生产，在保证水稻生产的同时收获优质燕麦，既能提高土地复种指数，增加单位面积土地产出，又能有效抑制盐碱地春季"返盐"，对于盐碱地改良意义重大。徐丽君等（2020）在乌蒙山地区充分利用稻前、薯后闲田复种燕麦，使其由一年一季变成一年两季，使长期的"粮-经"二元种植结构转变为"粮-经-草"三元种植结构，可有效利用大量闲置的春闲田、秋闲田和冬闲田，实现耕地资源的充分利用。赵秀芬等（2009）研究发现，燕麦轮作或混作均不能提高小麦的锰吸收量，并且抑制其生长，与单作相比，混作降低了小麦的地上部锰量，可见实现轮作或者混作优势需具备一定的环境条件，应选择适宜的物种。

2. 轮作有利于改善土壤养分

不同作物对营养的需求各不相同，连年在同一块田地上种植同一种作物，由于营养的选择性吸收，往往土壤中缺乏某种养分，而轮作可以缓解选择性吸收造成的养分不均衡现象，利于土壤肥力保持。伍祥文等（2021）在云贵高原地区开展长柔毛野豌豆+皮燕麦与马铃薯、裸燕麦和苦荞麦轮作试验发现，长柔毛野豌豆+皮燕麦与粮食作物二年轮作的粮食作物可增产 17.0%～32.1%，土壤有机质、碱解氮含量分别提高 2.41%和 11.3%。吴鹏博等（2020）研究发现，眉豆—燕麦轮作模式的土壤有机碳、可溶性有机碳、重组有机碳、微生物生物量碳含量均高于燕麦连作及眉豆连作模式，说明轮作较连作可以显著改善土壤营养。Ren 等（2007）研究发现，玉米—燕麦的一年两茬轮作模式不仅经济效益显著，利于制定更科学的种植模式，还可有效减少休闲季的水土流失。

3. 轮作有利于减轻病虫害发生

作物种类不同，病虫害也就不一样，但多数病害通过土壤传播，在连作的情况下病虫害往往提早发生，且危害严重。实行轮作，可消灭或减少病菌在土壤中的数量，减轻病虫害。柴继宽（2012）研究发现，燕麦轮作和连作对病虫害影响显著，燕麦连作的燕麦蚜虫数量显著高于轮作（燕麦—豌豆—胡麻—燕麦），且蚜虫数量随种植年限的增加呈逐年上升趋势；轮作第四年的单株蚜虫头数比连作第四年降低了 34.6%；燕麦连作的红叶病病情指数和黑穗病发病率随着种植年限的增加呈逐年上升趋势，且上升趋势明显，而燕麦轮作的红叶病病情指数和黑穗病发病率明显低于连作，说明轮作可以降低作物发病率。

参 考 文 献

柴继宽. 2012. 轮作和连作对燕麦产量、品质、主要病虫害及土壤肥力的影响. 甘肃农业大学博士学位论文.

柴强, 殷文. 2017. 间作系统的水分竞争互补机理. 生态学杂志, 36(1): 233-239.

陈广珉. 2017. 燕麦和箭筈豌豆同行混作对饲草产质量及土壤性状的影响. 内蒙古农业大学硕士学位论文.

冯晓敏, 杨永, 任长忠, 等. 2015. 豆科-燕麦间作对作物光合特性及籽粒产量的影响. 作物学报, 41(9): 1426-1434.

郭常英, 王伟, 蒲小剑, 等. 2022. 播种方式和行距对燕麦/饲用豌豆混作草地生产性能及种间关系的影响. 草地学报, 30(9): 2483-2491.

侯东来, 刘建宁, 石永红, 等. 2022. 晋北地区不同粮草轮作模式的产量及经济效益分析. 山西农业科学, 50(12): 1662-1667.

李隆. 2013. 间套作体系豆科作物固氮生态学原理及应用, 北京: 中国农业大学出版社.

李倩, 刘景辉, 武俊英, 等. 2008. 种植模式对盐碱地燕麦生长发育的影响. 麦类作物学报, 162(4): 669-673.

刘慧. 2008. 燕麦与不同作物间混作生态效应的研究. 内蒙古农业大学硕士学位论文.

刘小月. 2022. 毛叶苕子混播燕麦对作物生长发育及产量、品质的影响. 内蒙古农业大学硕士学位论文.

卢艳丽. 2008. 燕麦与不同作物混作抗盐碱生理特性的研究. 内蒙古农业大学硕士学位论文.

马怀英, 王上, 杨亚东, 等. 2021. 燕麦与豆科作物间作的产量、经济效益与碳足迹分析. 中国农业大学学报, 26(8): 23-32.

南志标. 1986. 混作治理牧草病害的研究. 中国草原与牧草, 3(5): 40-45.

彭良斌, 周杰, 马怀英, 等. 2023. 燕麦与马铃薯带状间作产量优势及土地利用率. 中国农业大学学报, 8(3): 38-49.

钱欣. 2017. 东北地区西部燕麦带状间作模式构建及氮素利用机制研究. 中国农业大学博士学位论文.

钱欣, 许和水, 葛军勇, 等. 2018. 施氮量及间作对燕麦、向日葵生产力及土壤硝态氮累积的影响. 中国农业大学学报, 23(3): 1-9.

任长忠, 胡跃高. 2013. 中国燕麦学. 北京: 中国农业出版社.

王亚南, 乔月静, 范雅琦, 等. 2023. 燕麦与不同作物间作对土壤线虫群落结构及作物产量的影响. 中国生态农业学报(中英文), 31(4): 505-515.

王月, 张鹏鹏, 施磊, 等. 2022. 北方半干旱区燕麦带状间作模式构建及经济效益分析. 山西农业大学学报(自然科学版), 42(5): 55-65.

吴娜, 刘晓侠, 刘吉利, 等. 2015. 马铃薯/燕麦间作对马铃薯光合特性与产量的影响. 草业学报, 24(8): 8.

吴鹏博, 李立军, 张艳丽, 等. 2020. 轮作结合施肥对土壤有机碳及其组分和土壤养分的影响. 土壤通报, 51(2): 416-422.

伍祥文, 阳廷伟, 杨清学, 等. 2021. 高寒山区光叶苕子与粮食作物轮作试验. 农业科技通讯, 594(6): 113-115.

夏方山, 董秋丽, 杜利霞, 等. 2020. 晋北黄土丘陵区粮草轮作技术体系研究. 科技成果.

徐丽君, 柳茜, 肖石良, 等. 2020. 乌蒙山区春闲田粮草轮作燕麦的生产性能. 草业科学, 37(3): 514-521.

杨轩, 贾鹏飞, 侯青青, 等. 2022. 北方农牧交错带气候变化对粮草轮作生产的影响. 山西农业大学学报(自然科学版), 42(1): 77-89.

张荟荟, 张学洲, 兰吉勇, 等. 2014. 夏收后复播不同饲草料效益分析. 草食家畜, (1): 60-63.

张文娟, 姜慧新, 贺淼, 等. 2019. 单季稻作区燕麦—水稻轮作栽培技术. 中国农技推广, 35(7): 40-41.

张耀生, 赵新全, 周兴民. 2001. 高寒牧区三种豆科牧草与燕麦混作的试验研究. 草业学报, 1: 13-19.

赵秀芬, 刘学军, 张福锁. 2009. 燕麦/小麦轮作和混作对小麦锰营养的影响. 中国农学通报, 25(12): 155-158.

甄玉鑫. 2021. 陇东旱塬区一年生饲草作物产量与水氮利用效率的研究. 兰州大学硕士学位论文.

Caballero R, Goicoechea EL, Hernaiz PJ. 1995. Forage yields and quality of common vetch and oat sown at varying seeding ratios and seeding rates of vetch. Field Crops Research, 41(2): 135-140.

Callaway RM. 1995. Positive interactions among plants. Botanical Review, 61: 306-349.

Dhima KV, Lithourgidis AS, Vasilakoglou LB, et al. 2007. Competition indices of common vetch and cereal intercrops in two seeding ratio. Field Crops Research, 100: 249-256.

Geijersstam LA, Mårtensson A. 2006. Nitrogen fixation and residual effects of field pea intercropped with oats. Acta Agriculturae Scandinavica Section B-Soil and Plant Science, 56: 186-196.

Kwabiah AB. 2004. Biological efficiency and economic benefits of pea-barley and pea-oat intercrops. Journal of Sustainable Agriculture, 25: 117-128.

Li C, Hoffland E, Kuyper TW, et al. 2020. Yield gain, complementarity and competitive dominance in intercropping in China: A meta-analysis of drivers of yield gain using additive partitioning. European Journal of Agronomy, 113: 125987.

Qian X, Zang H, Xu H, et al. 2018. Relay strip intercropping of oat with maize, sunflower and mung bean in semi-arid regions of northeast China: Yield advantages and economic benefits. Field Crops Research, 223: 33-40.

Ren C, Ma B, Burrows V, et al. 2007. Evaluation of early mature naked oat varieties as a summer-seeded crop in dryland northern climate regions. Field Crops Research, 103(3): 248-254.

Santos RHS, Gliessman SR, Cecon PR. 2002. Crop interactions in broccoli inter-cropping. Biological Agriculture and Horticulture, 20: 51-75.

van Kessel C, Hartley C. 2000. Agricultural management of grain legumes: Has it led to an increase in nitrogen fixation? Field Crops Research, 65: 165-181.

Vandermeer JH. 1989. Loose coupling of predator-prey cycles: Entrainment, chaos, and intermittency in the classic MacArthur predator-competitor equations. American Naturalist, 141: 687-716.

Wang B, Deng J, Wang T, et al. 2022. Effect of seeding options on interspecific competition in oat (*Avena sativa* L.)-common vetch (*Vicia sativa* L.) forage crops. Agronomy, 12: 3119.

Wang S, Chen G, Yang Y, et al. 2021. Sowing ratio determines forage yields and economic benefits of oat and common vetch intercropping. Agronomy Journal, 113(3): 2607-2617.

Willey RW. 1979. Intercropping-Its importance and research needs. Part 1. Competition and yield advantages. Field Crop Abstract, 32: 1-10.

第六章　燕麦营养吸收研究进展

燕麦是传统的饲草料作物，具有悠久的种植历史，发展燕麦产业对于农牧业结构调整、农牧民增产增效、生态环境治理与草原保护以及消费者健康等具有重要作用。燕麦对环境的适应性强，在各种土壤类型中均可生长，耐瘠薄能力强，是改良贫瘠土壤的重要作物。同时，燕麦是优良的轮作作物，在贫瘠的退化耕地上轮作可起到修复、改良土壤的作用。近年来大量研究表明，合理的养分供给直接影响燕麦的生长发育、产量和品质。

第一节　施　　肥

不同的氮磷施肥水平均能够有效提高土壤的有效态养分含量和供肥能力，从而维持土壤养分平衡，提高肥料利用率。当氮、磷肥的使用配比合适时，可显著促进燕麦的株高、茎粗、分蘖数、地上生物量及种子产量提高。氮、磷、钾是饲草生长发育所需的三大元素，对饲草生长有重要影响。氮肥可影响饲草生理代谢和生长发育，氮素进入饲草体内主要集中在新叶、繁殖器官等代谢旺盛的部位；磷肥可促进饲草生长发育与新陈代谢，对细胞分裂、器官分化有重要作用；钾肥参与饲草生理代谢，利于茎秆木质化。长期施用氮磷钾肥能够明显提高燕麦种子产量、千粒重、株高、单株穗长和单株小穗数，并提高肥料利用率、改善土壤理化性质。过量施用含有一种元素的肥料不是保证作物生长及种子产量的有效方式，只有当土壤的碳、氮、磷、钾、有机质以及一些微量元素比例适当时，燕麦才能正常生长，产量和品质才有保障。

一、氮肥

近几十年来，随着氮肥施用量的不断增加，我国氮肥的生产量与消费量已位居世界第一。氮素是植物在生长发育过程中需求量最大的矿质元素之一，增施氮肥是促进作物增产的重要途径，土壤的氮素营养水平是影响饲草产量和品质的关键因素。氮素是每个活细胞的重要组成部分，当氮素充足时，燕麦可合成较多的蛋白质，细胞分裂和增长加快，叶面积增大，能有更多的叶片来进行光合作用。同时，氮肥的施用时期和施用水平对作物多项品质性状有不同程度的影响。只有在氮源充足的情况下，使用其他肥料才能起到显著作用。

1. 氮肥对燕麦种子生产的影响

当土壤、水分、温度能满足生长需要时，氮素是燕麦种子产量最主要的限制因子之一。为提高燕麦的氮肥利用率，多年来科研工作者在氮肥的用量、氮肥的种类、分期施氮的效应等方面做了许多工作。施氮量对燕麦种子产量及其构成因子有显著影响，增施氮肥能提高燕麦的穗数、穗粒数、千粒重、穗粒重和种子产量，促进燕麦生长发育，提高燕麦经济产量。马力等（2014）研究表明，施氮量是影响燕麦主穗长、小穗数、单序穗粒数、单序粒重和种子产量的重要因素。许国芬等（2009）以'青引1号'为材料研究了不同施氮水平对燕麦产量与养分吸收的影响，施氮量为75kg/hm^{2}时穗数、穗长、穗重、穗粒数、草产量和种子产量达最大值，分别为626.84 个/m^2、17.54cm、2.95g、31.31 粒、20.71×10^{3}kg/hm^{2}和6.49×10^{3}kg/hm^2；燕麦植株氮、磷、钾含量随生育进程呈下降趋势，同一生育期氮、磷、钾含量随施氮量的增加而增加；氮肥的农学效率、生理效率和当季回收率均随施氮量的增加而下降。刘卓等（2020）在宁夏中部干旱带研究了施氮量对燕麦种子产量及其构成因子的影响，施氮量为143.25kg/hm^{2}时'青牧''科纳'的种子产量均显著或极显著高于其他处理，分别为 1588.22kg/hm^2 和2204.88kg/hm^2，表明143.25kg/hm^{2}是燕麦种子产量达到最高的最佳施氮量，此时单穗重、每穗小穗数、每小穗粒数、每穗节数、穗长和分蘖数均为最大值。

2. 氮肥对燕麦饲草产量的影响

氮素是植物需求量最大的矿质营养元素之一，而燕麦是喜氮作物，增施氮肥会达到增产增收的目的。氮肥施用量是影响作物和牧草产量及品质的一个主要因素，适量的氮肥有利于燕麦生物量的增加，不同的施氮量将会显著影响燕麦的生长规律及生殖分配格局。在实际生产中发现，施用尿素存在利用率偏低、增产不增收的现象。随施氮量的增加，氮肥表观利用率和农学效率逐渐降低，施氮量为90kg/hm^{2}时各指标差异相对较小，能实现燕麦的高效生产（肖相芬等，2011）。因此，燕麦种植过程中要因地制宜，并结合品种特性合理施用氮肥。

韩文元等（2015）在内蒙古农牧交错地区施用150kg/hm^{2}氮肥，'蒙燕1号'获得较高的产量。在高寒地区同等密度水平下，随着施氮量的增加，燕麦的株高、叶长、穗长、分蘖数及各器官生物量显著增加，施用氮肥促进了燕麦植株生长，增加了分蘖数，增强了光合作用及营养物质的制造和积累，同等氮肥水平下，燕麦大部分性状随种植密度增加而减小。在种植时，应首先考虑密度和氮肥的协同制约作用，在高寒地区大量种植燕麦时，为获得较高的地上部营养生物量，最佳的密度、氮肥组合为 75 粒/m^2 和90kg/hm^2；而获得高产的最佳密度、氮肥组合为750 粒/m^2 和150kg/hm^2（雷占兰等，2014）。在晋北农牧交错带施氮对燕麦株高、茎粗、旗叶面积有显著影响，施氮量与干物质产量呈极显著的二次曲线关系，90~120kg/hm^{2}为最佳施氮量，施氮可以同时促进叶和茎的增长，但对叶的促进作用更大，还可以增加燕麦的鲜干比和叶茎比，180kg/hm^{2}处理的燕麦鲜干比和叶茎比均最高，且适口性最好（孙建平等，2018）。在科尔沁沙地追施氮肥可显著增加燕麦的草产量，随着施肥量的增加，燕麦草产量呈现逐渐升高趋势；增施氮肥可显著促进燕麦旗叶、倒二叶、倒三叶生长，提高叶片蒸腾系数，提高光合速率、气孔导度，降低胞间二氧化碳浓度，从而促进燕麦的光合作用（王鑫等，2021）。肖小平等（2007）研究表明，施氮量为90~135kg/hm^2，燕麦的鲜草和干草产量均随着施氮量的增加而增加；干草的粗蛋白、全磷、全钙、粗灰分含量均随着施氮量的增加而提高，粗纤维含量则随着施氮量的增加而降低。施用氮肥不仅能增加燕麦植株的营养体产量，而且能改善干草品质，在种植燕麦作为草食牲畜饲料时，为提高植株营养体产量和营养成分，应适当增施氮肥。另有研究表明，氮的充足供应可以提高燕麦的水分利用效率，使燕麦耐受适度的土壤水分亏缺，在不影响生物量积累的前提下节约灌溉用水（Li et al.，2020）。

二、磷肥

磷素是植物体内核酸、蛋白质和酶等多种重要化合物的组成元素，参与光合作用、呼吸作用、能量储存和传递、细胞分裂、细胞增大等过程，能促进早期根系的形成和生长，提高植株适应外界环境条件的能力。磷素在植物体内的含量占干重的0.05%~1.1%，通常以正磷酸盐，即$H_2PO_4^-$或HPO_4^{2-}的形式被植物吸收。磷素能提高作物的抗旱性、抗寒性、抗病性和抗倒伏性等。磷素严重缺乏时，植株常表现为矮小、叶片无光泽、根系不发达、质量差等。在实际生产中，大部分磷肥不能在当季被完全利用，我国粮食作物的磷肥利用率较低，普遍在25%以下，远低于国际水平。燕麦为畜牧业生产的重要饲草来源之一，磷肥利用率低是限制其高效发展的重要因素之一。为了更有效地利用土壤中的磷肥，选育磷高效燕麦品种来提高养分利用效率是有效途径（贺鑫，2019）。邢义莹（2015）采用营养液培养法对50份燕麦种质资源进行磷营养利用效率的基因型差异评价，结果表明不同基因型燕麦的磷营养利用效率差异显著，将磷营养利用效率的平均值作为指标，筛选出16个磷高效品种、13个磷低效品种，可见选育磷高效品种是燕麦育种的重要方向之一。

1. 磷素对燕麦种子生产的影响

施磷能显著提高燕麦有效分蘖数、小穗数和单株穗粒数，从而提高燕麦种子产量，而过量施磷对千粒重无明显增加作用，甚至有降低的趋势。刘文辉等（2010）

采用不同施磷水平处理'青引 1 号'，结果显示施磷量为 75kg/hm^2 时小穗数最多（45.97 个），花序以不施任何肥料时最长（23.1cm），单序籽粒数以施磷量为 45kg/hm^2 时最高（92.8 个），单序籽粒重、千粒重、粒长、粒宽均在施磷量为 60kg/hm^2 时最高（分别为 2.47g、32.16g、1.474cm 和 0.336cm），施磷量为 60kg/hm^2 时种子产量及蛋白质含量达到最高，分别为 6285.0kg/hm^2 和 727.2kg/hm^2。刘文辉等（2010）还发现甘肃高寒雨养区的燕麦种子产量与磷肥水平呈显著正相关（相关系数 0.89），施用磷肥提高了燕麦的有效分蘖数、主穗长、主穗粒数、穗粒重、千粒重、种子产量。100kg/hm^2 的 P$_2$O$_5$ 是临夏地区进行燕麦干草和种子生产比较合理的施磷量，种子产量比不施用磷肥提高了 16.72%（耿小丽等，2023）。

2. 磷素对燕麦饲草产量的影响

饲草对氮肥的吸收与土壤含磷量有很大关系，在磷肥需求得到满足后，氮肥才能发挥更大的作用，所以充分保证磷肥的供应是十分必要的（鲍根生，2009）。施磷也可显著增加饲草产量，提高饲草粗纤维和磷含量。磷肥作种肥施入后，肥效持续时间长，一次施入后，即使几年内不施磷肥，土壤中的磷仍然具有增产作用，但增幅随着年限的延长而递减，这是因为经过连续三年的生产，土壤中的氮素已耗尽，成为植物生长的限制因子，使磷肥不能发挥效应，在第四年施入适量的氮肥后，产量又得到极显著的提高（Baier and Kristen，1986）。吴浩等（2018）研究表明，施磷可显著增加'青引 1 号'各器官生物量的积累，总生物量、茎和叶生物量均为 75kg/hm^2 施磷处理最高，分别达 2245.48g/m^2、1284.76g/m^2 和 311.49g/m^2，穗生物量为 30～90kg/hm^2 施磷处理最高，达 489.41kg/hm^2，根生物量为 90kg/hm^2 施磷处理最高，达 231.87kg/hm^2，随生育期推进，总生物量以及茎、穗和根生物量呈持续增加趋势，叶生物量呈先增后降的变化，施磷处理'青引 1 号'茎、叶、穗和根生物量间的分配比例存在一定权衡，相对恒定。在甘肃高寒雨养区施用磷肥，燕麦的株高、茎粗、分蘖数和干草产量均提高，灌浆期 65kg/hm^2、100kg/hm^2、135kg/hm^2 P$_2$O$_5$ 处理的干草产量较对照依次提高 13.85%、25.96%、22.65%，干草产量与磷肥水平呈显著正相关（相关系数 0.91）（耿小丽等，2023）。

三、钾肥

钾素是植物生长必需的营养元素，也是所有有机体必需的一价阳离子，其某些生理功能是其他一价阳离子无法代替的。钾素的一个重要特点是能被植物快速吸收和运输，并参与作物的正常生理代谢。钾素与氮素、磷素不同，不是作物形态结构的组成物质，不参与构成生物大分子，而是作为移动性很强的阳离子影响许多生物化学、生物物理过程。高等植物组织的平均含钾量为 1%左右，钾素能加

快植物对 CO_2 的同化过程，促进氮素的吸收、碳水化合物的转化、蛋白质的合成和细胞的分裂，维持细胞膨压和调节水分关系，进而促进植物生长。施用钾肥能明显增强作物的抗病虫害及自然灾害能力，当水分缺乏时，施钾可维持正常的细胞膨压，从而减轻植株的枯死及倒伏等状况。

钾素不但是作物生长发育不可或缺的营养元素之一，也是影响作物品质的重要因子。在氮、磷肥供应充足的基础上施用钾肥，不但能够提高农作物产量，而且能够改善农作物品质，如钾素可增加作物含糖量，改进纤维品质，增加蔬菜维生素含量，提高光合作用强度等；根系环境供应充分的钾肥能保障植物体内糖、淀粉、纤维素和脂肪等的合成。另外，作为一价阳离子，充足的钾素供应能降低细胞渗透势，增强植物吸水能力和抗旱性，也能促进钠离子外排，增加钾钠比，从而增强作物的耐盐性。

1. 钾素对燕麦种子生产的影响

施钾对燕麦穗长、穗籽重、种子产量均有显著影响，穗数、穗粒数、穗粒重、千粒重、种子产量、秸秆产量、粗蛋白含量均随施钾量的增加而增加。王伟伟等（2017）以'白燕 7 号''蒙农大燕 1 号'为试验材料，研究了钾肥对不同燕麦品种种子产量及品质的影响，结果表明随着施钾量的增加，种子产量先增大后减小，施钾量为 90～135kg/hm^2 时种子产量最高；施钾量对燕麦品质也有显著影响，当施钾量为 90～135kg/hm^2 时，2 个供试燕麦品种的籽粒蛋白质、油脂、β-葡聚糖含量最高；当施钾量为 90～135kg/hm^2 时，2 个供试燕麦品种的株高、主穗长、穗粒数、小穗数、单株粒重、千粒重表现最优。赵利梅等（2017）研究发现，适量施用钾肥，燕麦有效穗数、穗粒数、千粒重、产量均提高，施钾量为 135kg/hm^2 时有效穗数、穗粒数最多；千粒重与种子产量在施钾量为 90kg/hm^2 时最高；籽粒Fe、Mn、Cu、Zn、脂肪、蛋白质、β-葡聚糖含量均在施钾量为 135kg/hm^2 时最高。

2. 钾素对燕麦饲草产量的影响

鲍根生等（2009）研究钾肥对'白燕 7 号'不同生育期草产量的影响时表明，同一生育期施肥处理的鲜草产量比不施肥处理高；同一氮肥水平下，鲜草产量随施钾量增加大多呈现先升后降或波动变化的趋势，但不完全是单调递增后递减；在施肥组合处理中，氮肥为 100kg/hm^2、钾肥为 105kg/hm^2 处理的鲜草产量相比不施肥对照组增加的幅度最大，抽穗期约为 23.65%、开花期约为 19.71%、乳熟期约为 15.70%，说明钾肥对燕麦的生长有促进作用。周镇磊等（2023）基于呼伦贝尔地区燕麦施肥不合理的现象，通过精准配方肥料试验对'青海 444'的氮磷钾肥效进行评价，结果显示特泥河试验站的最佳施肥量为氮 5.90kg/667m^2、磷 2.70kg/667m^2、钾 2.70kg/667m^2；鄂温克试验站的最佳施肥量为氮 2.61kg/667m^2、磷 1.78kg/667m^2、钾 2.55kg/667m^2。

四、氮磷钾交互施用对燕麦的影响

在化肥施用中，氮磷钾的消费比例之所以受到世界各国的普遍关注，是因为其与农业和化肥工业的发展有密切的关系。氮磷钾比例合理，不仅有利于土地生产潜力的发挥，使农作物高产稳产，为农业生产的良性循环创造有利条件，而且对化肥工业的产品结构调整、建设布局和进出口业务均可起到促进作用。在所有必需营养元素中，氮素是限制植物生长和产量形成的重要因素之一，充足的氮素能促进植物叶片和茎生长，但必须有适量的磷素、钾素和其他元素存在，否则多施氮素也不可能增产。磷素与氮素在植物对其的吸收、利用方面相互影响，施用氮肥常能促进植株对磷肥的吸收利用。但磷肥过量时，植物呼吸作用过强，由于消耗大量糖分和能量而导致负面效应。钾素参与植株的光合作用，能促进光合产物运输、蛋白质合成等，但钾肥过量会破坏养分平衡，还会造成作物奢侈吸收。氮、磷、钾一起施用对提高燕麦产量有重要作用。

肥料配合施用并且比例协调，既可以降低成本，又可以提高农作物的产量和品质。土壤磷含量与燕麦对氮肥的利用与吸收明显相关，因此氮磷肥配施成为提高燕麦产量和品质的重要措施，而且氮磷肥配施可以弥补单施其中之一引起的某些营养成分不足的弊端，因而能提高燕麦品质，且能显著增加粗蛋白和粗纤维含量。张君等（2020）研究表明，长期施用氮磷钾肥能够明显提高燕麦种子产量、千粒重、株高、单株穗长和单株小穗数，并提高肥料利用率、改善土壤理化性质。在西藏高寒区混施氮、磷肥，可有效提高燕麦的产量和品质，最佳施肥量为氮75kg/hm^2、磷 60kg/hm^2（魏巍等，2016）。许国芬（2009）研究表明，氮钾肥配施可显著提高燕麦的产量，氮钾肥协调和足量有利于燕麦的发育和光合产物合成，从而提高种子产量，所有处理以氮 75kg/hm^2、钾 135kg/hm^2 的籽粒产量和饲草产量最高；氮钾肥配施主要是通过增加单位面积穗数来提高燕麦籽粒产量的，饲草产量在整个生育期一直呈上升趋势，在同一生育期随施肥量增加呈单峰曲线；氮钾肥配施对燕麦籽粒产量和饲草产量的正交互作用达到显著水平。

五、其他肥料

硅、有机肥、缓释肥等施肥处理对燕麦的生长、养分吸收和水肥利用效率也有明显影响。施硅显著提高了燕麦的光合速率、蒸腾速率、叶温差、叶绿素和类胡萝卜素含量，增加了产量、平均千粒重，提升了二氧化碳同化率和水分利用效率（李英浩等，2022）。在大田生产条件下，减施 25%化肥并配施 600kg/hm^2 生物有机肥可提高土壤酶活性，增加土壤有效氮、磷、钾含量，从而改善土壤肥力和养分状况，有利于燕麦增产（康勇建等，2021）。

缓释肥是一种通过养分的化学复合和物理作用，使有效养分随时间的推移而缓慢释放的肥料，是所含养分在施肥后能被作物延缓吸收与利用的肥料，是比速效肥有更长肥效时期的肥料，是在整个生长期都可以满足作物生长需求的肥料（翟彩娇等，2022）。缓释肥的包膜可以减缓养分释放，从而在土壤中稳定持续地供应养分，进而提高作物产量（Timilsena et al.，2015）。在生产实践中，生长后期密度大，施肥困难，导致燕麦低产，而一次性基施缓释肥可以满足燕麦在整个生育期的养分需求，从而提高产量，并且高氮型缓释肥更利于燕麦高产。研究表明，与常规施肥相比，缓释肥对碱化土壤上燕麦的生长性状、光合特性、养分吸收利用均有促进作用，生育前期常规施肥对燕麦株高、茎粗、干物质积累的促进效果均高于缓释肥，但缓释肥的作用在生育后期逐渐占据优势（杨迎月，2022）。

第二节　燕麦对营养成分的吸收

一、根系对养分的吸收

根系是植物与土壤接触的动态界面，是在植物生命活动中具有重要生理作用的器官，不仅将植物固定于土壤中，不断从土壤中吸收水分和各种营养元素供地上部生长，参与许多有机物的合成，而且其生态生物学特性与植物抵抗不良环境和病虫害的能力以及其他在经济上有价值的特性等有关（Snyman，1998）。

植物根系分泌物能够活化土壤的难溶性养分，提高养分有效性，并对环境胁迫作出适应性反应。燕麦能够通过根系分泌物活化土壤的难溶性锰氧化物，提高土壤有效锰含量，使土壤的难溶态锰和残留态锰含量显著降低、交换态锰含量极显著增加，因此具有较好的活化、吸收土壤有效锰的能力，提高了根际锰的有效性（汪金肪等，2002）。有研究表明，低磷胁迫下燕麦植株的根系形态会发生变化，包括根系变细、变长，侧根与根毛数量和长度增加，根重与根冠比增加以及簇生根产生等，其中根表面积、根系总长、侧根长和侧根数量与磷吸收量呈正相关（赵攀衡，2018）。王俊英等（2016）研究发现，不同浓度硝态氮主要影响燕麦苗期侧根的形成和生长，根系对硝态氮的吸收量因品种不同而异，主要受总根长、根系平均直径及细根占比的影响。

二、叶片对养分的吸收

叶片是植物最重要的根外营养器官，施用不同叶面肥对燕麦生长具有重要影响。叶片表皮细胞的外壁上有角质层，包含角质和表皮蜡质，其中蜡质层疏水性强，不利于水溶性养分吸收，水分及营养物质需要穿过角质层到达原生质膜，跨膜过程与根系类似。施用高吸水性高分子肥料，能够使燕麦维持较高的叶片相对含水量、胞间二氧化碳浓度、净光合速率和蒸腾速率，从而促进生长，提高水分利用效率，显著增加分蘖数和叶片数（Islam et al., 2011）。叶面喷肥有见效快、效率高等优势，还可以防止土壤对养分的固定，对锌、铜、铁和锰等微量元素肥料的施用十分有利，但施肥量有限，且肥效较短暂，需多次喷施，不能替代根部营养。

喷施含腐殖酸的水溶性叶面肥能提高燕麦结实率和穗粒数，降低空铃数，也能加快营养向籽粒转移，并提高株高、干物质积累量、穗数、千粒重和产量，使生育期缩短，但对籽粒的脂肪和蛋白质含量影响不明显（皇甫红芳等，2021）。喷施 S-诱抗素和黄腐酸能提高皮燕麦产量（周海涛等，2020）。喷施外源硒会影响燕麦体内硒的分布，提高籽粒的硒含量和产量（蔡天革等，2019）。光合作用是生物界最基本的物质代谢和能量代谢过程，与植物生长发育密切相关，减氮配施有机肥可以为燕麦提供生长后期所需的氮素，从而延缓叶片衰老，改善灌浆后期光合效率（段连学等，2022）。在内蒙古通辽市珠日河牧场沙化草地的燕麦苗期追施氮肥 $30kg/hm^2$ 时，叶绿体色素含量最高，增强光合作用的效果最显著。故通过合适的田间管理措施，能够在有效光辐射不变的前提下，提高燕麦光合作用效率，促进干物质生产和积累，从而提高产量（王乐等，2017）。另有研究表明，适当追施氮肥，能够减轻光合系统损伤，提高光合速率，施氮量为 $60\sim120kg/hm^2$ 时，光合系统的最大荧光强度、最大光化学效率、量子产额、电子传递速率和光化学猝灭系数随施氮量的增加而增加，而非光化学猝灭系数则随施氮量的增加而降低（Lin et al., 2013）。

第三节　燕麦对营养缺乏的响应

植物吸收养分的能力取决于养分在土壤中的可用性，而养分的缺乏会影响植物最基本的代谢。任一营养元素的缺少对植物都有着非常大的负面影响。植物所需的大量必需元素都需要从土壤中获取，在不利的人为以及自然环境中，土壤中矿质元素的植物可用性越来越低。养分的吸收与作物的品种、生长介质的特性、施肥、栽培模式以及其他环境条件有关。植物必须处于最适条件才能达到其理论最大产量，化肥的施用不足或过量都对植物不利。作物种植模式不同也会影响养分利用率，密植消耗了土壤中的养分，遮挡情况下叶绿素合成减少，导致养分供应不足且不均匀，影响作物的生长发育。光合色素的合成受到土壤中养分元素如氮、磷和钾有效性的影响。营养元素缺乏严重影响植物的基础代谢和光合器官的结构与功能，还会引起乙烯胁迫，致使植物失绿。研究表明，生物炭可以作为肥料的替代品来增加土壤肥力、调节土壤中养分供给和优化植物吸收养分的能力，从而减轻土壤的养分胁迫（Wacal et al.，2019）。还有一种缓解养分胁迫的策略就是施用硅，不仅减少了氧化损伤，还促进了酚类化合物的生物合成，从而提高了作物的光合速率和养分吸收（Araújo et al.，2022）。

一、缺氮

土壤中的氮素主要以铵或硝酸盐的形式被植物吸收，在氮素供应不足的情况下，一些作物如水稻、甘蔗等会先吸收铵态氮。我国氮肥利用率比较低，一般只有 25%～50%。植物为适应低氮，以重塑根系形态结构、增加根茎比为主要策略。也有研究表明，施用外源激素对低氮条件下植物生长发育的调节起着积极作用（Gao et al.，2015）。

燕麦虽然具有较强的适应贫瘠土壤的能力，但也需要充足的氮肥才能实现稳产和高产。在适宜范围内施用氮肥，燕麦的株高、叶面积、籽粒产量、品质随氮浓度的增加而增加。但过量施氮不仅污染生态环境，对燕麦也有非常严重的负面影响，包括降低抗倒伏能力，增加无效分蘖数，延长成熟期，使产量和品质明显下降。多数燕麦品种的临界氮浓度在 200kg/hm^2 左右。低氮虽然抑制了燕麦的生长，降低了蒸腾速率、气孔导度、株高和产量，但其自身能通过各种调节机制，主要是改变根形态，即增加根长、根数、侧根数来适应低氮环境。不同品种的燕麦对氮的利用和对低氮的耐受能力不同，筛选出优质的耐低氮燕麦品种非常重要。同一品种在低氮和高氮条件下的表现有很大差异，有的品种如‘Vao-9LL’在低氮下能够很好地利用氮肥，而在高氮下利用率却不高；‘白燕 7 号’无论在低氮还是高氮下都表现出较强的氮肥利用率；‘Vao-9LL’‘G149’为耐低氮燕麦品种，‘白燕 7 号’‘Vao-9P’为氮高效燕麦品种（宋娅玲等，2021）。在另一项研究中，苗玉红等（2020）从 24 个燕麦品种中筛选出 4 个耐低氮品种，分别为‘白燕 7 号’‘Vao-2-2006’‘蒙燕 7726’‘白燕 8 号’，其表现出较强的氮吸收和利用能力；还筛选出 4 个氮敏感品种：‘坝蔽 6 号’‘坝蔽 9 号’‘H44’和甘肃农家种。

氮胁迫一般还与水分胁迫有关，缺氮和缺水都影响燕麦的叶片生理特性、生物量和籽粒产量。有研究表明，水与氮之间会互作，施氮能够缓解水分胁迫，发生水分胁迫时施氮使得植物产量增加，还能提高植物抗旱性，而低氮条件下供水会增加植物产量。中度干旱胁迫和高氮处理降低了燕麦的气孔导度，致使部分气孔关闭，但对光合速率的影响并不显著，此时植株的耗水量降低，但整株水平的水分利用效率提高（李丽，2021）。Zhao 等（2011）在干旱及低氮胁迫下对比了皮燕麦和裸燕麦的响应。在适当的供水条件下进行不同浓度的氮处理，发现增加氮浓度提高了净光合速率和气孔导度，从而增加了两种燕麦的生物量和产量，裸燕麦的生物量比皮燕麦要高，但产量相反。在严重的干旱胁迫下，氮浓度的增加降低了净光合速率，裸燕麦比皮燕麦叶片的氮和叶绿素含量更高，但总氮和养分利用率并没有升高，表明相比于皮燕麦，裸燕麦的氮肥利用率较高，但不一定能提高籽粒产量。此外，无论是在正常供水还是水分胁迫下，增加氮肥的供应都提高了燕麦的水分利用效率；在氮肥供应适量时，供水水平与燕麦的养分利用效率是成正比的，也证明了水氮的互作效应。

二、缺磷

磷素容易与土壤中金属阳离子形成络合物而不能被植物吸收，属于限制性营养元素，限制了全球大量作物的产量。有效磷的消耗速率非常快，据估计，2050年土壤的磷储量将耗尽。磷素在核酸合成、糖酵解、呼吸及光合作用等过程中发挥着重要作用，直接控制光合作用，影响卡尔文循环中关键酶的活性、光合电子的传递以及类囊体膜上的能量传递、植物体内的信号转导，磷素缺乏会导致生理代谢紊乱而限制作物的生长发育（Zhang et al.，2014）。人们通过施用磷肥来解决磷肥利用率低的问题，然而作物只能利用磷肥中30%左右的磷素。过量磷肥的施用不仅浪费资源，而且导致水体富营养化、藻类繁殖等环境问题，因此施用磷肥也不是有效的解决办法。因此植物逐渐进化出有效利用磷素的机制，主要通过改善磷素的吸收和内部利用来应对磷素的缺乏，包括调节大量的转录因子等基因表达，增加磷转运蛋白，改变植物根系形态等。不同作物对低磷胁迫的响应是不一致的，磷饥饿会导致几种抗氧化酶或应激蛋白积累，进而调节有机酸、磷酸酶和核糖核酸酶的产生。

燕麦种植区通常为比较贫瘠的石灰性土壤，矿物质含量很低，因此燕麦的磷肥利用率很低，且施入的磷肥很容易被固定而失去可利用性。磷素缺乏会显著影响燕麦的生长以及其分泌的酸性磷酸酶活性，使得燕麦生长迟缓，根茎比变大。短期缺磷不会影响燕麦整株的生长以及磷含量，因此燕麦较其他作物能更好地适应低磷环境。在富含植酸盐的环境中，植酸盐可以为燕麦提供良好的磷源，替代磷肥供植物生长发育（Żebrowska et al.，2018）。植物对不同磷源的吸收效率也是不一致的。有报道指出，无机磷处理可以提高磷吸收效率不同的两种燕麦品种的干物质量，不同磷源促进不同品种燕麦苗期生长的有效性表现为钾磷>铝磷>铁磷。有机磷可以显著增加燕麦的干物质量以及可利用磷含量，对有机磷的利用效率则是磷高效品种高于磷低效品种（赵攀衡，2018）。

燕麦在不同生长阶段对低磷胁迫的响应也不一致，随着根龄增加，根系水力学导度（又称导水率）逐渐下降，且缺磷情况下的水力学导度比正常情况下要下降得快。三叶期燕麦在缺磷条件下表现出干重、水力学导度、净光合速率、水分利用效率均显著下降。不同燕麦品种的水力学导度存在差异，适磷性强的品种水力学导度要高于磷敏感品种。有研究筛选出耐低磷燕麦品种'内农大莜一号''8809-1-1-8-3'，低磷敏感燕麦品种'内燕三号'（赵雪峰，2007）。不同燕麦品种的磷肥利用率差异显著。邢义莹（2015）筛选了很多磷利用率不同的燕麦品种，以便能更好地利用磷源不同的土地。其中，磷高效品种16个，分别为'925''托板''V7''无名25''W85''蒙燕7202''力5''V22''SvalΦf03410''草莜1号''温泉燕麦''燕科1号''833''ULTIMA''太丰''白燕5号'；磷低效品种13个，分别为'Onyllian''MARION''莜麦4400''大燕麦''晋燕2004''蒙农大燕1号''白燕4号''6518''加9''加3''坝莜8号''V18''鉴19号'。在田间试验中，磷高效燕麦品种的产量更高。王伟伟（2017）对比了磷高效品种'V7'和磷低效品种'60'，发现两个品种在低磷胁迫后酸性磷酸酶活性、H^+-ATPase 活性、根系分泌的质子和有机酸都增加，且磷高效品种均高于磷低效品种。而酸性磷酸酶活性越高，就能使土壤中可利用磷越多，因此磷高效品种的地上部磷积累量、籽粒产量高于磷低效品种。贺鑫（2019）也在磷高效品种'V7''燕科1号'与磷低效品种'MARION''莜麦4400'的比较研究中得到一致的结论：磷高效品种的生物量、根冠比、磷吸收效率以及磷含量都较高；磷低效品种在低磷下这些指标都低于正常磷水平，而磷高效品种在低磷和正常磷水平下这些指标差异并不显著。揭示了磷高效品种更能够酸化根际土壤以及能够更好地活化和水解土壤中的磷素供自身吸收利用，在低磷胁迫下能够调节自身的生长发育，具有更强的适应性。通过蛋白质组分析，在磷高效品种'燕科1号'响应低磷胁迫的根中鉴定到72个差异蛋白，这些蛋白质主要参与生物合成、离子转运、代谢及胁迫响应等（贺鑫，2019）。

　　硅在各种生物和非生物胁迫下都对植物起着一定的保护作用，尤其是在植物营养元素缺乏或过量时，已有大量研究表明玉米缺镁、藜麦缺磷和水稻缺氮缺磷时施硅有积极影响。硅在土壤中以硅酸盐阴离子的形式替代磷酸盐离子，不仅减少了铝毒性，还能释放出更多的有效磷，并能调节植物的代谢以及其他元素的吸收和分配，从而可在低磷水平下提高植物产量。有学者将硅应用于燕麦的磷胁迫研究中，施磷后燕麦的干物质逐渐增加，直到磷过量（250mg/kg）引起毒性而使其干物质降低；而施硅使磷处理的燕麦干物质量与对照组相比显著增加，在低磷或中等磷下增加了燕麦对磷素的吸收，而在高磷下避免了燕麦对磷素的过量摄取，降低了磷素的毒性，硅施用的最佳浓度为 5～10mmol/L（Bakr and Horuz，2021）。

参 考 文 献

鲍根生. 2009. N、P、K 不同配比施肥对燕麦产量和品质的影响. 甘肃农业大学硕士学位论文.

蔡天革, 陈丽娜, 范宪荣, 等. 2019. 外源硒对燕麦硒吸收分配及产量的影响. 沈阳大学学报(自然科学版), 31(5): 376-382.

段连学, 马祥, 琚泽亮, 等. 2022. 减氮配施有机肥对'青海甜燕麦'光合特性和产量的影响. 草地学报, 30(2): 471-478.

耿小丽, 武慧娟, 付萍, 等. 2023. 磷肥对甘肃临夏地区燕麦干草及种子生产的影响. 草地学报, 31(3): 813-818.

韩文元, 赵宝平, 任鹏, 等. 2015. 内蒙古农牧交错区施氮量对燕麦饲草产量和饲用品质的影响. 中国农学通报, 31(24): 122-127.

贺鑫. 2019. 不同磷水平下燕麦磷素营养及根系差异蛋白质组学研究. 内蒙古农业大学硕士学位论文.

皇甫红芳, 杨富, 李刚. 2021. 喷施含腐殖酸叶面肥对燕麦产量及品质的影响. 农业科技通讯, 599(11): 169-172.

康勇建, 赵宝平, 孙雯, 等. 2021. 化肥减施配合生物有机肥对土壤特性和燕麦产量的影响. 中国农学通报, 37(11): 59-64.

雷占兰, 周华坤, 刘泽华, 等. 2014. 密度氮肥交互处理下高寒地区燕麦的生长特性与生殖分配. 草业科学, 31(6): 1110-1119.

李丽. 2021. 麦类作物对水氮胁迫及高 CO_2 浓度响应的生理生化机制. 中国农业科学院博士学位论文.

李英浩, 吕品, 米俊珍, 等. 2022. 硅对燕麦幼苗秆锈病抗病能力的作用. 中国农业大学学报, 27(8): 68-75.

刘文辉, 贾志锋, 周青平, 等. 2010. 施磷对青引1号燕麦种子产量和产量性状的影响. 土壤通报, 41(3): 651-655.

刘卓, 杨彦军, 王琼, 等. 2020. 施氮量对燕麦种子产量及其构成因子的影响. 黑龙江畜牧兽医, (16): 100-104.

马力, 周青平, 颜红波, 等. 2014. 氮肥与保水剂配施对青燕 1 号燕麦产量的影响. 草业科学, 31(10): 1929-1934..

苗玉红, 李慧, 韩燕来, 等. 2020. 不同燕麦品种的施氮效应差异. 河南农业大学学报, 54(5): 755-761.

宋娅玲, 耿雪, 伊明娜, 等. 2021. 氮素施用量对燕麦表型影响的研究. 赤峰学院学报(自然科学版), 37(8): 24-29.

孙建平, 薛竹慧, 杨国义, 等. 2018. 施氮对晋北燕麦饲草主要农艺性状及干物质产量的影响. 草地学报, 26(4): 964-970.

汪金肪, 朱其清, 马义兵, 等. 2002. 锰饱和沸石肥料对石灰性土壤中锰的化学形态及燕麦生长的影响. 土壤学报, 39(1): 140-143.

王俊英, 王华青, 梁晓东, 等. 2016. 水培燕麦根系形态和氮吸收流量对硝态氮供应浓度的响应. 植物营养与肥料学报, 22(4): 1049-1055.

王乐, 张玉霞, 于华荣, 等. 2017. 苗期追施氮肥对沙地燕麦生长特性及叶绿体色素含量的影响. 草原与草坪, 37(1): 20-24.

王伟伟. 2017. 低磷胁迫下不同磷效率燕麦品种根系分泌物的差异. 内蒙古农业大学硕士学位

论文.

王伟伟, 赵攀衡, 齐冰洁, 等. 2017. 钾肥对不同燕麦品种产量和品质的影响. 北方农业学报, 45(2): 42-45.

王鑫, 张玉霞, 鲍青龙, 等. 2021. 追施氮肥对饲用燕麦品种叶片生长及光合特性的影响. 草原与草坪, 41(6): 132-138.

魏巍, 拉巴, 杨文才, 等. 2016. 氮、磷肥配施对青引1号燕麦产量和品质的影响. 作物杂志, (1): 120-124.

吴浩, 刘文辉, 贾志锋, 等. 2018. 青引1号燕麦生物量积累及其分配对磷肥的响应. 中国草地学报, 40(6): 18-25.

肖相芬, 周川姣, 周顺利, 等. 2011. 燕麦氮吸收利用特性与适宜施氮量的定位研究. 中国农业科学, 44(22): 4618-4626.

肖小平, 王丽宏, 叶桃林, 等. 2007. 施N量对燕麦"保罗"鲜草产量和品质的影响. 作物研究, 21(1): 19-21.

邢义莹. 2015. 燕麦磷营养效率的基因型差异研究. 内蒙古农业大学硕士学位论文.

许国芬. 2009. 氮钾肥对青引1号燕麦产量、品质与养分吸收的影响. 甘肃农业大学硕士学位论文.

许国芬, 周青平, 颜红波, 等. 2009. 施氮水平对燕麦产量与养分吸收的影响. 中国草地学报, 31(6): 20-24.

杨迎月. 2022. 施肥对碱化土壤燕麦生长及种子产量的影响. 宁夏大学硕士学位论文.

翟彩娇, 崔士友, 张蛟, 等. 2022. 缓/控释肥发展现状及在农业生产中的应用前景. 农学学报, 12(1): 22-27.

张君, 段玉, 刘亚红, 等. 2020. 不同施肥处理对燕麦产量、养分吸收和水肥利用效率的影响. 北方农业学报, 48(5): 62-68.

赵利梅, 齐冰洁, 张胜. 2017. 钾肥对裸燕麦籽粒产量、矿质元素及品质的影响. 北方农业学报, 45(1): 37-41.

赵攀衡. 2018. 燕麦不同磷效率品种耐低磷胁迫的根系形态及对磷素吸收的研究. 内蒙古农业大学硕士学位论文.

赵雪峰. 2007. 缺磷胁迫下植物根系水分导度与叶片光合性能的变化. 内蒙古农业大学硕士学位论文.

周海涛, 张艳阳, 赵孟圆, 等. 2020. S-诱抗素和黄腐酸对干旱胁迫下皮燕麦抗旱生理特性的影响. 农学学报, 10(4): 7-13.

周镇磊, 刘建明, 曹东, 等. 2023. "3414"施肥对呼伦贝尔燕麦产量和品质的影响. 分子植物育种, 2023: 1-25.

Araújo WBS, Teixeira GCM, de Mello Prado R, et al. 2022. Silicon mitigates nutritional stress of nitrogen, phosphorus and calcium deficiency in two forages plants. Scientific Reports, 12(1): 6611.

Baier JE, Kristen VT. 1986. Effect of phosphorus fertilizer applications on increasing nutrient uptake. Agrochemical, 6(120): 343-345.

Bakr R, Horuz A. 2021. Role of silicon in the phosphorus nutrition and growth of the oats (*Avena sativa* L.) at different phosphorus levels. JAPS: Journal of Animal & Plant Sciences, 31(6): 1-25.

Gao K, Chen F, Yuan L, et al. 2015. A comprehensive analysis of root morphological changes and nitrogen allocation in maize in response to low nitrogen stress. Plant, Cell & Environment, 38(4):

740-750.

Islam MR, Xue X, Li S, et al. 2011. Effectiveness of water-saving superabsorbent polymer in soil water conservation for oat based on ecophysiological parameters. Communications in Soil Science & Plant Analysis, 42(19): 2322-2333.

Li L, Ma H, Xing J, et al. 2020. Effects of water deficit and nitrogen application on leaf gas exchange, phytohormone signaling, biomass and water use efficiency of oat plants. Journal of Plant Nutrition and Soil Science, 183(6): 695-704.

Lin YC, Yue-Gao HU, Ren CZ, et al. 2013. Effects of nitrogen application on chlorophyll fluorescence parameters and leaf gas exchange in naked oat. Journal of Integrative Agriculture, 12(12): 2164-2171.

Snyman HA. 1998. Dynamics and sustainable utilization of rangeland ecosystems in arid and semi-arid climates of southern Africa. Journal of Arid Environments, 39(4): 645-666.

Timilsena YP, Adhikari R, Casey P, et al. 2015. Enhanced efficiency fertilisers: A review of formulation and nutrient release patterns. Journal of the Science of Food and Agriculture, 95(6): 1131-1142.

Wacal C, Ogata N, Basalirwa D, et al. 2019. Growth, seed yield, mineral nutrients and soil properties of sesame (*Sesamum indicum* L.) as influenced by biochar addition on upland field converted from paddy. Agronomy, 9(2): 9-55.

Żebrowska E, Zujko K, Kuleszewicz A, et al. 2018. The effects of diversified phosphorus nutrition on the growth of oat (*Avena sativa* L.) and acid phosphatase activity. Acta Societatis Botanicorum Poloniae, 87(1): 3571.

Zhang K, Liu H, Tao P, et al. 2014. Comparative proteomic analyses provide new insights into low phosphorus stress responses in maize leaves. PLoS One, 9(5): e98215.

Zhao BP, Ma BL, Hu YG, et al. 2011. Leaf photosynthesis, biomass production and water and nitrogen use efficiencies of two contrasting naked vs. hulled oat genotypes subjected to water and nitrogen stresses. Journal of Plant Nutrition, 34(14): 2139-2157.

第七章 燕麦主要有害生物防控技术

燕麦是一种重要的粮饲兼用型作物，种植面积和产量居全世界作物的第 6 位，仅次于小麦、玉米、水稻、大麦和高粱。近年来，全球贸易、气候变化等因素进一步加剧了有害生物的传播和危害程度，对粮食安全和区域经济稳定造成严重影响。有害生物不仅影响燕麦的产量和品质，而且部分有害生物（如病原菌）可产生有毒的次生代谢产物，导致家畜消化代谢等功能异常，降低家畜的生产力。为了保障粮食安全，降低有害生物的危害，迫切需要对常见的有害生物进行综合防治。本章以常见的燕麦有害生物为重点，围绕主要病虫害的分布与危害、病原种类、发病规律及综合防治策略进行综述，为燕麦的绿色可持续发展提供理论依据和科学指导。

第一节 燕麦主要真菌病害

真菌病害在国内外燕麦种植区普遍存在，截至目前，已报道由 50 多种病原物引起的 20 种真菌病害（李春杰等，2017；高鹏等，2021a；Jeong et al.，2022），主要有白粉病、冠锈病、条锈病、秆锈病、坚黑穗病、散黑穗病、叶斑病、条纹叶枯病、紫斑病、叶枯病、根腐病、麦角病等。

一、燕麦白粉病

燕麦白粉病（oat powdery mildew）是一种呈世界性分布的病害，以危害燕麦叶片为主，也会对叶鞘、茎秆以及穗部造成危害，严重时导致部分燕麦品种植株矮小，不抽穗或穗短，灌浆受到影响，营养品质降低，籽粒形成空粒、瘪粒甚至腐烂。白粉病发生严重时，可使产量区域性减少 13%～34%，重病区减产高达 39%，非常严重时可达 50% 以上（Alam et al.，2013）。

1. 症状

燕麦在各个生育期均会受到白粉菌侵染。白粉菌侵染后，叶片受侵染部位出现褪绿现象，分布有黄色小点，随后扩大为圆形或椭圆形斑块，表面可见明显的白色粉状霉层，严重时病斑连片且表面布满白色粉状霉层（即白粉菌的菌丝、分生孢子及分生孢子梗）。随着病菌生长，后期叶片的粉状霉层逐渐由白色变为灰色，并且其上形成灰褐色至黑褐色的小粒点（闭囊壳），覆盖整株叶片，严重时老叶枯萎死亡（图7-1）。

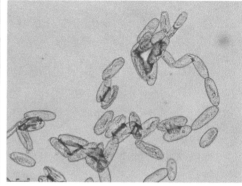

a.田间症状　　　　　　　　　　　　b.分生孢子形态特征

图7-1　燕麦白粉病（马甲强摄）

2. 病原菌

燕麦白粉病病原菌有性态分别为禾本科布氏白粉菌黑麦专化型真菌（*Blumeria graminis* f. sp. *secalis*）、禾本科布氏白粉菌燕麦专化型真菌（*B. graminis* f. sp. *avenae*）（孙浩洋等，2020），属于子囊菌门（Ascomycota）白粉菌科（Erysiphaceae）白粉菌属（*Erysiphe*），无性态为粉孢属（*Oidium*）。

该病菌为专性寄生菌，菌丝生于寄主体表，无色，以吸器伸入寄主表皮细胞。菌丝上的分生孢子梗无分支，无色或淡黄色，具球形膨大状基部，顶端分生孢子串生；分生孢子无色，单孢，长卵圆形，大小为18.84～29.12μm×6.53～10.71μm；分生孢子梗长65.90～172.23μm，含有7～11个分生孢子，足细胞直立。

有性态产生球形暗色闭囊壳，闭囊壳含有多个子囊，每个子囊内含2～8个子囊孢子。

3. 发病规律

白粉病在寒冷、潮湿的地区是一种很常见的气传病害，其分生孢子和子囊孢子借助空气远距离传播。分生孢子存活时间较短，侵染力保持3～4天。在秋季适宜的温湿度条件下，病原菌释放子囊孢子，在越冬前侵染麦苗，并完成整个侵染循环。温度、相对湿度、日照时长及降水量是影响白粉病的重要因素。病害严重程度与温度、日照时长呈正相关，与相对湿度和降水量呈负相关，表明高温、长日照会加重病害发生（孙浩洋，2019）。根据白粉病预测模型，平均气温（11.5～21.9℃）、相对湿度（40%～60%）和日照时长（5.4～8.7h）是影响白粉病发病的关键因素（Bhardwaj et al.，2021）。

4. 病害控制

燕麦白粉病采用以选育利用抗病品种为主，减少病原基数和药剂防治为辅的综合防治措施。

种植含有效抗性基因的燕麦品种是最有效和最环保的防治方法。迄今为止，全球有 12 个抗白粉病基因被鉴定，分别命名为 *Pm1*～*Pm12*（表 7-1）（Okoń，2012；Ociepa and Okoń，2022）。但我国抗白粉病的燕麦资源相对缺乏，高抗材料有‘MF9715’‘4607’‘99AS207’，中抗材料有‘QO245-7’‘白燕 2 号’‘VAO-1’‘709’‘4663’‘4641’‘4628’‘青永久 307’‘Rigdon’‘DA92-3F4’‘青永久 252’‘青永久 9’‘青永久 98’，其余材料表现不稳定或高感（郭斌等，2012；孙道旺等，2019）。赵峰等（2017）于 2012～2014 年采用田间自然感病法在甘肃省天水市甘谷县进一步对 213 份燕麦种质进行了白粉病抗性田间鉴定和评价，也未发现免疫材料。但在野生物种中发现很多抗白粉病的种质资源，多数来自地中海的细燕麦 *A. barbata* 存在很多抗白粉病居群（Loskutov and Rines，2011）。此外，在其他一些野生物种也发现很多抗病材料（表 7-2）。

表 7-1　燕麦白粉病已定位的抗性基因

基因	标记类型	标记名称	参考文献
Pm1	AFLP	E35M58-58、E35M57-152、E37M48-205、E35M48-247	Hewitt et al.，2021
Pm3	SNP	GMI_ES03_c2277_336	Yahiaoui et al.，2004
Pm4	DArT	PM4-2	Okoń et al.，2018
Pm6	AFLP	EM35M58-451	Hsam et al.，2014
Pm7	AFLP	E38M57-235	Hsam et al.，2014
	DArT	13745034	Brodführer et al.，2023
Pm9	DArT	100058536_34AG	Herrmann and Mohler，2018
Pm10	DArT	100028186	Herrmann and Mohler，2018
Pm11	SCAR	Pm11-3	Ociepa et al.，2020
Pm12	GBS	avgbs_200899	Ociepa and Okoń，2022

表 7-2　燕麦抗病野生种质资源（Loskutov and Rines，2011）

物种	基因组	白粉病	冠锈病	秆锈病	黑穗病	红叶病
偏凸燕麦 *A. ventricosa*	Cv	+	+	+		
不完全燕麦 *A. clauda*	Cp	+	+	+		+
异颖燕麦 *A. eriantha*	Cp	+	+	+		
匍匐燕麦 *A. prostrata*	Ap	+				

物种	基因组	白粉病	冠锈病	秆锈病	黑穗病	红叶病
大马士革燕麦 A. damascena	Ad	+	+	+		+
长颖燕麦 A. longiglumis	Al	+	+	+		+
加纳利燕麦 A. canariensis	Ac		+	+		+
沙漠燕麦 A. wiestii	As	+	+		+	
赫图拉燕麦 A. hirtula	As	+	+	+		+
大西洋燕麦 A. atlantica	As	+				
砂燕麦 A. strigiosa	As	+	+	+	+	+
细燕麦 A. barbata	AB	+	+	+	+	+
瓦维洛夫燕麦 A. vaviloviana	AB	+	+		+	
阿比西尼亚燕麦 A. abyssinica	AB	+	+	+	+	
阿加迪里亚纳燕麦 A. agadiriana	AB	+				
大燕麦 A. maroccana	CD		+	+		+
墨菲燕麦 A. murphyi	CD	+	+			+
岛屿燕麦 A. insularis	CD		+	+		
大穗燕麦 A. macrostachya	CmCm	+	+	+		+
野燕麦 A. fatua	ACD	+	+	+	+	+
东方燕麦 A. occidentalis	ACD	+	+	+		+
法国野燕麦 A. ludoviciana	ACD	+	+	+		+
野红燕麦 A. sterilis	ACD	+	+	+	+	+

目前发现的抗白粉病燕麦材料较少，在白粉病暴发流行下，适期播种、避免早播，可减少秋季菌源，从而减少秋播燕麦苗发病。

药剂防治也是控制大面积燕麦白粉病发生的主要措施，主要化学药剂有 40% 嘧菌·乙嘧酚悬浮剂、30% 吡唑醚菌酯·戊唑醇悬浮剂、50% 苯醚·丙环唑乳油、28% 丙环·嘧菌酯悬浮剂、30% 己唑·嘧菌酯悬浮剂以及腈菌唑；主要生物药剂有大黄素甲醚、苦参碱、蛇床子素、香芹酚、枯草芽孢杆菌等，对燕麦白粉病的防效均达到 80% 以上，其中以植物源药剂大黄素甲醚效果最佳，不仅防效高，还能提高种子产量（孙浩洋，2019；孙道旺等，2019）。

二、燕麦冠锈病

燕麦冠锈病（crown rust）也称叶锈病，发生在世界所有燕麦种植区，并造成了燕麦的重大产量损失。早在 1984 年燕麦冠锈病就在全球广泛传播（Savile，1984），被认为是最重要的燕麦病害之一，也是限制世界范围内燕麦生产的重要因素。冠锈病在欧洲、亚洲、美洲和大洋洲的燕麦种植区随处可见，在我国西北、西南等燕麦种植区普遍发生,严重时可降低燕麦抗寒能力,主要降低干草质量和适口性,也会降低生物产量,产量损失可达 20%,严重时产量损失达 50%(Martinelli et al.,1994)。

1. 症状

燕麦冠锈病主要感染叶片,其次是叶鞘和穗部,感染 7～10 天后,叶片表面会产生圆形到长圆形、橙色到黄色的夏孢子堆,与叶脉平行。发病后期当生长条件变差时,夏孢子堆转变成扁平的灰黑色短线状冬孢子堆,随着冬孢子堆退去,叶片随时间变成黑色(图 7-2a)。

a.叶部症状　　　　　　　　　　b.夏孢子形态特征

图 7-2　燕麦冠锈病(马甲强摄)

2. 病原菌

燕麦冠锈病病原菌为冠锈菌燕麦专化型真菌(*Puccinia coronata* f. sp. *avenae*),是一种活体专性寄生的转主寄主真菌,属担子菌门(Basidiomycota)柄锈菌科(Pucciniaceae)柄锈菌属(*Puccinia*)。

夏孢子堆椭圆形至长条形,大小为 1.2～2.0mm×0.8～1.2mm;夏孢子淡黄色,球形或卵圆形,大小为 18.8～25μm×15.3～21.5μm,壁外具少量刺,有 3～10 个芽孔(图 7-2b);冬孢子棍棒状,双细胞,深褐色,大小为 38～62μm×14～25μm,顶端有 3～7 个指状突起(如皇冠),由此得名。

3. 发病规律

在适宜的温度(最适为 20～25℃)和潮湿(凝结露水)条件下发病最为严重,

如每年的初秋、初春时节，每 2～3 周重新感染一次新叶，在一个季节内病原菌可以发育几代。夏孢子通过风力传播一段或长或短（数百千米）的距离。

4. 病害控制

大多数栽培燕麦和野生燕麦品种均可被冠锈病侵染。燕麦抗病性基因从遗传性定义，分为单基因和多基因；从功能定义，一般指主效抗性基因，表现为小种专化型抗性（苗期抗性或垂直抗性），在燕麦生长发育的各个时期都能表达，也称全阶段抗性（ASR），微效基因也会控制冠锈菌的孢子数量和大小（Portyanko et al.，2005），也称成年植物抗性（APR）。目前，国际上将燕麦抗冠锈病基因命名为"*Pc*"，已有 92 个基因位点被编目并接受（*Pc1*～*Pc85*、*Pc91*～*Pc96*、*Pc98*）。据报道，6 个基因位点是成年植物抗性（*Pc27*、*Pc28*、*Pc69*、*Pc72*、*Pc73*、*Pc74*），其余 86 个基因位点是全阶段抗性；同时在 5 个位点有多个等位基因被报道：*Pc2*（*Pc2*、*Pc2b*）、*Pc3*（*Pc3*、*Pc3c*）、*Pc4*（*Pc4*、*Pc4c*）、*Pc6*（*Pc6*、*Pc6c*、*Pc6d*）和 *Pc9*（*Pc9*、*Pc9c*）；共鉴定出 4 对互补基因（*Pc3*+*Pc4*、*Pc3c*+*Pc4c*、*Pc7*+*Pc8*、*Pc24*+*Pc25*）（Park et al.，2022）。目前采用 RAPD、RFLP、AFLP 和 SNP 分子标记技术构建燕麦的分子遗传图谱，以促进其抗病育种快速发展（表 7-3）。对主效基因进行分子作图最常用的方法是混合群体分离分析法（bulked segregant analysis, BSA）和近等基因系法（near isogenic line, NIL），如抗冠锈病基因 *Pc38*、*Pc39* 和 *Pc48*（Wight et al.，2005）、*Pc71*（Bush et al.，1994）、*Pc91*、*Pc92* 和 *Pc94*（Chong and Zegeye，2004）。除抗病品种选育外，种植早熟品种也可以降低燕麦冠锈病的危害。

表 7-3　燕麦冠锈病已定位的抗性基因

基因	标记类型	标记名称	参考文献
Pc38	RFLP	cdo673、wg420	Wight et al.，2005
Pc39	RFLP	cdo666	Wight et al.，2005
	SNP	GMI_ES01_c12570_390	Zhao et al.，2020
	SCAR	SCAR_3456624	Sowa and Paczos-Grzęda，2020
Pc45/PcKM	TaqMan	PcKMSNP1	Gnanesh et al.，2014
	KASP	I05-0874-KOM16c1	Gnanesh et al.，2014；Kebede et al.，2019
	KASP	I05-1033-KOM17	Kebede et al.，2020a
Pc48	RFLP	cdo337	Wight et al.，2005
Pc53	SNP	GMI_ES02_c14533_567	Admassu-Yimer et al.，2018
Pc54	RFLP	cdol435B	Bush and Wise，1998
	SNP	GMI_ES03_c13331_202	Admassu-Yimer et al.，2018

基因	标记类型	标记名称	参考文献
Pc58	RFLP	PSR637、RZ516D	Hoffman et al.，2006
Pc59	RFLP	cdo549B	Bush and Wise，1998
Pc68	RAPD	ubc269	Penner et al.，1993b
	SNP	Pc68-SNP1、Pc68-SNP2	Chen et al.，2007
	AFLP	U8PM22、U8PM25	Kulcheski et al.，2010
	SDS-PAGE	AveX、AveY、AveZ	Satheeskumar et al.，2011
	RGA/RFLP	Orga1	Satheeskumar et al.，2011
Pc71	RFLP	cdo783、cdo1502	Bush and Wise，1998
Pc81、*Pc82*	RFLP	isu2192、OPC18	Yu and Wise，2000
Pc83、*Pc84*、*Pc85*	STS	Agx4、Agx9、Agx47	Yu and Wise，2000
Pc91	RFLP	UMN145	Rooney et al.，1994
	DArT	oPT-0350	McCartney et al.，2011
	SCAR	oPT-0350-cdc	James et al.，2011
	KASP	oPT-0350-KOM4c2	Gnanesh et al.，2014
Pc92	RFLP	OG176	Rooney et al.，1994
Pc94	AFLP	AF94a	Chong et al.，2004
	SCAR	SCAR94-1、SCAR94-2	Chong et al.，2004
	SNP	Pc94-SNP1a	Chen et al.，2007
Pc96	SNP	GMI_ES15_c15279_258、GMI_ES22_c2813_554	Abdullah et al.，2023
Pc98	KASP	GMI_ES22_c3052_382_kom399、GMI_ES14_lrc18344_662_kom398	Zhao et al.，2020
	KASP	GMI_DS_LB_6017_kom367、avgbs2_153634.1.59_kom410	Zhao et al.，2020
Pca	RGA/RFLP	isu2192	Kremer et al.，2001
		L7M2.2	Irigoyen et al.，2004
		b9-1	Sanz et al.，2013
PcX	RFLP，RAPD	Xcdo1385F、XpOP6(A)、Xacor458A	O'Donoughue，1996

　　燕麦冠锈病发生在分蘖顶部叶片初现时，可以通过尽早放牧或收割来减少损失。适当延迟播种、对种子进行消毒处理也可减少燕麦冠锈病的发生。保持田间干净卫生，减少周边野燕麦寄主，保障土壤钾素充足，同样能减少燕麦冠锈病的发生。

化学杀菌剂是一种更经济有效的防治燕麦冠锈病的方法。在燕麦冠锈病发生时，应尽早喷雾防治，目前常用的杀菌剂有丙环唑、戊唑醇、伊布康唑、环丙唑醇、嘧菌酯等。

三、燕麦秆锈病

燕麦秆锈病（oat stem rust）是世界范围内发生的病害，最早发生在欧美国家，不但导致千粒重降低、面粉色黑而不筋，而且使茎秆易折断、饲草质量下降，一般造成产量损失 10%～11%，严重地块产量损失达 25%～50%（杨海鹏，1984；韩宇婷，2021）。

1. 症状

秆锈病主要发生在燕麦生长中后期，危害叶、叶鞘、穗部和茎秆。发病初期，叶片背面形成暗红色圆形小点，并逐渐扩大穿过叶肉，使叶背两面均出现夏孢子，比燕麦冠锈病病原菌的夏孢子大，呈椭圆形或长形，表现为大小不等、连片密集而生的暗红色梭形斑。后期燕麦近枯黄，表皮破裂产生黑色锈粉状冬孢子，染病组织早衰、早死（图7-3）（Li et al.，2020）。

a.叶部症状　　　　　　　　　　　　　　b.茎部症状

图 7-3　燕麦秆锈病（引自 Wallwork，2000）

2. 病原菌

燕麦秆锈病病原菌为禾谷柄锈菌燕麦专化型真菌（*Puccinia graminis* f. sp. *avenae*），属担子菌门（Basidiomycota）柄锈菌科（Pucciniaceae）柄锈菌属（*Puccinia*）。

夏孢子淡黄白色，长卵形，大小为 18～39μm×15～24μm，两侧各有一个发芽孔；冬孢子黑色，椭圆形，双细胞，棍棒形，顶部隆起或近圆，大小为 28～64μm×14～24μm。在贵州，冬孢子形成期与冠柄锈菌相似，一般在 6 月底 7 月初大量形成（薛福祥，2008）。

3. 发病规律

燕麦的秆锈病流行规律与小麦相似（Fetch et al.，2021），病原菌只能以夏孢子世代在燕麦上完成侵染循环，在贵州是通过夏孢子阶段的重复侵染来完成周年侵染循环的。自然条件下，燕麦秆锈病的发生期随着海拔的升高而延迟，低热地区或讽峪小坝始发于 4 月上旬，盛发于 5 月上下旬。也有研究表明，温度变化对燕麦秆锈病的发生有很大影响。

4. 病害控制

燕麦秆锈病应采取以种植抗病品种为主，药剂防治为辅的综合防治策略。

近年来，国外针对燕麦秆锈病的抗病育种研究较多，而我国处于起步阶段，目前主要加强筛选燕麦抗秆锈病品种。例如，袁军海等（2014a，2014b）用 100 份燕麦品种筛选出 5 个皮燕麦和 13 个裸燕麦抗性品种。目前已经确定的抗秆锈病基因有 *Pg2*、*Pg3*、*Pg6*、*Pg9* 和 *Pg13*（表 7-4）。

表 7-4 燕麦秆锈病已定位的抗性基因

基因	标记类型	标记名称	参考文献
Pg2	GBS	avgbs2_126549.1.46、avgbs_cluster_23819.1.27	Kebede et al.，2020b
Pg3	RAPD	ACOpR-1、ACOpR-2	Penner et al.，1993a
Pg6	SNP	AA2_483439497	Gordon et al.，2022
Pg9	Acid-PAGE	avenin band	Chong et al.，1994
	RFLP、RAPD	Xcdo1385F、Xacor458A	O'Donoughue，1996
Pg13	SDS-PAGE	55.6-kDa polypeptide locus	Howes et al.，1992
	RFLP、RAPD	Xmog12B、Xacor254C	O'Donoughue，1996
	GBS	avgbs_13795.1、avgbs_4742.1	Kebede et al.，2020a

使用化学杀菌剂也是防治燕麦秆锈病常用的一种高效方法，如氟三唑醇、氟康唑、烯唑醇、丙环唑、戊唑醇（Zhao and Kang，2023）。研究发现，混合种植多个燕麦品种也是减少秆锈病暴发的有效途径。也有研究发现，施用外源 K_2SiO_3 能提高燕麦抗秆锈病的能力，且以 1.5mmol/L 为最佳浓度（李英浩等，2022）。

四、燕麦叶枯病

燕麦叶枯病（oat leaf blight）在世界所有燕麦种植区均有发现，是导致燕麦减产的重要真菌病害，1974 年在德国和美国南部发生流行后，成为继冠锈病后最严重的燕麦真菌疾病，可使产量减少 30%～40%（Gough and Mc Daniel，1974）。

1. 症状

燕麦叶枯病主要影响叶片和叶鞘。初期病斑呈水渍状，浅黄色；后期沿叶脉扩展形成梭形病斑，叶片中央干枯撕裂，叶片尖端或边缘病斑呈不规则形，黄褐色至焦褐色，病斑两面可见小黑点，即病菌的分生孢子盘。发病严重时，部分病斑相互融合，导致病叶快速枯死（高鹏等，2021a）（图 7-4）。

a.叶片局部症状　　　　　　　　　　　　　　b.田间症状

图 7-4　燕麦叶枯病（引自高鹏等，2021a）

2. 病原菌

燕麦叶枯病病原菌分别为禾谷炭疽菌（*Colletotrichum cereale*）、燕麦核腔菌（*Pyrenophora avenae*）、雪腐镰孢菌（*Fusarium nivale*）、核瑚菌（*Typhula idahoensis*）、维多利亚旋孢腔菌（*Cochliobolus victoriae*）。

目前禾谷炭疽菌的有性态尚不清楚，其分类地位一直存在争议（Hyde et al.，2009）。气生菌丝棉絮状，中部稍隆起，菌落随时间由白色逐渐转为灰褐色；分生孢子盘炭质，具刚毛；分生孢子的产孢位点位于产孢细胞顶端；分生孢子盘产生的分生孢子镰刀形，分离培养物产生的分生孢子部分变直，均为单细胞，无色，大小为 19.7～30.1μm×2.2～3.0μm；菌丝生附着胞灰褐色至黑褐色，椭圆形或近圆形，大小为 9.9～15.2μm×9.1～11.0μm；分生孢子萌发的附着胞黑褐色，卵圆形或近圆形，轻微裂瓣状，大小为 7.8～11.4μm×6.0～8.5μm（高鹏等，2021a）。

3. 发病规律

病原菌主要以菌丝体和分生孢子器在田间燕麦病残体中越冬，含有未腐熟燕麦病残体的农家肥也是传染源。春季在越冬病残体上产生的分生孢子侵染幼苗，还可能形成有性态子囊壳。分生孢子和子囊孢子主要随风雨传播，也可被昆虫、农机具等携带传播。在燕麦的一个生长季中，病原菌可发生多次再侵染，发病部位从基部叶片逐渐上移。多雨高湿的天气适于发病。

4. 病害控制

及时对早播燕麦病害进行监测，采用合理的灌溉和施肥模式，推广牧草混播、轮作等种植技术，可降低燕麦叶枯病发生的风险，并对发病初期的田块使用低毒高效杀菌剂进行防治。

禾谷炭疽菌在燕麦种子上的带菌情况及作用尚不清楚（荆卓琼等，2012），但种子进行预处理对防止病菌传播、防治苗期病害、促进壮苗和提高产量具有积极作用（何苏琴等，2010；荆卓琼等，2013）。

豆禾混播能减轻燕麦叶枯病的发生（高鹏等，2021a）。过量施 N 以及土壤速效 K 含量偏低会加重燕麦叶枯病，应注意土壤 N、K 含量（高鹏等，2021a）。

多菌灵、丙环唑、嘧菌酯和吡唑醚菌酯对禾谷炭疽菌菌丝生长的抑制作用较强；百菌清、多菌灵、嘧菌酯和吡唑醚菌酯对禾谷炭疽菌孢子萌发的抑制作用较强。根据作用机制的不同，在燕麦叶枯病发生前优先使用百菌清作为保护性杀菌剂，使用多菌灵、嘧菌酯和吡唑醚菌酯作为保护与治疗性杀菌剂。甾醇脱甲基作用抑制剂（如戊唑醇和丙环唑）是目前唯一报道用于防治禾谷炭疽菌的一类杀菌剂，但长期使用会导致禾谷炭疽菌产生抗药性，在病害防治中应慎重使用（高鹏等，2021b）。

五、燕麦坚黑穗病

燕麦坚黑穗病（oat covered smut）是常发性病害之一，遍布于国内外燕麦种植区，主要侵染花器，破坏种子的胚和颖片，发生区减产 30% 以上，严重时可达 90%。

1. 症状

坚黑穗病主要发生在燕麦抽穗期。染病后子房膨大，籽粒变为菌瘿，内部充满黑褐色粉末状物，为病原菌冬孢子。菌瘿外部形成坚实不易破坏的污黑色膜，冬孢子黏结成块，不易散开，收获时仍呈坚硬块状。有些品种颖片不受害，菌瘿在颖内，难以观察到（图 7-5）。

图 7-5　燕麦坚黑穗病田间症状（引自 Utesheva，1977）

2. 病原菌

燕麦坚黑穗病病原菌为坚黑粉菌（*Ustilago levis*），属担子菌门（Basidiomycota）黑粉菌属（*Ustilago*）（李春杰等，2017）。

冬孢子圆形至椭圆形，绿褐色至深褐色，直径 5～9μm，少数可达 11μm，表面光滑无刺突。该病原菌有多个生理小种，不同抗性的燕麦品种种植可导致新的小种出现（郭建国等，2013）。

3. 发病规律

病原菌以冬孢子附着在种子上或落入土中或混杂在粪肥中越冬或越夏。冬孢子抗逆性强，可在土中存活 2～5 年，成为第二年的侵染源。病原菌发育温度为 4～34℃，适温为 15～28℃（Menzies et al.，2009）。温度高、湿度大利于该病暴发。

4. 病害控制

加强燕麦种子调运等过程检疫，严防病原菌在本地扩散蔓延，筛选和种植抗性品种是防治燕麦坚黑穗病最经济、有效的手段。目前，燕麦抗坚黑穗病鉴定和评价尚未形成统一的技术规范。

常采用干孢子粉拌种预侵染法、菌液振荡接菌法以及干孢子粉拌种正常播种法测定燕麦对坚黑穗病的抗性，其中干孢子粉拌种正常播种法多用于田间测定（李春杰等，2017）。研究表明，皮燕麦的抗性高于裸燕麦，带稃品种比裸粒品种抗性更高（郭建国等，2013；郭成等，2017）。

适当延期播种是预防燕麦坚黑穗病发生的有效途径。抽穗后发现病株并及时拔除，清理后集中烧毁，可明显减少病原菌传播。

药剂防治适用于燕麦坚黑穗病大面积流行的紧急时刻，具有速效、高效、使用方便、经济效益高特点。常用的化学杀菌剂有 33.5%喹啉铜悬浮剂、25%嘧菌酯悬浮剂、40%氟硅唑悬浮剂、45%咪鲜胺可湿性粉剂以及植物源杀菌剂乙蒜素等，用于播种前种子处理。

六、燕麦散黑穗病

燕麦散黑穗病（oat loose smut）是我国燕麦产区最普遍和严重的真菌病害，主要危害花器，染病株矮小，仅为健康株的 1/3～1/2，始终直立，根系不发达，分蘖少，不仅种子产量降低，秸秆产量和品质也受影响（Menzies et al., 2003）。该病在华北、西北的一些省份发病率一般在 10%以上，在河北、山西、内蒙古、甘肃等地最高可达 46%～90%（张玉霞等，2014）（图 7-6）。

图 7-6　燕麦散黑穗病田间症状（马甲强摄）

1. 症状

病原菌侵入幼苗后，菌丝随生长点系统扩展，最后进入幼穗，形成菌瘿，大部分植株整穗发病，个别植株中、下部穗粒发病。染病后子房膨大，感染穗的种子充满黑粉，外被一层灰膜包住，后期灰膜破裂，散出黑褐色的厚垣孢子粉末，剩下穗轴。

2. 病原菌

燕麦散黑穗病病原菌为燕麦散黑粉菌（*Ustilago avenae*），属担子菌门（Basidiomycota）黑粉菌属（*Ustilago*）（李春杰等，2017）。

冬孢子圆形至椭圆形，橄榄褐色，大小为 5～6μm×7～9μm，表面具细刺，孢子萌发产生担子和担孢子（黄富等，1998）。

3. 发病规律

病原菌以厚垣孢子附着在种子表面或以菌丝存在于种子与颖壳之间甚至种皮内越冬（杨海鹏和孙泽民，1989）。播种后，种子上或邻近土壤中的病原菌冬孢子与种子同步萌发，相继产生担子、担孢子和侵染菌丝并侵入胚芽鞘。部分孢子迅速萌发，菌丝侵入颖壳或种皮，以菌丝体休眠；部分孢子不立即萌发，在种子上或种子与颖壳之间长期存留。病菌发育适温为 20～25℃（陈胜军等，2011）。播种期降水少、土壤含水量低，幼苗出苗慢，生长缓慢，当年易发病，也有报道称多雨、高温导致燕麦散黑穗病发生严重。播种过深发病亦重。

4. 病害控制

不同燕麦品种的散黑穗病抗性差异较大，抗性品种有 'Sibirsky Gerkules' 'Fakel' 'Rysak' 'Uralets' 等。研究发现，中熟品种的散黑穗病发生率高，而中晚熟和晚熟品种发生率较低（Isachkova et al.，2020）。除了遗传抗性外，闭花授粉可使燕麦散黑穗发生率降低 68%（Brodführer et al.，2023）。

及时清理染病株并集中烧毁，可降低病原菌的传播概率。

拌种处理是常用的防治方法，可选用杀菌剂 33.5%喹啉铜悬浮剂、25%嘧菌酯悬浮剂、40%氟硅唑悬浮剂、45%咪鲜胺可湿性粉剂以及植物源杀菌剂乙蒜素等，其中 33.5%喹啉铜悬浮剂对种子萌发、干物质积累和根系性状有一定的促进作用（张玉霞，2014）。

七、燕麦条纹叶枯病

燕麦条纹叶枯病（oat stripe leaf blight）是近年发生较为严重的叶斑病病害之一，可危害种子、幼芽及叶片，种子带菌率达 54%（Carmona et al.，2004），而种子带菌则不能出苗，幼芽或幼苗死亡，一般造成减产 5%～10%，严重时可达 30%以上（Yang，2010；Motovilin and Strigekozin，2000）。该病分布广泛，在世界各地的燕麦主产区均有分布（Sun，2003）。

1. 症状

发病初期，病斑呈灰绿色水渍状，后渐变为浅褐色至红褐色的椭圆形或长椭圆形，边缘褐色。病斑四周有一较宽的黄色晕圈，后期病斑继续扩展，形成不规则形条斑（图7-7）。主要发生在老叶上，部分叶片组织被破坏，影响光合作用，严重时燕麦苗死亡，籽粒干瘪，产量降低。

a.田间叶部症状　　　　　　　　　　b.分生孢子形态特征

图 7-7　燕麦条纹叶枯病（马甲强摄）

2. 病原菌

燕麦条纹叶枯病病原菌为内脐蠕孢菌（*Drechslera avenae* =*Helminthosporium avenae*）（孙炳达，2003；Mehta，2001），属半知菌类丝孢纲（Hyphomycetes）德氏霉属（*Drechslera*）；有性态为子囊菌门（Ascomycota）的燕麦核腔菌（*Pyrenophora avenae*）（Lângaro et al.，2001）。

分生孢子梗 1～4 根，单生或丛生，柱状，褐色或深褐色，具 3～5 个隔膜；分生孢子单生，圆柱状，两端圆，浅黄褐色，具 3～8 个横隔膜，大小为 65～130μm×15～20μm，脐明显内凹，脐点深褐色；子囊座烧瓶状，埋生在表皮下，外壁常附生分生孢子梗；子囊棍棒状，大小为 250～400μm×35～45μm，内含 2～8 个子囊孢子；子囊孢子卵圆形，具 3～6 个横隔膜、1～4 个纵隔膜，浅黄褐色，大小为 45～70μm×15～25μm。病原菌可在 5～30℃生长，最适温度为 20～25℃，能利用硝酸钠、硫酸铵和硝酸铵（Zhang et al.，2017）；孢子萌发适宜条件为温度 10～20℃和相对湿度 100%（Motovilin and Strigekozin，2000）；温度 21℃和相对湿度 80%为分生孢子的最佳形成条件，有利于发病（Rosa et al.，2003）。

3. 发病规律

地理环境条件不同，病害发生和流行的最适温湿度不同。研究认为，低温和较高湿度是导致燕麦条纹叶枯病发生的主要环境因素（Muskett，1937）。也有研究认为，温度在 20～24℃和高湿条件更有利于燕麦条纹叶枯病病原菌侵染叶部（Scott，1995）。在我国云贵地区，病原菌以孢子囊、分生孢子或菌丝附着在病残体或种子上越冬（商鸿生，2004），翌年春天产生的分生孢子从幼嫩组织侵入，发病后又产生分生孢子进行多次侵染。苗期和灌浆期易发病（Chen，2020）。

4. 病害控制

种植抗性品种、采用可持续的农业管理方法、使用杀菌剂是常见的防治措施（南志标，2000）。

目前还未见关于燕麦条纹叶枯病高抗品种或免疫品种的报道，有研究对冀西北地区的 51 个燕麦主栽品种进行了抗性鉴定，结果表明供试品种均表现为中度或高度感病，未发现免疫和高度抗病材料（Yuan et al.，2014）。种植含有效抗性基因的燕麦品种仍然是最有效和最环保的防治方法。目前，已在燕麦中筛选出 26 个抗条纹叶枯病相关基因（Silva et al.，2012）。

选择抗性相对较高的品种进行合理密植，适当延迟播期和采用免耕覆盖方式，可减轻燕麦条纹叶枯病的发生程度（刘万友等，2022）。

在条纹叶枯病大面积暴发流行时，喷施化学杀菌剂是重要的防治方法，可采用 50%多菌灵、15%三唑酮、43%戊唑醇悬浮剂、25%吡唑醚菌酯悬浮剂等，同时播种前进行拌种，防效可达 60%以上（孙雪梅，2012；Dong et al.，2015）。用生物药剂 1×10^{11} cfu/g 枯草芽孢杆菌喷施 2 次，20 天后防效可达 80.34%（张睿芳等，2022）。

第二节　燕麦孢囊线虫

禾谷孢囊线虫（cereal cyst nematode，CCN）是引起小麦、燕麦等禾谷类作物发生线虫病的病原，全球目前已知 CCN 有 10 多个有效种，在我国发现的种类只有禾谷孢囊线虫（*Heterodera avenae*）和菲利普孢囊线虫（*H. filipjevi*）（郑国动，2012），危害燕麦的主要是禾谷孢囊线虫（李惠霞等，2016），于 1874 年首次在德国燕麦上发现（Griffin，1984），1934 年才正式定名为禾谷孢囊线虫，后来称为燕麦孢囊线虫（刘维志，2004）。

燕麦孢囊线虫是一种根内寄生线虫，从寄主的根部侵染，通过吸收寄主的营养进行生长发育，对寄主造成机械损伤，同时分泌酶和毒素，刺激寄主过度生长而呈团状，受侵染根系对 N、Fe 和 Mn 等元素的吸收减弱，由于营养缺失，最终寄主严重减产（陈品三等，1992；侯生英等，2017）。

一、症状

燕麦孢囊线虫在整个生长期都可为害，但在幼苗期症状最为明显（王汝贤，1993）。在幼苗期，病苗生长迟缓、低矮、黄化，侧根增多且多呈二叉状，与干旱缺水及缺氮、磷元素导致的症状相似。在返青拔节期，病株叶片自下而上、自叶尖至叶柄开始变黄干枯，植株生长稀疏、矮化、分蘖减少。在抽穗至扬花期，病株根部形成许多瘤状的根结，根结上又长出许多须根，须根继续扭曲形成根结，根短而弯曲，严重时整个根系形成一个须根团（彭德良等，1993）。在灌浆期，病株根系鼓包、突兀，肉眼可以观察到亮白色、针头般大小的白雌虫。根部的瘤状根结和白雌虫是该病最主要的形态识别特征，也是该病与生理病害的主要区别特征（图7-8）。

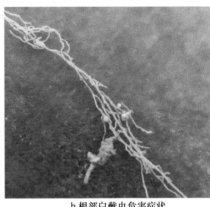

a.田间症状　　　　　　　　　　　b.根部白雌虫危害症状

图 7-8　燕麦孢囊线虫（李健荣摄）

二、形态特征

燕麦孢囊线虫的孢囊似阔柠檬形，棕褐色至暗褐色，平均长约 709（601～913）μm，平均宽约 523（436～612）μm，阴门锥呈双膜孔状，没有阴门下桥，阴门锥周围有大量不规则排列的泡状突；二龄幼虫平均长约 550（477～602）μm，头骨发达，口针长约 24μm，伸长的唇区唇盘与亚背唇和亚腹唇相互融合，最后组合成一个两端阔圆的长柱形结构（陈品三等，1991）（图7-9）。

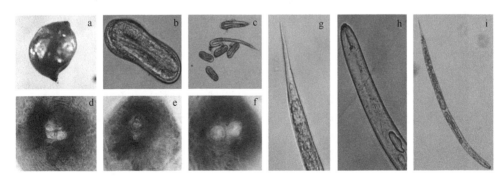

图 7-9　燕麦孢囊线虫（李健荣摄）

a. 孢囊；b. 单卵；c. 卵孵化状态；d～f. 阴门锥形态特征；g. 二龄幼虫尾部特征；
h. 二龄幼虫头部特征；i. 二龄幼虫虫体特征

三、生活史

燕麦孢囊线虫从卵经过生长发育到一龄幼虫，卵孵化后，二龄幼虫（J2）从胞囊中逸出，借助土壤水分向宿主根系移动，通过根尖或根毛侵入燕麦根部，建立取食位点，在根内蜕皮发育为三龄（J3）、四龄（J4）幼虫，体型膨大，性别分化（雌虫逐渐呈柠檬形，雄虫保持线形）。得益于孢囊壳的保护，卵在胚胎里折叠发育，等到蜕皮后孵化为二龄幼虫，并在此期间形成口针。在适宜的条件下，二龄幼虫通过孢囊阴门锥膜孔或者孢囊破损部位进入土壤，释放自身的物质来刺激寄主细胞，并形成供幼虫取食的合胞体来汲取寄主的营养进行生长发育。二龄幼虫发育成豆荚形后开始膨大和蜕皮，经过两次蜕皮即三龄期（长瓶颈形）和四龄期（葫芦形）后发育成雌成虫和雄成虫。雌成虫呈白色晶体状，形似柠檬，俗称白孢囊，雄虫则呈线形。四龄后，雌雄分化，雄虫成熟后恢复线型离开寄主进入土壤，在与雌虫交配后死去；雌虫则在原取食位点继续发育，虫体逐渐膨大，露出寄主根表皮，与雄虫交配后产卵。燕麦进入成熟期，雌虫趋于老熟，逐渐呈现为褐色至黑褐色，形成孢囊并脱落进入土壤，完成整个生活史（韩尚明，2020）。

四、孵化特性

燕麦孢囊线虫有两个重要的生物学特性，即高温滞育和低温孵化。因此，温度是最重要的影响因素，只有达到适宜的温度，燕麦孢囊线虫才能顺利孵化，从而增加孵化率。由于高温滞育的特性，燕麦孢囊线虫可以度过高温干旱等不良条件。因此，未经越冬的燕麦孢囊线虫，需要打破滞育才能孵化，而不同地区由于气候环境不同，打破滞育需要的条件不同（张东升和彭德良，1996），在相对清凉和干热的条件下，孢囊中的卵会维持比较长时间的活性（陈品三等，1992）。受各种因素制约，在一个生长季中，一般孢囊中只有部分卵能完成孵化，而未孵化的卵则可以在来年有利的气候环境下继续孵化并侵染燕麦。

五、传播途径

燕麦孢囊线虫主要以孢囊在土壤中越冬或越夏，孢囊中的卵可存活一至数年。土壤是该线虫的主要传播途径，农事操作、水流等可造成近距离传播，大型收割、耕地机械和暴风、暴雨冲刷可能造成远距离传播。

六、防治方法

农业防治、生物防治、化学防治是目前最常用的方法。

农业防治主要包括轮作、耕作管理和抗病品种选用。采用麦类作物和非寄主作物轮作，可以有效降低土壤中的燕麦孢囊线虫密度；通过暴晒、深翻等方式改变土壤中燕麦孢囊线虫的分布，使得孢囊进入深层土，可以有效抑制燕麦孢囊线虫病的发生；合理施水施肥，可以促进燕麦生长，加强其自身防御能力，同时可以增加产量；野生的地中海燕麦 *A. byzantina* 品系和长颖燕麦 *A. longiglumis* 品系都含有抗病基因，在英国和澳大利亚的燕麦抗孢囊线虫病育种中得到应用（Andersen and Andersen，1982）。我国抗性研究主要集中在小麦上，目前常用的抗病品种为'矮抗58''温麦4号''太空6号''新麦11号'等（韩尚明，2020）。

目前常用的生物防治制剂主要有淡紫拟青霉颗粒剂、苏云金杆菌可湿性粉剂、厚孢轮枝菌颗粒剂等，在播种前混土后均匀沟施。

用化学药剂防治燕麦孢囊线虫主要有种子处理和土壤处理两种方式。目前国内使用的种子处理剂主要有 35.6%阿维·多·福悬浮种衣剂、20.5%多·福·甲维盐悬浮种衣剂、35%多·福·克悬浮种衣剂等，在播种前用于种子包衣；土壤处理剂主要有5%涕灭威颗粒剂、10%噻唑磷颗粒剂、98%棉隆颗粒剂、1%阿维菌素颗粒剂等，在播种前混土后均匀沟施。

第三节　燕麦主要细菌病害

任何一种细菌严重感染都会导致燕麦叶片枯萎和死亡，通常从叶尖开始枯萎，严重影响燕麦的质量和品质。种子和农作物残骸上往往存活有细菌，通过雨水飞溅、树叶接触和昆虫尤其是蚜虫迁飞传播。国内外关于燕麦细菌病害的研究报道相对较少，主要有 5 种，分别为细菌性叶枯病（病原为 *Pantoea agglomerans*，下同）、细菌性条纹叶枯病（*Pseudomonas syringae* pv. *striafaciens*）、细菌性斑点病（*P. avenae*/*P. coronafaciens*/*P. syringae* pv. *coronafaciens*）、细菌性条斑病（*Xanthomonas campestris* pv. *translucens*/*X. vasicola* pv. *vasculorum*）和细菌性茎腐病（*P. syringae* pv. *atrofaciens*）。

一、细菌性叶枯病

细菌性叶枯病主要分布在美国、加拿大和澳大利亚等地，而我国仅在甘肃庆阳燕麦种植区发现，平均发病率为36%～100%（汪建军，2022）。细菌性叶枯病能够抑制燕麦生长，造成燕麦鲜草、干草和种子产量损失，也能降低燕麦品质。

1. 症状

该病害发生在燕麦整个生育期，主要是发育后期即拔节至开花期发病严重，通常发生在新叶的叶尖。早期症状表现为叶尖浅黄色至深黄色，发病后期黄色叶斑从叶尖扩散到叶基部，并观察到水渍状的黄色坏死病斑，最终所有病叶枯萎死亡（图7-10）。

 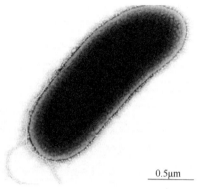

0.5μm

a.田间症状　　　　　　　　　　　　　　b.细菌细胞形态特征

图7-10　细菌性叶枯病（引自汪建军，2022）

2. 病原菌

病原菌为成团泛菌（*Pantoea agglomerans*），黄色，菌落直径为1～3mm，圆形，黏液状，突起，光滑，规则，有光泽。透射电镜分析表明，细菌细胞杆状，大小为0.4～1.0μm×1.0～3.0μm，通过外周鞭毛运动。

3. 病害控制

研究发现，3%中生菌素和80%乙蒜素防治效果较好，其次是2%春雷毒素+45%王铜、3%春雷霉素+33%喹啉铜、1.2%辛菌胺醋酸盐、1.6%噻霉酮、20%松脂酸铜、46%氢氧化铜。

二、细菌性斑点病

细菌性斑点病主要分布在不列颠群岛、肯尼亚高地、加拿大、美国东南部和南美洲等相对凉爽潮湿的地区，我国未见报道（李春杰等，2017），严重影响燕麦产量和品质。

1. 症状

该病主要危害叶片，但茎、胚芽鞘和叶鞘也发生。发病初期产生淡绿色的椭圆形斑点，斑点中央水渍状，颜色比边缘更深，斑点被淡绿色的光晕包围着，发病后期整个斑点和光晕均变成棕色，最终斑点可能合并形成不规则的斑块。病斑处通常有少量细菌渗出物，整个植物可能会落叶，或者细菌可能会侵染整株，严重时造成燕麦植株死亡（图7-11）。

图7-11　细菌性斑点病田间症状（引自 Wallwork，2000）

2. 病原菌

病原菌为丁香假单胞菌晕斑致病变种（*P. syringae* pv. *coronafaciens*）和燕麦假单胞菌（*P. avenae*）。

3. 病害控制

该病害的主要传播途径是雨、风和昆虫，特别是蚜虫。除自然因素外，种子、残留物也是重要的传播途径。因此，使用干净的种子和避免种子受感染，能有效降低细菌性斑点病的发生。另外，培育抗病品种也是经济有效的防治手段。

第四节　燕麦主要虫害

近年来病虫害逐渐成为燕麦生产的主要限制因素之一，可直接影响燕麦的质量及产量，使燕麦粗蛋白、脂肪、可溶性糖含量下降，粗纤维含量上升，从而造成适口性和消化率明显下降，品质变劣（侯天爵，1993）。燕麦最常见的虫害有粘虫、糖蛾、麦二叉蚜、盲蝽、蚱蜢、燕麦蓟马、金龟甲和果蝇等（Lone et al.，2009）。我国不同地区的主要燕麦虫害不同，如辽宁、沈阳主要是蚜虫和粘虫，华北主要是粘虫、地下害虫和麦二叉蚜，宁夏主要是麦二叉蚜、麦长管蚜、禾谷缢管蚜、双斑萤叶甲、灰飞虱等（吴廷娟，2007；马建华等，2020）；本团队2021～

2023 年在四川调查燕麦病虫害发现，主要是蚜虫和粘虫。

一、蚜虫

蚜虫是危害燕麦生长的主要害虫，为害我国燕麦的蚜虫主要有麦长管蚜（*Macrosiphum avenae*）、麦二叉蚜（*Schizaphis graminum*）、麦无网长管蚜（*Acyrthosiphum dirhodum*）和禾谷缢管蚜（*Rhopalosiphum padi*）4 种。蚜虫不仅直接影响燕麦的生长发育和光合作用，还传播大麦黄矮病毒（*Barley yellow dwarf virus*，BYDV），是燕麦红叶病的主要媒介昆虫。红叶病目前已发展成为燕麦生产中的常发性病害，能导致产量下降 30%～50%，干草质量下降 2～3 个等级，严重影响燕麦的产量和品质。因此，燕麦蚜虫的防治至关重要。

1. 形态特征

侵害我国燕麦的 4 种蚜虫的形态特征见表 7-5。

表 7-5　4 种蚜虫有翅胎生雌蚜的形态特征

特征	麦长管蚜	麦无网长管蚜	麦二叉蚜	禾谷缢管蚜
体形	纺锤形	椭圆形	长卵形	长卵形
体色	草绿色至橙红色，头、胸部褐色骨化，腹部淡色	活时体黄绿色，头、胸黄色，腹部中央有绿色纵纹	活时体黄绿色，头、胸黄色，腹部中央有绿色纵纹	活时头、胸黑色，腹部绿色至深绿色
触角	全黑色，第 3 节有感觉圈 8～12 个	第 1、2 节及第 3 节基部淡色，其他节黑色骨化，第 3 节有小圆形感觉圈 10～20 个，分布全节外缘一列	黑色，仅第 1、2 节及第 3 节基部 1/6 灰黑色，第 3 节有小圆形次生感觉圈 4～10 个，分布于全节外缘一列	第 3 节有小圆形至长形次生感觉圈 19～28 个，分散于全长，第 4 节也有 2～7 个
前翅中脉	分 3 叉	分 3 叉	分 2 叉	分 3 叉
腹管	腹管长筒形，端部 1/4～1/3 有网纹，黑色，为体长的 1/4	腹管长管状，端部有瓦纹，基部与端部相差甚微	腹管淡色，顶端黑色，长筒形，无瓦纹	腹管灰黑色、长圆筒形，顶部收缩，有瓦纹
尾片	长圆锥形，近基部 1/3 处收缩	舌形，基部有收缩，末端圆形	长圆锥形，中部少收缩	圆锥形

2. 发病规律

蚜虫 1 年发生多代，主要发生在翌年 4～9 月，西北地区 6～7 月为发病高峰，也就是在春播燕麦乳熟至灌浆期达到高峰，麦长管蚜在穗部的发生数量最多，禾谷缢管蚜和麦无网长管蚜主要危害茎部，麦无网长管蚜主要危害叶部。

3. 控制方法

蚜虫的天敌种类很多，常见的有瓢虫、草蛉、食蚜蝇、蚜小蜂等，目前已经开发的商品种类比较多，如瓢虫、蚜茧蜂等，同时使用生物碱如硫酸烟碱、皂素烟碱等辅助，可提升生物防治效果。有条件的种植区，应积极开展人工大量繁殖与散放天敌技术研究。农药施用时期，应选择天敌极少且足以控制蚜虫密度时。

吡虫啉、啶虫脒效率高，效果显著，能够及时控制麦蚜危害，但需注意用量，控制频次，避免蚜虫对药物产生抗性。在燕麦蚜虫化学防治工作中，需从化学药剂的毒理性、效果、滞留性等方面出发，尽量选择低毒环保型化学药剂。播种前采用燕麦专用种衣剂或内吸性杀虫剂如吡虫啉、噻虫嗪等拌种或进行种子包衣。当蚜虫种群密度达到防治标准时，采用低毒、高效、选择性强的农药，如咪蚜胺、抗蚜威、1.8%阿维菌素-虫螨克等进行防治。当燕麦处于齐穗期，麦蚜虫口数量超过 100 只时，可使用 3%吡虫清、抗蚜威等化学制剂进行防治。当燕麦处于苗期，可施加灭多威，用量为 150g/hm²，或将乐果按照一定的比例稀释后均匀喷洒。将尿素、洗衣粉和水按照一定比例混合后均匀喷施，可提升麦蚜的防治效果。在燕麦生育后期，针对麦长管蚜，可选择抗蚜威、吡虫啉杀虫剂进行防治。

选用如'青海 444''青引 1 号''白燕 2 号'等高抗虫害品种，可有效缓解虫害的发生。也可在燕麦拔节至灌浆期，加强预测预报，采用单对角线 5 点取样，每点固定 20~50 株，调查有蚜株数、蚜虫种类及其数量，每 5 天调查一次，当日增蚜量超过 300 头时，每 3 天查一次（丰明等，2018）。

二、粘虫

粘虫俗称夜盗虫、行军虫，为杂食性、毁灭性害虫，为害作物的主要方式是幼虫啃食叶片，暴发时会在极短时间内吃光农作物的所有绿色叶片，只残留茎秆、叶脉或作物底茬。近年来粘虫已成为燕麦生产的主要虫害之一，为最具破坏性的昆虫之一。粘虫主要分布在北美洲和南美洲，我国主要分布在甘肃、宁夏、辽宁和四川等地。1954 年粘虫造成的燕麦损失估计超过 500 万美元。

1. 形态特征

蛾体浅棕色或棕灰色，翅膀展开长 3.8cm，每只前翅中央有一个突出的白点。幼体淡绿色，以环形运动爬行。成体是一种裸露的条纹毛虫，通常为绿色，条纹近黑色，两侧各有一条纹，背部中央有一条宽条纹，折线沿中心向下延伸，深色条纹之间从绿色到红棕色不等；头部淡绿棕色，有深褐色的细微斑点（图 7-12）。

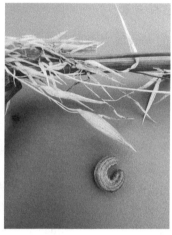

图 7-12　燕麦粘虫危害（马甲强摄）

2. 发病规律

粘虫以部分长成的幼虫或蛹的形式过冬。成虫在早春开始出现，直到 11 月下旬。幼虫以接近地面的植被为食，食量较小，但随着幼虫逐渐变大，严重的虫害会使燕麦植株完全落叶，然后切断侧面的穗状分枝。粘虫由卵发育为成虫需 7～8 周，每年有 2～3 代。第一代幼虫在 5 月和 6 月对燕麦造成的危害最大。

3. 控制方法

（1）预测预报

预测预报包括 2 种：①空中预测预报，即利用雷达或高空探照灯等对粘虫在空中的迁飞动态和迁飞规律进行长期监测，为本地和异地的发生为害提供参考；②地面预测预报，即利用智能虫情测报灯或黑光灯、性诱剂、糖醋液或食诱剂等对当地虫情进行实时监测，结合田间虫情调查，为防治提供参考。

（2）综合防治

根据粘虫的发生为害特点及规律，对其防控应贯彻"预防为主、综合防治"的植保方针（萧玉涛等，2019），坚持系统监测、分区治理、分代防治和分类指导的原则，采取"治前控后，联防联控""卵、幼虫和成虫协同防治"的防控策略。根据粘虫的发生为害特点，应加强重点区域防控，不同区域合理地利用农业防治、物理防治、生物防治和化学防治等措施。同时，结合粘虫常与其他害虫混合发生的情况，与其他害虫一起防治。

燕麦收获时，留低茬，清秸秆；及时清除田边地头杂草，破坏粘虫幼虫的生存场所。合理施肥和科学浇水等也对粘虫为害起到抑制作用。

在粘虫主要危害世代的成虫羽化盛期，秋粮主产区大面积使用杀虫灯或黑光灯集中诱杀成虫，降低成虫的产卵量和田间虫口密度。

在粘虫危害早期，低密度田块可采用生物防治来控制其危害。目前国内外在粘虫生物防治方面的报道主要集中在性诱剂诱捕成虫，天敌资源的发掘、保护和利用，生物农药的开发和应用上。

1）性诱剂的研究和应用。性诱剂作为一种绿色防控技术，可用于粘虫成虫始发期至盛末期的监测和防治。

2）天敌资源的保护利用。目前应用粘虫天敌产品的国家并不多，以菲律宾、日本和毛里求斯等少数国家为主，且主要集中在寄生蝇和寄生蜂的应用上。

3）生物农药的研究及应用。生物农药对粘虫种群具有潜在的控制作用，在粘虫卵孵化盛期和低龄幼虫期，可采用生物农药进行防治，如微生物类天敌中病毒类的浓核病毒和细菌类的苏云金杆菌（Bt）。其中，苏云金杆菌是世界上应用最广泛的一种菌剂，具有对人畜无毒害、对作物无残留、不污染环境、对天敌昆虫友好等优点，具有广阔的开发应用前景。

在粘虫幼虫发生为害的高密度田块，3龄幼虫发生为害前可选用化学药剂进行防治；虫龄较高时，要适当加大用药量；遇雨天应及时补喷。在防治中，优先选用高效、低毒、绿色环保的农药，宜于傍晚或阴天施药，并注意交替轮换用药。同时，建议有条件的地区组织实施以植保无人机、高效植保机械为重点的统防统治工作。

参 考 文 献

陈品三，彭德良，文学. 1992. 小麦禾谷孢囊线虫病. 植物保护, 6: 37-38.

陈品三，王明祖，彭德良. 1991. 我国小麦禾谷孢囊线虫(Heterodera avenae Wollenweber)的发现与鉴定初报. 中国农业科学, (5): 89.

陈胜军，王艳丽，张震，等. 2011. 稻粒黑粉菌冬孢子萌发影响因素及其产孢培养基的筛选. 浙江农业学报, 23(3): 572-576.

丰明，李韬，王英杰，等. 2018. 沈阳地区新引入燕麦品种病虫害调查. 辽宁农业科学, (1): 77-80.

高鹏，刘琳，刘昀鑫，等. 2021a. 不同作用机制杀菌剂对燕麦炭疽病病菌的室内毒力测定. 草业科学, 38(9): 1737-1744.

高鹏，魏江铭，李瑶，等. 2021b. 山西省大同市早播饲用燕麦叶部真菌病害病原鉴定及影响因素分析. 草业学报, 30(6): 82-93.

郭斌，郭满库，郭成，等. 2012. 燕麦种质资源抗白粉病鉴定及利用评价. 植物保护, 38(4): 144-146, 151.

郭成，王艳，张新瑞，等. 2017. 燕麦种质抗坚黑穗病鉴定与评价. 草地学报, 25(2): 379-386.

郭建国, 郭满库, 郭成, 等. 2013. 燕麦坚黑穗病抗性鉴定两种接种方法比较及种质抗性评价. 植物保护学报, 40(5): 425-430.

韩尚明. 2020. 甘陕冀豫冬小麦孢囊线虫发生、抗性评价及化防研究. 甘肃农业大学硕士学位论文.

韩宇婷. 2021. 秆锈病菌侵染对燕麦苗期生理生化特性的影响. 内蒙古农业大学硕士学位论文.

何苏琴, 郭满库, 赵桂琴, 等. 2010. 吡虫啉·戊唑醇种子处理悬浮剂对燕麦红叶病的田间防效. 甘肃农业科技, (12): 8-9.

侯生英, 马麟, 张贵, 等. 2017. 不同轮作模式下小麦禾谷孢囊线虫的发生动态和种群密度. 植物保护, 43(5): 180-188.

侯天爵. 1993. 我国北方草地病害调查及主要病害防治. 中国草地, 3(3): 56-60.

黄富, 程开禄, 潘学贤. 1998. 稻粒黑粉病菌的分类学研究进展. 云南农业大学学报, 13(1): 145-148.

荆卓琼, 丁文娟, 何苏琴, 等. 2012. 甘肃省皮燕麦和裸燕麦种子带真菌情况检测. 种子, 31(4): 31-34.

荆卓琼, 郭满库, 何苏琴, 等. 2013. 吡虫啉·戊唑醇种衣剂对裸燕麦的适宜拌种剂量筛选. 甘肃农业科技, (1): 32-34.

李春杰, 陈泰祥, 赵桂琴, 等. 2017. 燕麦病害研究进展. 草业学报, 26(12): 203-222.

李惠霞, 李健荣, 赵鹏, 等. 2016. 甘南农牧过渡区燕麦田孢囊线虫的发生与分布. 麦类作物学报, 36(5): 668-673.

李英浩, 吕品, 米俊珍, 等. 2022. 硅对燕麦幼苗秆锈病抗病能力的作用. 中国农业大学学报, 27(8): 68-75.

刘万友, 吕世杰, 孙雪梅, 等. 2022. 内蒙古燕麦叶斑病的发生及其影响因素. 植物保护学报, 49(2): 553-558.

刘维志, 赵洪海, 冯桂芳, 等. 2004. 山东省蔬菜寄生线虫种类//中国植物病理学会. 中国植物病理学会 2004 年学术年会论文集. 长春: 中国植物病理学会 2004 年学术年会, 4.

马建华, 王颖, 闫雅, 等. 2020. 宁夏燕麦主要虫害发生种类、规律及危害研究. 宁夏农林科技, 61(12): 46-47, 59.

南志标. 2000. 建立中国的牧草病害可持续管理体系. 草业学报, (2): 1-9.

彭德良, 张东升, 齐淑华, 等. 1993. 小麦禾谷孢囊线虫调查适期和方法. 植物保护, 19(6): 48.

商鸿生. 2004. 麦类作物病虫害诊断与防治原色图谱. 北京: 北京金盾出版社.

孙炳达. 2003. 中国内脐蠕孢属(Drechslera)和突出脐蠕孢属(Exserohilum)真菌分类研究. 山东农业大学硕士学位论文.

孙道旺, 何成兴, 李春花, 等. 2019. 种植形式和密度对燕麦白粉病的影响及药剂筛选. 西南农业学报, 32(2): 273-277.

孙浩洋. 2019. 燕麦种质白粉病抗性评价及生物防治研究. 甘肃农业大学硕士学位论文.

孙浩洋, 赵桂琴, 张建贵, 等. 2020. 甘肃省燕麦主产区白粉病调查及病原鉴定. 草地学报, 28(6): 1535-1543.

孙雪梅. 2012. 燕麦叶斑病的发生与防治. 内蒙古农业大学硕士学位论文.

汪建军. 2022. 燕麦新病害-细菌性叶枯病及主要病害防治技术研究. 兰州大学博士学位论文.

王汝贤. 1993. 麦类作物线虫病的研究现状及对策. 国外农学(麦类作物), 5: 46-48.

吴廷娟, 贺春贵, 武德功, 等. 2007. 不同燕麦品种对蚜虫的抗性比较试验. 草原与草坪, 3:

38-40.

萧玉涛, 吴超, 吴孔明. 2019. 中国农业害虫防治科技 70 年的成就与展望. 应用昆虫学报, 56(6): 1115-1124.

薛福祥. 2008. 草地保护学. 第 3 分册: 牧草病理学. 3 版. 北京: 中国农业出版社: 100-101.

杨海鹏. 1984. 燕麦秆锈病. 内蒙古农业科技, (4): 44-46.

杨海鹏, 孙泽民. 1989. 中国燕麦. 北京: 农业出版社: 230-240.

袁军海, 曹丽霞, 张立军, 等. 2014a. 冀西北地区燕麦主栽品种(系)抗秆锈病鉴定. 植物保护, 40(1): 165-168.

袁军海, 曹丽霞, 张立军, 等. 2014b. 100 份燕麦种质资源抗秆锈病鉴定. 河南农业科学, 43(1): 89-92.

张东升, 彭德良. 1996. 华北平原北部禾谷胞囊线虫的孵化特点. 植物病理学报, 26(2): 158.

张睿芳, 赵桂琴, 曾亮, 等. 2022. 不同生防药剂对燕麦叶斑病的防治效果. 草业科学, 39(11): 2393-2402.

张玉霞. 2014. 促生菌和杀菌剂对燕麦黑穗病病原抑制作用研究. 甘肃农业大学硕士学位论文.

张玉霞, 赵桂琴, 姚拓, 等. 2014. 燕麦散黑穗病菌冬孢子萌发条件研究. 草原与草坪, 34(2): 33-38.

赵峰, 郭满库, 郭成, 等. 2017. 213 份燕麦种质的白粉病抗性评价. 草业科学, 34(2): 331-338.

郑国动. 2012. 小麦抗禾谷孢囊线虫种质资源鉴定及抗病机理研究. 山东农业大学硕士学位论文.

Abdullah S, Gordon T, Yimer BA, et al. 2023. Mapping and identification of molecular markers for the *Pc96* gene conferring resistance to crown rust in oat. PLoS One, 18: e0283769.

Admassu-Yimer B, Bonman JM, Esvelt KK, et al. 2018. Mapping of crown rust resistance gene *Pc53* in oat (*Avena sativa*). PLoS One, 13: e0209105.

Alam MA, Mandal M, Wang CH, et al. 2013. Chromosomal location and SSR Markers of a powdery mildew resistance gene in common wheat line N0308. African Journal of Microbiology Research, 6(7): 477-482.

Andersen S, Andersen K. 1982. Suggestions for determination and terminology of pathotypes and genes for resistance in cyst forming nematodes, especially *Heterodera avenae* 1. EPPO Bulletin, 12(4): 379-386.

Bhardwaj NR, Banyal DK, Roy AK. 2021. Prediction model for assessing powdery mildew disease in common oat (*Avena sativa* L.). Crop Protection, 146: 105677.

Brodführer S, Lesi B, Gabriel D, et al. 2022. Effects of varying levels of cleistogamy on natural smut infection in oats. Crop Science, 62: 704-712.

Brodführer S, Mohler V, Stadlmeier M, et al. 2023. Genetic mapping of the powdery mildew resistance gene *Pm7* on oat chromosome 5D. Theoretical and Applied Genetics, 136: 53.

Bush AL, Wise RP. 1998. High-resolution mapping adjacent to the *Pc71* crown-rust resistance locus in hexaploid oat. Molecular Breeding, 4(1): 13-21.

Bush AL, Wise RP, Rayapati PJ, et al. 1994. Restriction fragment length polymorphisms linked to genes for resistance to crown rust (*Puccinia coronata*) in near-isogenic lines of hexaploid oat (*Avena sativa*). Genome, 37(5): 823-831.

Bush AL, Wise RP, Rayapati P, et al. 2021. Restriction fragment length polymorphisms linked to Canada from 2015 to 2019. Canadian Journal of Plant Pathology, 43(3): 463-471.

Carmona MA, Zweegman J, Reis EM. 2004. Detection and transmission of *Drechslera avenae* from oat seed. Fitopatologia Brasileira, 29(3): 319-321.

Chen G, Chong J, Prashar S, et al. 2013. Discovery and genotyping of high-throughput SNP markers for crown rust resistance gene *Pc94* in cultivated oat. Plant Breeding, 126: 379-384.

Chen H. 2020. Study on Diversity of Oat Fungal Diseases in Gansu Province of China. Master Thesis, Lanzhou University.

Chen H, Xue L, Li C. 2019. First report of oat (*Avena sativa*) root rot caused by *Fusarium proliferatum* in China. Plant Disease, 104(3): 1-3.

Chong J, Howes NK, Brown PD, et al. 1994. Identification of the stem rust resistance gene *Pg9* and its association with crown rust resistance and endosperm proteins in 'Dumont' oat. Genome, 37: 440-447.

Chong J, Reimer E, Somers D, et al. 2004. Development of sequence-characterized amplified region (SCAR) markers for resistance gene *Pc94* to crown rust in oat. Canadian Journal of Plant Pathology, 26: 89-96.

Chong J, Zegeye T. 2004. Physiologic specialization of *Puccinia coronata* f. sp. *avenae*, the cause of oat crown rust, in Canada from 1999 to 2001. Canadian Journal of Plant Pathology, 26: 97-108.

Cieplak M, Terlecka K, Ociepa T, et al. 2015. Virulence structure of *Blumeria graminis* f. sp. *avenae* different fungicides. *In*: Peng YL, Miao WG. Proceedings of the Annual Meeting of Chinese Society for Plant Pathology. Beijing: China Agriculture Press: 247.

Cieplak M, Terlecka K, Ociepa T, et al. 2021. Virulence structure of *Blumeria graminis* f. sp. *avenae* populations in Poland across 2014-2015. The Plant Pathology Journal, 37(2): 115.

Dong BZ, Zhang XY, Zhao GQ, et al. 2015. Indoor virulence and field control of oat leaf spot with different fungicides. *In*: Peng YL, Miao WG. Proceedings of the Annual Meeting of Chinese Society for Plant Pathology. Beijing: China Agriculture Press: 247.

Fetch T, Fetch JM, Zegeye T, et al. 2021. Races of *Puccinia graminis* on barley, oat, and wheat in Canada from 2015 to 2019. Canadian Journal of Plant Pathology, 43(3): 463-471.

Gnanesh BN, Fetch JM, Zegeye T, et al. 2014. Oat. *In*: Alien Gene Transfer in Crop Plants. Vol 2. New York: Springer: 51-73.

Gordon TC, Jin Y, Tinker NA, et al. 2022. Comparative sequencing and SNP marker validation for oat stem rust resistance gene *Pg6* in a diverse collection of *Avena accessions*. Theoretical and Applied Genetics, 135(4): 1307-1318.

Gough FJ, Mc Daniel ME. 1974. Occurrence of oat leaf blotch in Texas in 1973. Plant Disease, 58: 80-81.

Griffin GD. 1984. Nematode parasites of alfalfa, cereal and grasses. *In*: Kaya HK. Nematode Parasites of Bark Beetles. New York: Plant & Insect Nematode: 21.

Herrmann MH, Mohler V. 2018. Locating two novel genes for resistance to powdery mildew from *Avena byzantina* in the oat genome. Plant Breeding, 137: 832-838.

Hewitt T, Müller MC, Molnár I, et al. 2021. A highly differentiated region of wheat chromosome 7AL encodes a Pmla immune receptor that recognizes its corresponding AurPmla effector from *Blumeria graminis*. New Phytologist, 229: 2812-2826.

Hoffman AL, Guo H, Miller KE, et al. 2006. Principal physics of rotating magnetic-field current drive of field reversed configurations. Physics of Plasmas, 13(1): 92.

Howes NK, Chong J, Brown PD. 1992. Oat endosperm proteins associated with resistance to stem rust of oats. Genome, 19: 120-125.

Hsam SLK, Mohler V, Zeller FJ. 2014. The genetics of resistance to powdery mildew in cultivated oats (*Avena sativa* L.): Current status of major genes. Journal of Applied Genetics, 55: 155-162.

Hyde KD, Cai L, Cannon PF, et al. 2009. Colletotrichum-names in current use. Fungal Diversity, 39: 147-182.

Irigoyen ML, Loarce Y, Fominaya A, et al. 2004. Isolation and mapping of resistance gene analogs from the *Avena strigosa* genome.Theoretical & Applied Genetics, 109(4): 713-724.

Isachkova OA, Ganichev BL, Loginova AO. 2020. Resistance of Hulless oats to smut fungi in Western Siberia July 2019. Siberian Herald of Agricultural Science, 49(3): 55-61

James C, Janet G, Rebecca D, et al. 2011. Virulence of *Puccinia coronata* f. sp. *avenae* in the eastern prairie region of Canada during 2007-2009. Canadian Journal of Plant Pathology, 11: 24.

Jeong MH, Choi ED, Park SY. 2022. First report of brown leaf spot caused by *Epicoccum tobaicum* on oat (*Avena sativa*) in Korea. Plant Disease, DOI: 10.1094/pdis-11-22-2532-pdn.

Kebede AZ, Bekele WA, Fetch JWM, et al. 2020b. Localization of the stem rust resistance gene *Pg2* to linkage group Mrg20 in cultivated oat (*Avena sativa*). Phytopathology, 110(10): 11.

Kebede AZ, Friesen-Enns J, Gnanesh BN, et al. 2019. Mapping oat crown rust resistance gene *Pc45* confirms association with PcKM. G3 (Bethesda), 9: 505-511.

Kebede T, Engebretsen IMS, Bilal S, et al. 2020a. Dietary diversity and nutritional status of children aged 6 to 24 months in rural Sidama, Southern Ethiopia. Current Developments in Nutrition, 4(Supplement 2): 53.

Kremer CA, Lee M, Holland JB. 2001. A restriction fragment length polymorphism based linkage map of a diploid *Avena recombinant* inbred line population. Genome, 44(2): 192-204.

Kulcheski FR, Graichen FAS, Martinelli JA, et al. 2010. Molecular mapping of *Pc68*, a crown rust resistance gene in *Avena sativa*. Euphytica, 175(3): 423-432.

Lângaro NC, Reis EM, Floss EL. 2001. Detection of *Drechslera avenae* in oat seeds. Fitopatologia Brasileira, 26(4): 745-748.

Li L, Ma H, Xing J, et al. 2020. Effects of water deficit and nitrogen application on leaf gas exchange, phytohormone signaling, biomass and water use efficiency of oat plants. Journal of Plant Nutrition and Soil Science, 183(6): 695-704.

Li T, Cao Y, Wu X, et al. 2015. First report on race and virulence characterization of *Puccinia graminis* f. sp. *avenae* and resistance of oat cultivars in China. European Journal of Plant Pathology, 142(1): 85-91.

Lone GM, Baba ZA, Wani NA, et al. 2009. Determination of pest complex of oats *Avena sativa* (L.) var. *kent* and their status. Indian Journal of Applied Entomology, 23(2): 140-144.

Loskutov IG, Rines HW. 2011. *Avena* L. *In*: Kole C. Wild Crop Relatives: Genomic & Breeding Resources. Vol. 1. Cereals. Heidelberg, New York: Springer: 109-184 .

Martinelli JA, Federizzi LC, Bennedetti AC. 1994. Yield reductions of oat grains due leaf rust severity. Summa Phytopathologica, 20: 116-118.

McCartney CA, Stonehouse RG, Rossnagel BG, et al. 2011. Mapping of the oat crown rust resistance gene *Pc91*. Theoretical and Applied Genetics, 122: 317-325.

Mehta YR. 2001. Molecular and pathogenic variability of *Drechslera isolates* from oats. Fitopatologia Brasileira, 26(3): 590-596.

Menzies JG, Bakkeren G, Matheson F, et al. 2003. Use of inter-simple sequence repeats and amplified fragment length polymorphisms to analyze genetic relationships among small grain-infecting species of Ustilago. Phytopathology, 93(2): 167-175.

Menzies JG, Turkington TK, Knox RE. 2009. Testing for resistance to smut diseases of barley, oats and wheat in western Canada. Canadian Journal of Plant Pathology, 31(3): 265-279.

Motovilin AN, Strigekozin JA. 2000. Estimation of oats basic disease harmfulness. Protection and Quarantine of Plants, 7: 28.

Muskett AE. 1937. A study of the epidemiology and control of *Heminthosporium* disease of oats. Annals of Botany, 1(4): 763-783.

O'Donoughue LO. 1996. Localization of stem rust resistance genes and associated molecular markers in cultivated oat. Phytopathology, 86(7): 719-727.

Ociepa T, Okoń S. 2022. Chromosomal location of *Pm12*-A novel powdery mildew resistance gene from *Avena sterilis*. Genes, 13(12): 2409.

Ociepa T, Okoń S, Nucia A, et al. 2020. Molecular identification and chromosomal localization of new powdery mildew resistance gene *Pm11* in oat. Theoretical and Applied Genetics, 133: 179-185.

Okoń S. 2012. Identification of powdery mildew resistance genes in Polish common oat (*Avena sativa* L.) cultivars using host-pathogen tests. Acta Agrobotanica, 65(3): 63-68.

Okoń S, Ociepa T, Nucia A. 2018. Molecular identification of *Pm4* powdery mildew resistant gene in oat. Notulae Botanicae Horti Agrobotanici Cluj-Napoca, 46: 350-355.

Park RF, Boshof WHP, Cabral AL. 2022. Breeding oat for resistance to the crown rust pathogen *Puccinia coronata* f. sp. *avenae*: Achievements and prospects. Theoretical and Applied Genetics, 135: 3709-3734.

Penner GA, Chong J, Lévesque-Lemay M, et al. 1993a. Identification of a RAPD marker linked to the oat stem rust gene *Pg3*. Theoretical and Applied Genetics, 85(6): 702-705.

Penner GA, Chong J, Wight CP, et al. 1993b. Identification of an RAPD marker for the crown rust resistance gene *Pc68* in oats. Genome, 36(5): 818-820.

Portyanko VA, Chen G, Rines HW, et al. 2005. Quantitative trait loci for partial resistance to crown rust, *Puccinia coronata*, in cultivated oat *Avena sativa* L. Theoretical and Applied Genetics, 111(2): 313-324.

Praveen B, Kumar MKP, Devanna P, et al. 2021. First report of *Alternaria alternata* causing leaf spot on oat (*Avena sativa*) in India. Plant Disease, URL: https: //apsjournals. apsnet.org/doi/10.1094/ PDIS-02-21-0322-PDN.

Rooney WL, Rines HW, Phillips RL. 1994. Identification of RFLP markers linked to crown rust resistance genes *Pc 91* and *Pc 92* in oat. Crop Science, 34(4): 23-48.

Rosa CRED, Martinelli JA, Federizzi LC, et al. 2003. Quantifica doscodios produzidos por *Pyrenophora chaetomioides* em folhas mortas de *Avena sativa* em condições de campo. Fitopatologia Brasileira, 28(3): 319-322.

Sanz MJ, Loarce Y, Fominaya A, et al. 2013. Identification of RFLP and NBS/PK profiling markers for disease resistance loci in genetic maps of oats. Theoretical and Applied Genetics, 126: 203-218.

Satheeskumar S, Sharp PJ, Lagudah ES, et al. 2011. Genetic association of crown rust resistance gene *Pc68*, storage protein loci, and resistance gene analogues in oats. Genome/National Research Council Canada = Gssoci/Conseil National de Recherches Canada, 54(6): 484-497.

Savile DBO. 1984. Taxonomy of the cereal rust fungi. *In*: Bushnell WR, Roelfs AP. The Cereal Rusts, Vol. I. Origins, Specificity, Structure, and Physiology. New York: Academic Press Inc.: 79-112.

Scott DB. 1995. Helminthosporia that cause leaf spots on small-grain cereals in South Africa. *In*: Chełkowski J. Helminthosporia Metabolites, Biology, Plant Diseases Bipolaris, Drechslera, Exserohilum. Poznań: Institute of Plant Genetics, Polish Academy of Sciences: 107-137.

Silva MR, Martinelli JA, Federizzi LC, et al. 2012. Lesion size as a criterion for screening oat genotypes for resistance to leaf spot. European Journal of Plant Pathology, 134(2): 315-327.

Sowa S, Paczos-Grzęda E. 2020. Identification of molecular markers for the *Pc39* gene conferring resistance to crown rust in oat. Theoretical and Applied Genetics, 133(4): 1081-1094.

Sun BD. 2003. Taxonomic Studies on the Hyphomycetes Genera of *Drechslera* Ito and *Exserohilum* Leonard Suggs in China. Master Thesis, Shandong Agricultural University.

Utesheva TA. 1977. Distribution and Harmfulness of Oats Smut in Northern Kazakhstan. Kazakhstana: Vestnik Sel'skokhozyastvennoi Nauki. V. 2: 49-52.

Wallwork H . 2000. Cereal Leaf and Stem Diseases. Ottawa: GRDC.

Wight CP, O'Donoughue LS, Chong J, et al. 2005. Discovery, localization, and sequence characterization of molecular markers for the crown rust resistance genes *Pc38*, *Pc39*, and *Pc48* in cultivated oat (*Avena sativa* L.). Molecular Breeding, 14(4): 349-361.

Yahiaoui N, Srichumpa P, Dudler R, et al. 2010. Genome analysis at different ploidy levels allows cloning of the powdery mildew resistance gene *Pm3b* from hexaploid wheat. Plant Journal, 37(4): 528-538.

Yang C. 2010. The Production of Organic Oats. Beijing: China Agricultural University Press.

Yu GX, Wise RP. 2000. An anchored AFLP- and retrotransposon-based map of diploid *Avena*. Genome, 43(5): 736-749.

Yuan JH, Cao LX, Shi BH, et al. 2014. Evaluation of main oat cultivars or lines resistance against *Drechslera* leaf spot in northwest Hebei Province, China. Plant Protection, 34(2): 31-34.

Zhang XY, Sun XM, Zhou HY, et al. 2017. Identification and biological characteristics of leaf spot pathogen *Drechslera avenacea* in oat. Journal of Plant Protection, 44(3): 473-480.

Zhao J, Kang Z. 2023. Fighting wheat rusts in China: A look back and into the future. Phytopathology Research, 5(1): 1-30.

Zhao J, Kebede AZ, Bekele WA, et al. 2020. Mapping of the oat crown rust resistance gene *Pc39* relative to single nucleotide polymorphism markers. Plant Disease, 104: 1507-1513.

第八章　燕麦草加工贮藏利用技术

第一节　燕麦草的营养价值及特点

燕麦主要生长于气候温和湿润的地区，广泛种植于北半球温带地区，适应性强，耐贫瘠，适宜用作我国半干旱、高海拔农牧区及山区等地的饲用作物。燕麦包括皮燕麦和裸燕麦。裸燕麦主要在我国种植，脂肪酸含量、黄酮含量、β-葡聚糖含量、酸性洗涤纤维和中性洗涤纤维品质都高于皮燕麦，一般用作膳食产品。皮燕麦的淀粉含量显著高于裸燕麦，由于茎叶鲜嫩多汁，蛋白质等含量丰富，常作为饲草利用。

燕麦草的营养价值高、品质好，饲喂家畜时的主要利用方式包括青刈燕麦、燕麦干草（青干草、秸秆）和燕麦青贮及籽粒等（表 8-1）（吴志，2020）。燕麦籽粒蛋白质含量丰富，为 11%～19% DM，高于玉米等谷物；粗纤维含量较高，达 8%左右，主要成分为淀粉，含量为 33%～43% DM，较其他谷物少。燕麦草的营养价值随着收获利用时期的不同变异较大，一般随着生育期的延迟，营养品质随之降低，总体表现为：草质鲜嫩，适口性好，可以增加家畜的干物质采食量；可溶性糖含量高，可以很好地维持瘤胃微生物的活动；纤维消化率较高，能够有效地刺激瘤胃功能，促进营养物质吸收；含有多种矿物质与维生素。

表 8-1　燕麦的营养成分（% DM）

样品	水分	粗蛋白	粗脂肪	粗纤维	无氮浸出物	粗灰分
籽粒	7.9	12.9	3.9	13.8	53.9	3.2
青干草	6.5	9.1	4.1	15.5	58.3	3.8
秸秆	4.5	3.6	1.5	38.7	37.5	8.2

燕麦草纤维的木质化程度较低，柔软而有一定韧性，碾压时不易变为粉末状，说明具有较多的有效纤维。燕麦草的中性洗涤纤维消化率一般不小于 45%，优质燕麦草能达到 55%，饲用价值高，能有效刺激瘤胃对蛋白质等营养元素进行吸收代谢，整体上可加强反刍动物的身体机能。乳熟期燕麦草的株高和干草产量最大，但不同品种同一生育期的株高有所差异。对 20 种燕麦草品种分析后得出，不同燕麦草品种具有的营养价值不同，不同时期的燕麦草营养价值也有差异，具体营养成分见表 8-2。

表 8-2　不同时期燕麦草的营养成分（% DM）

时期	粗蛋白	粗脂肪	粗灰分	碳水化合物	中性洗涤纤维	酸性洗涤纤维	木质素	钙	磷	钾	镁
孕穗期	13.95	11.12	5.64	5.22	51.49	21.16	7.89	0.23	0.29	1.74	0.23
抽穗期	12.24	12.20	7.31	6.37	47.52	22.69	7.76	0.26	0.28	2.20	0.26
开花期	8.87	14.65	3.31	7.56	53.65	20.22	6.52	0.14	0.14	1.41	0.15
乳熟期	8.46	13.94	4.51	8.85	53.24	21.38	6.42	0.18	0.17	1.65	0.19

第二节　燕麦青草及青干草加工技术

一、概述

干草（hay）是指青草或栽培青绿饲料结实前的地上部经一定干燥方法制成的粗饲料。制备良好的干草仍保持青绿色，故也称为青干草。新鲜草料的含水量通常在 75%～85%（Collins and Coblentz，2013），因此干草生产的目标是尽可能快地去除水分。在自然或人工条件下，使青绿饲料迅速脱水干燥至含水量为 14%～17% 时，所有细菌、霉菌均不能生长繁殖，从而达到长期保存的目的（Rotz，1995；Collins and Owens，2003）。

二、影响燕麦干草生产中水分流失过程的因素

1. 饲料因素

（1）茎粗和角质层蜡质

植物的物理特性会影响干燥过程。例如，随着茎粗的增加，从茎芯到表皮的径向距离增加，水分必须在表皮移动才能流出植物，干燥过程变慢，与茎较细的植物（如高羊茅、鸭茅或百慕大草）相比，粗茎直立的植物（如玉米和高粱类）干燥更困难。此外，叶片的表皮覆盖有一层不可渗透的角质层蜡质，也会减缓水分流失的过程（Brink et al.，2014）。

（2）牧草品种

禾本科牧草往往比豆科牧草干得快。在豆科牧草中，苜蓿比红车轴草干得快；在禾本科牧草中，高羊茅比黑麦草、梯牧草、百慕大草干得快。饲料品种之间的干燥率存在差异主要与表面积及干重比相关。此外，叶茎比高的牧草干得快，因

为叶比茎干得快（Rotz，1995）。

2. 天气因素

调制干草时，饲草水分散失的速度受到太阳辐射、空气湿度、空气流动速度和空气温度等多方面气候因素的影响。天气因素彼此之间高度相关，因此很难分离出每个因素的影响。干草生产的有利条件包括高空气温度、高太阳辐射、中等风速以及低空气相对湿度和低土壤湿度。

干燥过程开始时速度较快，但当植株体内水分与环境达到平衡时，干燥速度会变慢并降低为零。如果环境相对湿度大于70%，即使空气温度很高，水分流失也会停止。在大多数地区，干草水分流失与补充遵循一种昼夜模式，即干燥发生在白天，而随着湿度的上升或露水的形成，损失的水分在夜间从空气中得到部分补充。

3. 管理因素

干草田间晾晒通常需要3～5天或更长的时间，以将含水量减少到20%以下。尤其重要的是应尽快将干草干燥至含水量低于40%，以避免由植物呼吸和微生物降解造成的养分损失（Rotz，1995；Rotz and Shinners，2007）。

三、燕麦干草调制技术

1. 刈割

燕麦干草作为高寒牧区冬春补饲的重要饲料，其产量高低直接影响畜牧业的发展。影响燕麦干草产量的因素较多，其中刈割时期是最重要的因素之一。最佳刈割时期的选择要综合考虑可利用营养物质含量与产草量，综合生物指标达到最大时的时间为最佳刈割时期。虽然更长的生长期可以提高产量，但随着时间的推移，饲料的营养价值会降低。此外，随着作物进入生殖期，大多数牧草的营养价值迅速下降。随着植物成熟，与细胞内容物（蛋白质和碳水化合物）相比，细胞壁成分（木质素、纤维素和半纤维素）积累更多，并且营养物质从营养组织（叶和茎）转移到生殖组织。在农业生产中，往往需要获得产量高且品质好的牧草。而刈割技术可以通过牧草的补偿性生长和均衡性生长特性获得产量高且品质好的牧草，但由于不同牧草品种的生长特性不同，同样的刈割技术对不同牧草品种生物量及品质的影响差异很大。研究表明，燕麦调制干草以开花到乳熟期收割为宜。

2. 干燥

燕麦干草调制过程中，为保证较高的营养物质，应加快干燥速度，使分解营养物质的酶失去活性，并且要及时贮藏，以最大限度地减少营养物质损失。把刚刈割的燕麦青草含水量降低到安全水平所用的时间称为干燥时间，其决定了干燥后燕麦的营养水平和质量。燕麦干燥的方法较多，大体上可分为两类，即自然干燥法和人工干燥法。

（1）自然干燥法

自然干燥法是国内外许多国家及地区仍然主要使用的方法，简便易行，成本低廉。即在天气状况良好的条件下，选择最佳刈割时期割草，然后调制晾晒成青干草。自然干燥法较多，如田间干燥法（平铺晒草法、小堆晒草法）、草架（独木架、三脚架、铁丝长架和棚架等）干燥法和发酵干燥法等，具体生产中可根据实际条件、规模以及要求决定采用何种干燥方式。但正常情况下，此法干燥时间较长，受气候及环境影响大，营养成分损失较多。

田间干燥法：即将燕麦刈割后在田间直接晾晒，通过创造良好的通风条件来尽快缩短青草的干燥时间。青草在刈割以后，应尽量摊晒均匀，每隔一段时间翻晒通风一次，使之充分暴露在干燥的空气中，从而加快干燥速度。最大的优点是成本较低，故在干旱少雨地区普遍采用；但缺点也较大，首先是受天气影响较大，其次是暴晒过程中，青草所含的胡萝卜素、叶绿素等营养物质会大量损失，最后是长时间的露天晾晒容易导致干草腐败变质，从而降低干草的商业价值和利用价值。因此，选用此法需结合天气情况适时选择青草刈割时期并快速晒制，尽可能地维持饲草的营养品质。

草架干燥法：在雨量较大的地区采用田间干燥法调制干草较困难，可采用草架干燥法代替。即在草架上晒制牧草，可以大大提高牧草的干燥速度，保证干草的营养品质。干草架有三脚架、铁丝长架、独木架等形式。一般燕麦青草刈割后自然晾晒，待含水量降至40%～50%时，自下而上均匀地堆放在搭制好的草架上面。优点是可加快干燥速度，获得优质青干草；缺点是需要设备和较多劳动力，成本偏高。

发酵干燥法：即将割下的青草晾晒风干，使其含水量降至50%左右，然后分层堆积。依靠牧草自身呼吸和细菌、霉菌活动产生的热量，并借助通风将水分蒸发而使牧草干燥。为防止发酵过度，应逐层堆紧，每层可撒上饲草重量0.5%～1.0%的食盐。发酵干燥需1～2个月方能完成，应适时将草堆打开，促进水分蒸发。这种方法养分损失较多，故多在阴雨连绵时采用。

（2）人工干燥法

自然干燥晒制的干草营养品质较差，特别是在雨季，如无机械烘干设备将造成饲草霉烂，损失较大。而采用人工干燥法可快速干燥牧草，使其营养损失减小，且制成的干草品质较好，但是成本较高，能源消耗较大，且所借助的高温烘干设备如操作不当易引发火灾。因此，为使我国草业走上可持续发展的轨道，应在开发高品位、低能耗、安全性高的产品上下功夫，以适宜国际市场需要，只有这样才能增大产品的利润空间。人工干燥法通常分为低温烘干法、常温鼓风干燥法、高温快速干燥法、茎秆压扁干燥法和干燥剂干燥法。

低温烘干法：原理是通过能源消耗将空气加热到 50～70℃或 120～150℃后鼓入干燥室，利用热气流的流动完成干燥。此法须有牧草干燥室、空气预热锅炉、鼓风机和牧草传送设备。

常温鼓风干燥法：可以在室外露天堆贮场或干草棚中进行，通过送风器等通风设备对刈割后在地面上预干到含水量为50%的饲草进行不加温干燥。此法一般在干草收获时期的温度高于 15℃、相对湿度低于 75%时使用。

高温快速干燥法：采用加热的方法使牧草含水量快速蒸发到安全水平，一般适合高寒潮湿地区，特点是加工时间短，根据干燥机械种类不同，几十分钟到几小时便可使干草含水量降到 15%～18%。张国芳等（2003）研究表明，利用高温快速干燥法生产干草几乎不受天气条件的影响，而且烘干调制出的干草在色、香、味方面几乎与鲜草相同。但该法成本较高，且会造成干草中芳香性氨基酸损失严重，并且在高温干燥过程中部分蛋白质会发生变性，从而降低干草的适口性和体内消化率。

茎秆压扁干燥法：指将牧草茎秆压裂，破坏茎角质维管束和表皮，破除茎秆角质层对水分蒸发的阻碍，增大水导系数，从而加快水分散失速率。研究表明，压扁晾晒可提高水分散失速率，减少可利用营养物质损失，但压扁处理会在一定程度上造成细胞液渗出而导致营养损失。在阴雨天，茎秆压扁的牧草营养物质易淋失，从而产生不良效果，因此使用此法时须密切关注天气状况，保证干草能够完成调制。

干燥剂干燥法：牧草刈割后，水分要从植物体内向外散失，受叶片表皮角质层的阻碍，水分散失第二个阶段在一定程度上被阻止。而使用干燥剂可使植物表皮的化学、物理结构发生变化，气孔张开，改变表皮的蜡质疏水性，从而增强水分散失，缩短干燥时间。常见的化学干燥剂有 K_2CO_3、Na_2CO_3、$NaHCO_3$ 等。化学干燥剂对豆科牧草的干燥作用较好，对禾本科牧草的干燥作用不明显，但能影响其干草品质。国内外学者关于干燥剂有较多的研究，均证实使用干燥剂能够缩短牧草的干燥时间（朱正鹏等，2005；高远等，2022）。

3. 贮存

当干草含水量为 15% 左右时，储存期间的干物质量损失通常为 5%。据估计，贮存时干草含水量每超过 10 个百分点，干物质量平均损失增加约 1 个百分点。收获时若青绿饲料含水量（大于 20%）较高，也会由于微生物的降解而发生热损伤，同时微生物降解会消耗饲料中最有营养的部分，留下最难消化的物质，并可能产生真菌毒素，还会发生自燃和谷仓火灾风险。

在高含水量（大于 20%）的条件下进行干草贮存时，需要采取额外的措施来减少水分。可以使用人工干燥干草填充，也可以喷洒有机酸（丙酸或乙酸）、对设备腐蚀性较小的缓冲酸（丙酸铵）和铵源（无水氨或尿素）等。

4. 燕麦青干草调制收获全程机械化流程

一般在开花至乳熟期收获燕麦，用割草压扁调制机具将燕麦割倒并进行调制处理，然后用摊晒机将燕麦均匀地摊晒到草茬上，待含水量降到 30% 以下时用搂草机将燕麦搂集成条，并用草捆机打成小方草捆或圆草捆，或用大方草捆机打成高密度的大方草捆，再用专用草捆装载机具将草捆运回贮存点贮藏。有条件的也可采用烘干法将收获后的燕麦进行快速烘干脱水处理，然后用捆草机将烘干后的燕麦打捆贮存。小方草捆或圆草捆贮藏时含水量应 ≤20%，大方草捆贮藏时含水量应 ≤15%，防止草捆在贮藏中腐烂损坏。

生产工艺：割倒压扁调制—摊晒—搂集—打捆—装载运输—储藏。

作业质量：牵引式割草机收割割茬 ≤12cm，漏割总损失率 ≤2%，搂草机漏搂率 ≤5%，小方草捆机成捆率 ≥96%，大圆草捆和大方草捆机成捆率 ≥99%。

根据饲草产品的市场需求特点，选择相应的机械化技术与配套机具：一般中低密度的大小圆草捆或青贮包适合近距离运输销售，中密度的小方草捆适合中短距离运输销售，高密度的大方草捆适合远距离运输销售。

机具选择：青干草调制机具以适用青燕麦收获的指杆式割草压扁调制机为主，以胶辊式割草压扁机为辅，有条件的也可选用自走式割草压扁机，设计割茬 ≤12cm（图 8-1）；配套选用皮带式搂草机（图 8-2）和双幅水平旋转式或滚筒式搂草机（图 8-3），能有效提高牧草自然干燥速度与品质；小方草捆机应优先选用草捆密度 ≥120kg/m³、使用 "D" 形打结器且性能可靠、效率高的设备；大圆草捆机应优先选用绳网可互换、具有防阻塞、喂入速度快、易润滑、草捆密度高、自带切碎机构和可自动控制的高性能机具；大方草捆机优先选用能一次性完成作物的捡拾、剪切、预压、喂入、压缩、捆扎等复合作业的自动化高性能六道绳捆扎机具（图 8-4），草捆密度 ≥240kg/m³；草捆尺寸与物流车辆匹配，同时满足满载不超限的要求。

图 8-1　割草机（关皓摄于山丹军马场）

图 8-2　皮带式搂草机（关皓摄于山丹军马场）

图 8-3　滚筒式搂草机（关皓摄于山丹军马场）

图 8-4　打捆机（关皓摄于山丹军马场）

四、燕麦青干草质量评定标准及分级

1. 燕麦青干草质量评定

青干草的品质直接影响家畜的采食量及生产性能。从理论上说，青干草品质的好坏，应该根据营养成分含量和消化率来进行综合评定。但在生产实践中，也要考虑干草的植物学组成、叶量、杂草类比例、颜色和气味以及含水量等特征来评定其饲用价值，人工草地及改良草地不得含有对家畜有毒害的牧草。燕麦刈割后含水量较高，在后期青干草生产加工中水分损失会造成干燥品质的严重下降，因此须保证青干草的营养品质。

感官：优质青干草一般颜色较青绿，气味芳香，叶量丰富，茎秆质地柔软，营养成分含量高，消化率高。

颜色：优质青干草颜色较绿，而色泽是评定青干草品质的依据之一。茎、叶色泽越绿，则说明青干草养分越高，营养物质损失越少，所含的可溶性营养物质、胡萝卜素及其他维生素越多；若呈淡黄色，说明青干草养分损失较多；有褐色斑点或者发黑则说明青干草已经发霉变质。

含水量：理论上优质青干草的含水量应该在 15%～18%。

叶量：叶量是确定青干草品质的重要指标之一。一般情况下，叶量越多，青干草的营养价值越高。一般禾本科青干草的叶片不易脱落，而优良豆科青干草的叶重量应占总重量的 30%～40%。

气味：优质青干草一般具有较浓郁的草香味。

病虫害：被病虫害侵染过的饲草调制成青干草后营养价值较低，而且有损于家畜健康，所以青干草应尽量不含被病虫害侵染过的植物。

2. 燕麦青干草质量分级

青干草的品质应根据消化率及营养成分含量来评定，其中粗蛋白（CP）、中性洗涤纤维（NDF）、酸性洗涤纤维（ADF）是重要指标。蛋白质含量是评价青干草品质最重要的指标之一。许多国家针对青干草品质都制定有统一的评定标准，并根据标准划分青干草等级，作为青干草质量检验和评定的依据。美国相关草地和饲草协会根据市场需要，主要以 CP、ADF、可消化干物质（DDM）、干物质采食量（DMI）和相对饲喂价值（RFV）等作为评定青干草等级的指标。但是中国畜牧业协会草业分会制定的燕麦青干草团体标准将其分为 A 型和 B 型两种。A 型燕麦青干草：一种含有 8%（DM）以上 CP，部分可达 14%以上的产品类型（表 8-3），主要产自我国部分产区以及美国、加拿大等国；B 型燕麦青干草：一种含有 15%（DM）以上的水溶性碳水化合物（WSC），部分可达 30%以上的产品类型（表 8-4），主要产自我国部分产区以及澳大利亚等国。澳大利亚一直是我国最大的燕麦青干草进口国，其评定标准如表 8-5 所示。受澳大利亚燕麦青干草生产工厂出口许可证影响，2021 年我国进口的澳大利亚燕麦青干草断崖式下跌，供应出现短缺，为满足国内市场需求，2022 年 3 月我国与西班牙达成脱水燕麦输华协定，有效期 5 年。地中海气候滋养下的西班牙燕麦 NDF 和 ADF 指标表现优异，通常在当年 9～11 月播种，次年 3～5 月收获，每个生产季收获 1 次。地中海的气候特点是冬季温暖湿润，夏季干燥少雨，而西班牙绝大多数国土受地中海气候影响，西班牙燕麦正是生长在这样的环境条件下，越冬地的燕麦青干草累积了丰富的营养物质，饲喂利用价值高，适口性也很好（表 8-6）。总体来说，西班牙燕麦的平均

表 8-3　A 型燕麦青干草质量分级（% DM）

化学指标	等级			
	特级	一级	二级	三级
中性洗涤纤维 NDF	<55.0	≥55.0，<59.0	≥59.0，<62.0	≥62.0，<65.0
酸性洗涤纤维 ADF	<33.0	≥33.0，<36.0	≥36.0，<38.0	≥38.0，<40.0
粗蛋白 CP	≥14.0	≥12.0，<14.0	≥10.0，<12.0	≥8.0，<10.0
水分	≤14.0			

表 8-4　B 型燕麦青干草质量分级（% DM）

化学指标	等级			
	特级	一级	二级	三级
中性洗涤纤维 NDF	<50.0	≥50.0，<54.0	≥54.0，<57.0	≥57.0，<60.0
酸性洗涤纤维 ADF	<30.0	≥30.0，<33.0	≥33.0，<35.0	≥35.0，<37.0
水溶性碳水化合物 WSC	≥30.0	≥25.0，<30.0	≥20.0，<25.0	≥15.0，<20.0
水分	≤14.0			

表 8-5　澳大利亚燕麦青干草通用质量标准

指标	级别				
	AAA	AA	A	No2	No3
WSC（%DM）	≥20	≥14	≥14	≥10	≥6
DDM（%DM）	≥60	≥58	≥58	≥56	≥54
ADF（%DM）	≤30	≤32	≤33	≤36	≤38
NDF（%DM）	≤55	≤57	≤58	≤58	≤64
气味	淡甜/甜	淡甜/甜	新鲜	新鲜	无霉味
淋雨损失	无	无	未见损失	轻微损失	损失
颜色	绿色	绿色	绿色	非绿色	非绿色
茎粗	<8mm	<12mm	茎较粗	茎较粗	茎较粗

表 8-6　西班牙燕麦青干草分级

参数	级别		
	超级	特级	一级
NDF（%DM）	≤52	≤57	≤62
ADF（%DM）	≤34	≤38	≤42
RFV	≥110	≥95	≥80
颜色	优秀	良好	平均
水分（%）		≤12	

WSC 水平不算太高，但 NDF 和 ADF 指标表现非常好，且直接决定奶牛的干物质摄入量及消化率，在奶牛饲喂中西班牙燕麦青干草最受牧场关注。

国产燕麦青干草实现商品化生产只有 10 余年的时间，但对质量的认识和生产青干草的水平提高很快，奶牛场已开始认可国产燕麦青干草的质量并大量使用。通过对国产优质燕麦青干草的大量取样和化验测定，确定其营养指标范围如下：粗蛋白含量 7%～14%，NDF 含量 46%～64%，ADF 含量 28%～35%，NDF 消化率（30h）45%～47%，干物质消化率（30h）68%～74%，相对饲喂质量（RFQ）130%～150%，可溶性糖含量大于 5%，钾含量 1.0%～2.2%，产奶净能与相同生育期的苜蓿相当，即孕穗期的燕麦青干草能量与现蕾期的苜蓿相当，抽穗期的燕麦青干草能量与初花期的苜蓿相当，开花期的燕麦青干草能量与开花期的苜蓿相当，乳熟期的燕麦青干草能量与结荚期的苜蓿相当。所以，一般国产燕麦青干草（开花期-乳熟期刈割）的产奶净能为 1.1～1.4Mcal/kg DM，如果在抽穗期刈割，产奶净能更高，饲喂时不必添加大量玉米（淀粉）来弥补能量的不足。

第三节　燕麦青贮加工贮藏方式

一、燕麦青贮概述

燕麦易于栽培、产量高、品质好，为典型的粮饲兼用型作物，是世界上重要的饲料资源之一。我国燕麦的主产区主要分布在河北、内蒙古和甘肃，占全国总产量的85%。人们的畜产品消费需求增大推动了饲草产业与畜牧业迅速发展，因此对优质饲草产品的需求迅速上升，其进口量逐年上升。青干草在调制过程中易受雨淋影响，导致品质下降、适口性降低。与调制青干草相比，青贮可最大程度地保证饲草的新鲜程度，如果处理妥当，可以延长饲草的贮藏期并减少其营养流失。燕麦青贮具有适口性好、消化率高等优点，因为其富含可溶性糖与可消化纤维，能够调节瘤胃发酵特性。调制优质的燕麦青贮，最大程度地减少其营养损失，对于应对饲草短缺，维持反刍动物健康与提升动物生产性能具有重要意义（李志强和冯富，2018）。

二、影响燕麦青贮品质的因素

1. 收获期

燕麦青贮时期必须根据生产情况来决定，青贮达到最高产量和最佳品质之间存在一定的矛盾，因此燕麦青贮时期的选择必须把握好产量和品质之间的关系，以实现最大经济效益。选择适宜的收获期是燕麦青贮前的重要环节。收获期越迟，燕麦的含水量越低，干物质量越高，而粗蛋白等营养物质减少。可通过评价不同收获期燕麦青贮品质的差异，确定用于青贮的燕麦的最佳收获期，从而获得量质兼优、饲料价值高的燕麦青贮饲料。研究发现，三江源地区开花期收获燕麦制作成的青贮饲料品质较好（赵继丽等，2019）；新疆地区因复杂的地形和气候，燕麦的利用受到影响，乳熟期收获燕麦制作成的青贮饲料发酵品质最优，具有更高的消化率及饲喂价值（宋磊等，2021）；四川农区的燕麦在乳熟期收获时青贮品质最优，但易受大风大雨等不利因素影响而倒伏，一般在抽穗期收获（甘丽等，2023）。在不同种植模式下，燕麦与箭筈豌豆及黑麦混播后于开花期收获时青贮品质较好。燕麦用于青贮时收获期受品种、地域、生产需求等影响，最佳收获期应综合考量，但最好控制在抽穗至乳熟期。

2. 含水量

水分对饲草青贮至关重要，萎蔫处理可以降低饲草的含水量和缓冲能值，可防止发酵过程中饲草腐败，减少渗出液、干物质含量损失和气体合成。此外，与非萎蔫饲草相比，萎蔫饲草的总可消化营养物质和干物质（反向的含水量）消化率增加，青贮后营养品质提高，但不影响有氧稳定性。收获期不同能够影响饲草的产量、品质和干物质量，适宜时期收获燕麦进行青贮可以提高发酵品质与营养品质。燕麦青贮时的含水量可通过萎蔫处理或者混合其他农副产品进行调控，应根据实际情况及添加剂综合考量，控制在60%~70%时进行青贮可获得较高的品质。昼夜温差较大的青藏高原地区，燕麦原料含水量控制在50%~60%更有利于青贮。

3. 切碎长度

切碎长度是饲草青贮过程中又一重要因素。切碎是为了压实以制造厌氧环境，而适宜的切碎长度可以实现饲草的稳定贮藏。有效NDF与反刍动物的咀嚼活动和瘤胃的固液两相消化有关，进而影响动物的采食和消化时间。通常奶牛日粮应含有25%~30%的NDF和19%~21%的物理有效NDF，因此制作日粮时选择合理的切碎长度及纤维含量对于反刍动物的生产性能具有重大意义。研究表明，燕麦切碎至5mm、13mm、22mm进行青贮均可降低青贮后的pH，切碎至22mm具有更好的发酵品质。青贮原料切碎长度过短可能导致反刍动物瘤胃发生亚急性酸毒症（subacute ruminal acidosis，SARA）。研究发现，燕麦青贮切碎至6mm时会增加奶牛的采食量、降低其乳脂率，但在日粮NDF含量足够的情况下，较短的燕麦青贮饲料会影响瘤胃pH，可能导致奶牛发生SARA。综合考虑燕麦的青贮品质和反刍动物的生产性能，切碎长度应为20~30mm。在四川农区，燕麦原料含水量较高，考虑到切碎机易堵塞和燕麦草易结块，可适当增加切碎长度，应控制在30~50mm。

三、燕麦青贮添加剂的利用

青贮添加剂可改善青贮过程中pH过高、蛋白质水解过多以及青贮饲料有氧稳定性差等现象，并降低在不利条件下发生无效发酵的风险，从而提高发酵效率，保留较多的营养物质。通常青贮添加剂可分为发酵促进剂、发酵抑制剂、好氧腐败抑制剂、营养和吸收剂4类，或分为微生物添加剂、化学添加剂等，部分添加剂混合使用后可以更高效地发挥作用，有利于提高青贮品质。

1. 微生物添加剂

乳酸菌等微生物添加剂通常能有效提高发酵效率、保存营养物质，从而获得饲用品质更优的青贮饲料。同型发酵乳酸菌广泛用于促进发酵、保存营养物质等方面，添加 1×10^6 cfu/g 的植物乳杆菌（*Lactobacillus plantarum*）可增加燕麦青贮后的乳酸含量。高海拔地区制作燕麦青贮饲料时，贮藏环境较为特殊，添加微生物添加剂时需要考虑温度、紫外线等因素，可以考虑多种微生物添加剂混合使用，以便充分利用各种微生物的发酵特性来提高青贮品质，如使用植物乳杆菌、布氏乳杆菌（*L. buchneri*）、戊糖片球菌（*Pediococcus pentosaceus*）等适宜于青藏高原地区极端环境的乳酸菌（李海萍等，2023）。

2. 化学添加剂

在饲草青贮过程中使用化学添加剂（糖蜜、甲酸等）可降低 pH，提高乳酸、乙酸浓度，降解纤维素，或是抑制梭菌、霉菌等有害微生物生长，达到提高青贮品质的目的。在青藏高原高寒牧区，燕麦、箭筈豌豆为常见的饲草资源，添加 4% 玉米粉可有效增加燕麦-箭筈豌豆混合青贮后的 WSC 含量，这是由于为乳酸菌提供了良好的发酵环境（罗健科和贾启彪，2023）。青贮过程中添加有机酸可通过快速降低 pH，抑制霉菌、拟杆菌等有害微生物生长，提高乳杆菌属、明串珠菌属、肠球菌属丰度；在燕麦青贮饲料中添加 0.3% 甲酸、0.5% 乙酸、0.5% 丙酸均能有效提高 WSC 含量，降低不良微生物的多样性指数（张晴晴等，2019）。化学添加剂在改善有氧稳定性方面也起着重要作用。茶多酚是茶叶中儿茶素类、酚酸类和花青素类等化合物的总称，具有良好的抗氧化性和广谱的抑菌作用，在青贮时添加可使饲料具有一定的抑菌能力，提高青贮饲料的有氧稳定性。

3. 微生物与化学添加剂混合使用

合理选配微生物与化学添加剂（植物乳杆菌+丙酸等）可在提高青贮饲料乳酸含量的同时提高其抗真菌能力，从而增强有氧稳定性。研究发现，混合添加植物乳杆菌与丙酸可将燕麦-箭筈豌豆型发酵全混合日粮（fermented total mixed ration，FTMR）的有氧稳定性提高至 28h，并可显著提高其体外干物质消化率。以燕麦为主的饲料进行青贮时，混合使用微生物与化学添加剂相较于单独使用化学或微生物添加剂可取得较好的青贮效果，并可有效提高青贮饲料的有氧稳定性。

四、不同种植模式下的燕麦青贮技术

燕麦属于禾本科作物，具有 WSC 含量高等良好的青贮特性，研究表明采用混合青贮方式有助于青贮原料间养分互补，从而改善青贮品质。

1. 燕麦与箭筈豌豆

在高寒地区，普遍采用燕麦与箭筈豌豆混播技术（图 8-5），不仅能提高草产量,还能增加饲草的粗蛋白含量,混合收获后能成为理想的混合青贮原料(图8-6)。一般燕麦与箭筈豌豆的混播比例以7∶3或6∶4比较适宜。

图 8-5　青藏高原地区燕麦-箭筈豌豆混播地（关皓摄于青海贵南）

图 8-6　青藏高原地区燕麦-箭筈豌豆混播地收获（关皓摄于青海贵南）

2. 燕麦与苜蓿

紫花苜蓿与燕麦进行混合青贮可实现养分互补,从而提高营养价值,改善发酵品质。研究表明,燕麦和紫花苜蓿以7∶3比例进行混合青贮后,既能促进乳酸菌发酵,又能提高青贮饲料的 CP 含量,但蛋白质降解较多;添加3.5%乙醇或4%

糖蜜均可获得优质的青贮饲料，添加 0.4%乙酸可改善青贮饲料的品质和有氧稳定性（孙肖慧，2014）。燕麦作为苜蓿的重要轮作和补播作物，与苜蓿进行混合青贮具有独特的生产价值。

3. 燕麦与其他牧草

除了箭筈豌豆和苜蓿外，燕麦还可以与其他饲草进行混合青贮。白花草木樨与燕麦进行混合青贮的试验表明，单贮燕麦可得优良的青贮饲料，但燕麦添加比例为 70%的混贮效果更好，且其添加比例为 50%的混贮效果与添加比例为 70%的相近。有研究表明，燕麦和玉米进行混贮可以制作品质较好的青贮饲料，其中以 3∶7 比例最佳，其次为 5∶5 比例（张越利，2012）。

五、发酵 TMR 技术

1. 全混合日粮

全混合日粮（total mixed ration，TMR）是根据家畜的营养配方，将含有所需营养成分的干草、青饲料或其他农副产品等粗饲料、精饲料、矿物质及维生素等均匀混合调制而成的一种营养平衡的日粮。TMR 可以根据反刍动物的不同生长阶段进行调整，具有改善适口性、提高干物质采食量、保证反刍动物采食稳定均衡、提高日粮利用率、降低生产成本、有益于奶牛瘤胃健康、降低奶牛发病率、提高反刍动物生产性能、降低工作人员工作强度、提高工作人员劳动效率等优势。

TMR 在国外虽然已经有 30 多年的发展历史，但在近些年才真正得以快速推广应用。美国、加拿大、以色列、荷兰、意大利等奶牛业发达的国家普遍采用 TMR，亚洲的韩国和日本 TMR 推广应用也达到全国奶牛头数的 50%。TMR 可以用于不同规模牛群的饲养方式。我国推广使用 TMR 较晚，周建民 1985 年在北京的三元绿荷奶牛场第一次进行 TMR 试验，取得了良好效果。TMR 可以显著提高料肉比、增加产奶量以及奶牛品质，还能有效降低相关疾病的发病率，在奶牛业是一种较为理想的饲料模型。但 TMR 在储存运输时极易发生好氧腐败变质，不单导致营养流失，甚至会给牲畜带来某些疾病。而有效解决此类问题的途径就是使用发酵 TMR，不但营养有所提高，而且耐贮存、不易氧化。

2. 发酵全混合日粮

发酵 TMR（FTMR）是采用青贮技术将调制好的饲料进行一段时间的密封贮藏，经过乳酸菌发酵进一步调制成的全价发酵饲料。其生产工艺融合了青贮技术，不仅能够有效保持原料的营养价值，而且通过发酵产生的生物活性物质可以增加附加值。发酵 TMR 不仅能够有效保存原料的营养成分，提高有机酸、酶、维生素等功能性成分的含量，而且 TMR 的发酵品质良好，有氧稳定性得到显著提高，促进了发酵 TMR 的商品化流通（江迪和徐春城，2021）。

　　日本早在 20 世纪 90 年代就开发了 TMR 的发酵技术，国内引进时间稍晚。目前我国制作发酵 TMR 的方式主要为拉伸膜裹包，优点为操作简便，对工作人员要求较低，运输和保存都简便易行，便于商品化流通。研究表明，综合考虑劳动效率和生产成本，裹包 4 层时青贮可以保证良好的贮藏效果，且长期贮藏无发霉腐败现象发生。高含水量的 TMR 更容易发生好氧变质，其次是低含水量和中含水量组。徐春城等（2020）研究发现，全株燕麦和全株玉米按不同配合比例调制成的 4 组发酵 TMR，发酵品质均良好；随着全株燕麦混入比例增加，发酵 TMR 的 DM、CP、NDF、ADF 含量显著升高，WSC 含量显著降低，有氧稳定性变差。团队成员于 2022 年在青藏高原地区以燕麦和箭筈豌豆（6∶4）混播混收原料为主体，混以青稞秸秆、油菜秸秆、油菜粕等当地农副产品，外加预混料和乳酸菌促发酵剂（"青贮伴侣"）制作发酵 TMR，发酵后的全价青贮饲料干物质量为 50%，颜色亮黄，气味芳香，营养品质相较于燕麦单独青贮和干秸秆得到较大提升，动物喜食（图 8-7）。考虑到发酵 TMR 在国内推广应用的时间有限，加之各地区资源禀赋和气候特征各异，其在不同区域的关键生产技术、营养特性、饲料转化率等还需要进一步系统研究。

图 8-7　青藏高原地区发酵 TMR 的感官品质（关皓摄于青海贵南）

第四节　燕麦草在家畜中的饲喂应用

一、燕麦草在奶牛生产中的应用

1. 应用于犊牛日粮

饲料是犊牛完成生长发育的重要支持，饲喂燕麦、苜蓿等优质青干草对于犊牛的生长和瘤胃的健康发育具有重要意义。在哺乳期犊牛管理中，饲喂开食料时保证自由采食并加入适量的优质燕麦等青干草，可提高干物质采食量，促进断奶后的瘤胃长期发育。杨雪馨（2022）研究了补饲粗饲料对哺乳期犊牛生长的影响，即在开食料和牛奶的基础上添加 75g/d（DM）的燕麦或苜蓿青干草，结果表明补饲粗饲料不仅不影响哺乳期犊牛的生长发育，还可增加其瘤胃 pH；其中，补饲燕麦青干草可增加总固体饲料采食量，促进瘤胃发育，提高瘤胃中可促进瘤胃上皮屏障功能的有益菌相对丰度，对犊牛机体健康有积极影响。不同周龄的母犊牛补饲试验也揭示了在哺乳期补饲燕麦青干草能提高犊牛生长性能，改善犊牛行为，且从 2 周龄开始添加能有效促进犊牛生长发育，减少犊牛的非营养性口腔行为，改善动物福利（李婷婷等，2020）。所以新生犊牛不建议直接补饲粗饲料，粗饲料的起饲时间以 2 周龄为宜，自由采食。推荐使用燕麦或苜蓿等优质青干草作为犊牛粗饲料的补饲来源，切割长度约 3cm。补饲燕麦青干草等优质粗饲料对缓解腹泻发生，减少死亡淘汰也有积极作用（Xiao et al.，2021，2023）。

断奶期犊牛由于饲料结构逐渐变化，腹泻和生长受到抑制的现象很容易发生，而饲料的粒度、形态、含水量和中性洗涤纤维含量是影响犊牛挑食的主要因素，但补饲燕麦青干草可以降低腹泻频率和粪便指数。贺忠勇（2015）建议，犊牛断奶后继续饲喂开食料，并加入适量优质燕麦青干草自由采食；3~4月龄时，可饲喂开食料+1/3优质苜蓿青干草+2/3燕麦青干草，以充分利用和发挥两者优势互补的效应，提高增重水平；5~6月龄时，可采用全混合日粮（TMR）机械自行给料。

2. 应用于泌乳牛日粮

影响奶牛采食量和产奶量的因素很多，主要包括奶牛健康状况和粗饲料质量等。优质的粗饲料是奶牛获得高产优质的保证，直接影响奶牛的经济效益。燕麦青干草是奶牛重要的粗饲料来源之一，其含有的中性洗涤纤维（NDF）较羊草等牧草低，且消化率高，吸收效果好。王亮亮等（2011）比较了燕麦青干草和东北羊草对奶牛产奶量及乳成分的影响，泌乳前期饲喂燕麦青干草3kg/(头·d)和等量的东北羊草，结果发现饲喂燕麦青干草能提高产奶量，且乳脂、乳蛋白及乳干物质含量高于东北羊草，但二者无显著差异，可使用燕麦青干草替代部分羊草作为牧草。一些区域由于气候原因，青干草加工调制困难，这时常将燕麦加工成青贮进行饲喂。对燕麦青贮和全株玉米青贮进行比较饲喂研究发现，燕麦青贮提高了奶牛的奶产量，改善了乳品质，并降低了养殖成本，提高了经济效益（谢小峰和周玉明，2013）。使用燕麦青贮替代燕麦青干草和羊草对奶牛的生产性能及机体健康无不良影响，且替代50%燕麦青干草可提高奶牛的产奶量和乳品质，经济效益较好（王思伟等，2023）。另外，燕麦与豆科牧草进行混播收获利用也有较好的饲喂效果。研究发现，与玉米青贮相比，燕麦-野豌豆混播青贮饲喂奶牛降低了养殖成本，但奶牛的生产性能变化并不显著（Garduño-Castro et al.，2009）。

为了使奶牛吸收的营养全面且均衡，避免其因挑食如偏爱颗粒精细料而出现瘤胃酸中毒的情况，应使用多种粗饲料混合饲喂，以达到优势互补的效应，如混合饲喂苜蓿、燕麦青干草、全株玉米青贮等。燕麦青干草与苜蓿青干草组合可以有效增加可降解蛋白的比例，维持可降解蛋白与过瘤胃蛋白的平衡，保证乳蛋白含量。实际生产中，可利用燕麦与全株玉米、苜蓿、玉米秸秆、东北羊草等粗饲料原料混合喂养，燕麦良好的适口性可降低奶牛的拒食率，从而提高其干物质采食量。赵淑敏等（2021）发现，燕麦青干草与苜蓿青干草组合以1∶3的比例饲喂奶牛比1∶2的比例更能提高各营养物质表观消化率、奶牛生产性能以及乳品质。贾泽统（2018）的试验也表明，苜蓿青干草和燕麦青干草比例为3∶1时，饲喂价值最高，能显著提高奶牛的生产性能和经济效益；随着燕麦青干草用量的增加，乳中体细胞数和血液中总胆固醇浓度随之降低，表明燕麦青干草对肝及其他组织具有一定的积极作用。贺忠勇（2015）推荐泌乳期的粗饲料搭配为：燕麦青干草

1.5～2.0kg/(头·d)，全株玉米青贮 20～22kg/(头·d)，苜蓿青干草 3.5～4.0kg/(头·d)。为保证高产奶牛的产奶量，粗饲料含量应占总日粮的 50%及以上；中低产奶牛的粗饲料含量占比应达 60%以上，以获得最大产奶量。

3. 应用于围产期牛日粮

对于高产奶牛的日粮，需要解决的问题是维持泌乳所需高能量水平和合适纤维率之间的平衡，以维持瘤胃稳态，保持产前营养充足及体况健康且不过肥，保证低钙、高磷、低钾。由于目前国产和进口的燕麦青干草钾含量差异较大，一般进口的钾含量为 0.8%～1.5%，国产的钾含量不稳定，为 1.2%～3%，所以实际生产中比较关注燕麦青干草的钾含量。钾含量过高会影响日粮的阴阳离子差（DCAD），对围产期奶牛生产造成不利影响。围产期奶牛应该尽量使用低钾燕麦青干草，而高钾燕麦青干草则可用于干奶牛和泌乳牛。李明华等（2016）利用燕麦青干草替代东北羊草进行研究时发现，在干奶前期饲喂燕麦青干草可显著提高奶牛的干物质采食量，奶牛产犊时的人工助产率有降低趋势，饲喂 3kg 的燕麦青干草替代羊草可最高降低 3.33 个百分点的人工助产率，并增加犊牛初生重；饲喂 2～3kg 的燕麦青干草时奶牛酮病发病率显著降低，但产奶量显著提高。邬晓丽（2018）在干奶前期分别饲喂 1kg、2kg、3kg 的燕麦草替代同等质量的羊草，显著提高了奶牛的干物质采食量，分别提高 5.06%、9.13%、9.38%，同时提高了产奶量，且预防奶牛产后疾病的效果也比较明显。贺忠勇（2015）推荐的干奶前期粗饲料搭配为：燕麦青干草 3～4.5kg/(头·d)，全株玉米青贮 14kg/(头·d)。保证日粮含有足量的有效纤维，即 NDF 含量维持在 44%～47%，以促进瘤胃及其微生物区系功能正常发挥，既可维护母体健康及保证胎儿正常生长发育，延续产后的平稳过渡，防止真胃移位，又能有效控制奶牛发生低血钙和产褥热的概率。

在奶牛围产后期需要注意的主要问题是泌乳前能量出现负平衡和产后失重，应在保证氮平衡的同时加入精料。饲喂燕麦青干草奶牛能充分利用其所含果胶，同时瘤胃 pH 降低缓慢，不至于发生酸中毒。另外，燕麦青干草的 NDF 消化率高，吸收效果好，能有效减缓围产后期奶牛的体况损失。贺忠勇（2015）推荐的围产后期粗饲料搭配为：燕麦青干草 1～1.5kg/(头·d)，苜蓿青干草 3～3.5kg/(头·d)及全株玉米青贮 14kg/(头·d)。

二、燕麦草在肉牛生产中的应用

营养物质的吸收效果直接影响反刍动物的健康生长和发育，而来源、切割长度是影响粗饲料中营养物质吸收效果的核心因素。适宜的粗饲料含量可以增加瘤胃容积，促进瘤胃上皮细胞健康发育以及瘤胃乳头维持正常形态。在肉牛犊牛的补饲早期，选择合适的粗饲料及其物理切割长度对于犊牛生长至关重要。研究表明，断奶前饲喂短燕麦青干草（3.0cm±0.5cm），断奶后饲喂长燕麦青干草（6.0cm±0.5cm）能达到更佳的饲喂效果，这是因为短燕麦粗饲料在维持水牛犊牛断奶前期瘤胃菌群稳态方面发挥着重要作用，而长燕麦粗饲料使水牛犊牛在断奶后期仍可保持一定程度的纤维消化率（张洁等，2021）。Terré 等（2013）研究发现，饲喂燕麦青干草能提高断奶犊牛的平均日增重（ADG）、干物质采食量及末期体重。钟华配等（2020a，2020b）报道，补饲燕麦草能显著增加 6 月龄水牛犊牛的体尺指标，如体长、胸围和腹围，同时能增加犊牛体重，并改善犊牛的腹泻情况。

采用燕麦草饲喂肉牛时通常与苜蓿草、玉米青贮等混合搭配，作为日粮中粗饲料的来源。而不同粗饲料之间的比例是影响家畜生产性能及养殖效益的重要因素。陈书礼等（2022）在肉牛日粮中分别添加了 20%和 40%的燕麦青干草，与添加 80%玉米青贮和 20%秸秆的日粮相比，发现两种添加比例的燕麦青干草均能够降低肉牛血脂、血清谷丙转氨酶活性，提高血清球蛋白含量，增强免疫性能与抗应激能力，同时能够提高粗饲料的蛋白质利用率，加速氮沉积，并能够改善肉的氨基酸和脂肪酸组成，从而改善其品质，其中添加比例为 40%时效果更佳。胡张涛等（2022）研究了在肉牛日粮中加入 20%燕麦青贮与 20%发酵构树粗饲料的饲喂效果，发现添加燕麦青贮和发酵构树对肉牛生长性能无显著影响，但能提高肉牛免疫能力，添加燕麦青贮的优点为可改善牛肉品质，添加发酵构树的优点为可改善肉牛肌肉的氨基酸和脂肪酸含量，提高其免疫性能。梁凡荣（2023）研究西门塔尔肉牛也发现，饲喂 80%玉米青贮+20%燕麦青贮可以有效改善肉质。张俊锋（2021）在精粗比为 3∶7 的条件下，比较了燕麦青干草和玉米青贮比例分别为 10∶0、6∶4、5∶5、4∶6、0∶10 的 5 种处理的肉牛饲喂效果，结果发现 40%燕麦青干草+60%玉米青贮饲喂育肥肉牛的平均日增重和经济效益最高。张霞（2019）研究了玉米青贮、燕麦青贮、苜蓿青干草、苜蓿青贮的组合效应及其在肉牛育肥中的应用，结果表明 50%燕麦青贮+50%苜蓿青干草组合的效果较好；青贮组合型 TMR 比单一玉米青贮 TMR 更有利于提高育肥肉牛的平均日增重和饲料转化率，且降低了排粪量及甲烷排放量，还降低了背最长肌结缔组织含量，增加了组氨酸含量，改善了氨基酸构成。

三、燕麦草在牦牛生产中的应用

牦牛是高寒地区重要的畜种，在高寒牧区的经济社会发展中具有重要的作用。但由于高寒地区气候条件恶劣，牧草的生长期较短，天然放牧草场一般在 12 月至翌年 4 月处于枯草期，牧草的产量逐月减少、品质逐渐降低，牦牛等家畜多处于夏壮、秋肥、冬瘦、春死亡的恶性循环中，所以在夏季一般需要种植燕麦等饲草或天然草场打贮草用于牦牛等家畜的冬春补饲。燕麦草因适应性好、易栽培、营养价值高等特点，已经成为高寒牧区最重要的粗饲料来源之一，对高寒牧区畜牧业发展具有重要的作用。

冷季补饲燕麦青干草对牦牛等家畜的冬春掉膘有明显改善效果。Long 等（2005）在冷季对放牧牦牛分别补饲 1.5kg 的燕麦青干草和青稞秸秆，结果显示补饲燕麦青干草组的日增重为（32±20.7）g/d，而补饲青稞秸秆组的日增重为（−56.7±39.3）g/d，补饲使放牧牦牛的体重损失分别减少了 111.1%和 80.4%，但补饲燕麦青干草降低牦牛体重损失的效果显著优于青稞秸秆。郝力壮等（2013）在妊娠后期对怀孕母牦牛补饲燕麦青干草 2.5kg/(头·d)+营养舔砖，可有效减少冷季失重，并增强了母牦牛的越冬能力，显著提高了犊牦牛的初生重。晁文菊（2009）采用燕麦青干草 3.3kg/(头·d)+营养舔砖＋精料补充料 0.5kg/(头·d)对围产期牦牛进行补饲，结果表明显著提高了犊牦牛的初生重和母牦牛的日平均产奶量，加快了母畜产后体况的恢复，缩短了生产周期和产犊间隔，提高了母牦牛的繁殖性能。周亚楠等（2023）在饲喂开食料的基础上使用苜蓿青干草和燕麦青干草（1∶1）混合饲喂哺乳期牦牛犊牛，发现瘤胃微生物菌群多样性有增加趋势，对瘤胃形态及功能具有正向调控功能，并提高了犊牛体重；血清生化指标显示无论单一饲喂还是混合饲喂燕麦青干草，对犊牛肝都无有害作用，混合饲喂还显著提高了血清白蛋白和肌酐含量，对机体新陈代谢有促进作用。王廷艳等（2022）报道，燕麦制种副产物产量高且未被有效利用，其营养成分的粗蛋白含量比玉米高 3.16%，接近小麦，可替代育肥牦牛日粮中 30%的玉米，在围产期补饲 51.1%可有效增益牦牛养殖。吴刀知才让等（2023）研究了不同燕麦青干草饲喂水平对牦牛日增重及血清生化指标等的影响，结果表明日增重随着饲喂水平的升高而线性增加；血液生理生化参数及瘤胃发酵性能均不同程度地受到饲喂水平的影响；根据估算的牦牛维持代谢能需要量，推算出燕麦青干草的干物质采食量至少在 50.7g/(kg BW·0.75·d)时，才能达到保膘或增重的目的。四川省质量技术监督局（2014b）根据牦牛的营养需要，推荐了其冷季补饲育肥时青干草（燕麦等）在日粮中的用量：6～18 月龄为 0.6～0.8kg/(头·d)，18～30 月龄为 0.8～1.4kg/(头·d)，30～42 月龄为 1.4～2.8kg/(头·d)，42 月龄以上为 2.6kg/(头·d)。

四、燕麦草在肉羊生产中的应用

燕麦草是肉羊生产的重要优质粗饲料来源之一，且在饲喂过程中通常与玉米青贮、苜蓿等按照一定比例混合使用。研究表明，在饲粮中添加 50%的燕麦青干草能显著提高绵羊的日增重、饲料转化率和营养物质表观消化率，并能提升瘤胃

的 NH_3 利用率、蛋白氮浓度、产气量、挥发性脂肪酸浓度；在精粗料水平（35：65）相同的条件下，用 50%全株玉米青贮和 50%燕麦青干草混合饲喂绵羊的效果最佳（张毕阳，2017）。王韵斐等（2018）研究也表明，在育肥羔羊全混合日粮中添加燕麦青干草与全株玉米青贮（1：1）混合替代羊草和青贮饲料可以提高肉羊的饲草料利用效率、日增重和屠宰率。在精粗比为 34.5：65.5 的饲粮中应用全株玉米青贮＋燕麦青干草（1：1）粗饲料，有利于维持绵羊瘤胃内环境的稳态及瘤胃微生物的生长（周瑞等，2016）。周泉佚和马先锋（2018）比较了不同比例的裹包燕麦青贮和裹包苜蓿青贮混合饲喂对羔羊的育肥效果，结果表明燕麦与苜蓿青贮比例为 3：7 时能达到较好的育肥效果，具体表现为采食率最高升至69.69%，体重和饲草消化率均增加，经济效益增加最显著。张心钊（2021）比较了裹包燕麦青贮、稻秸青贮及青干草、燕麦与稻秸混贮对湖羊的饲喂效果，结果发现裹包燕麦青贮可以提高湖羊的生长性能和营养利用效率，并且能够促进湖羊的瘤胃发酵，可在一定程度上改善羊肉品质；裹包燕麦与稻秸青贮按 4：6 的比例混合饲喂湖羊的效果与单独燕麦裹包青贮相似。

燕麦草也是高寒牧区藏羊养殖的重要粗饲料来源，特别是在冬春的补饲中利用最多。张玲勤等（2008）对妊娠后期放牧藏绵羊进行了燕麦颗粒料补饲试验，结果表明补饲燕麦颗粒料的藏绵羊繁殖成活率较对照组显著提高，羔羊死亡率较对照组显著降低。在青海冷季进行的陶赛特肉羊羯羊育肥试验显示，燕麦＋箭筈豌豆的青干草育肥效果优于燕麦草干草和小麦秸秆（王俊伶，2009）。周力等（2020）比较了燕麦青贮和玉米青贮对欧拉型藏羊的饲喂效果，结果表明燕麦青贮比玉米青贮的营养价值高、饲喂成本低，且能提高藏羊的生长性能和屠宰性能，从而增加经济效益。刚永和等（2018）比较了捆裹燕麦青贮、全株玉米青贮、燕麦青干草和小麦秸秆 4 种粗饲料对青海欧拉型藏羊的饲喂效果，结果表明燕麦青贮饲喂绵羊的日增重最高，经济效益明显；特别是在不适宜青贮玉米生长的高海拔干旱地区，可通过种植燕麦并进行青贮替代全株玉米青贮来饲喂牛、羊等反刍动物。王梓凡等（2023）比较了燕麦青干草和燕麦草块对西藏彭波半细毛羊的饲喂效果，结果发现燕麦草干草加工成草块进行饲喂后可显著缩短采食时间并延长反刍时间，从而显著提高采食效率、干物质采食量及日增重。四川省质量技术监督局（2014a）根据肉羊的营养标准等，推荐了藏绵羊冷季全舍饲育肥时青干草（燕麦等）在日粮中的用量：断奶羔羊（2～6 月龄）0.1～0.3kg/(头·d)、生长羔羊（6～12 月龄）0.4～0.8kg/(头·d)、淘汰母羊或羯羊（12 月龄以上）0.8kg/(头·d)。

参 考 文 献

晁文菊. 2009. 补饲对围产期牦牛生产性能及其犊牦牛生长发育的影响. 青海大学硕士学位论文.

陈书礼, 董建平, 胡张涛, 等. 2022. 燕麦干草对肉牛生长性能、血清生化指标及肉品质的影响. 畜牧与兽医, 54(11): 23-30.

甘丽, 李海萍, 汪辉, 等. 2023. 生育期和混播比例对四川冬闲田燕麦/箭筈豌豆混合青贮品质的影响. 草地学报, 31(6): 1867-1877.

刚永和, 张海博, 杜江, 等. 2018. 高寒地区捆裹青贮燕麦饲草饲喂绵羊效果的试验研究. 畜牧与饲料科学, 39(10): 44-48.

高远, 贾玉山, 王志军, 等. 2022. 紫花苜蓿复合干燥剂配比筛选及干燥机制研究. 黑龙江畜牧兽医(上半月), (9): 99-142.

郝力壮, 吴克选, 王万邦, 等. 2013. 牦牛妊娠后期补饲对其失重和犊牛生长发育的影响. 吉林农业科学, 4: 56-58.

贺忠勇. 2015. 燕麦干草在奶牛生产中的优势及应用. 中国奶牛, 17: 12-15.

胡张涛, 陈书礼, 倪洁, 等. 2022. 青贮燕麦和发酵杂交构树对肉牛生长性能、血清生化指标、肉品质以及肌肉组织学特性的影响. 动物营养学报, 34(7): 4474-4486.

贾泽统. 2018. 苜蓿与燕麦干草不同配比对奶牛生产性能的影响. 河南农业大学硕士学位论文.

江迪, 徐春城. 2021. 发酵 TMR 应用及其微生物种群演替规律研究进展. 生物技术通报, 37(9): 31-38.

李春喜, 叶润荣, 周玉碧, 等. 2014. 高寒牧区不同燕麦品种饲草产量及品质的研究. 草地学报, 22(4): 882-888.

李海萍, 关皓, 贾志锋, 等. 2023. 添加麦麸和乳酸菌对川西北高寒地区燕麦裹包青贮品质和有氧稳定性的影响. 草地学报, 31(1): 302-310.

李明华, 李锡智, 周玉财, 等. 2016. 干奶前期饲喂燕麦草对奶牛围产后期生产性能的影响. 中国奶牛, (7): 11-14.

李婷婷, 马静, 刘帅, 等. 2020. 不同周龄补饲燕麦干草对犊牛生长发育和行为的影响. 动物营养学报, 32(7): 3246-3254.

李志强, 冯富. 2018. 燕麦青贮研究进展. 西南民族大学学报(自然科学版), 44(1): 1-5.

梁凡荣. 2023. 青贮燕麦对肉牛品质影响的研究. 江西畜牧兽医杂志, 1: 28-30.

罗健科, 贾启彪. 2023. 不同青贮添加剂对燕麦青贮饲料品质的影响. 天津农林科技, (1): 20-22.

祁红霞, 杨勤, 石红梅, 等. 2017. 不同粗饲料对甘南藏羊舍饲育肥试验的影响. 畜牧兽医杂志, 36(2): 16-18.

任春燕, 毕研亮, 郭艳丽, 等. 2020. 开食料中性洗涤纤维水平对犊牛生长性能、血清生化指标和抗氧化功能的影响. 中国农业科学, 53(2): 440-450.

石红梅, 李鹏霞, 杨勤, 等. 2016. 裹包青贮燕麦育肥牦牛错峰效益分析. 中国牛业科学, 42(4): 44-46.

四川省质量技术监督局. 2014a. 藏绵羊育肥技术规程. DB51/T 1851—2014.

四川省质量技术监督局. 2014b. 牦牛补饲育肥技术规程. DB51/T 1852—2014.

宋磊, 王彦超, 张凡凡, 等. 2021. 不同收获期燕麦青贮品质分析. 新疆农业科学, 58(10): 1938-1946.

孙小凡, 魏益民, 张国权, 等. 2003. 麦类作物青贮饲料营养价值分析. 粮食与饲料工业, (4): 27-29.

孙肖慧. 2014. 提高西藏燕麦和紫花苜蓿混合青贮发酵品质和有氧稳定性的研究. 南京农业大学硕士学位论文.

王俊伶. 2009. 燕麦+箭豆混播和燕麦单播青干草饲喂陶赛特肉羊育肥增重试验. 畜牧与兽医, 41(8): 107.

王亮亮, 胡跃高, 关鸣. 2011. 燕麦青干草和东北羊草对奶牛产奶量及乳成分的影响. 中国奶牛, (23): 43-44.

王硕, 苗赞, 焦崇, 等. 2021. 不同中性洗涤纤维来源和粒度的全混合日粮对哺乳期犊牛生长性能、血清生化指标和采食行为的影响. 动物营养学报, 33(7): 3934-3948.

王思伟, 刘婷婷, 李魁英, 等. 2023. 燕麦青贮替代燕麦干草和羊草对奶牛生产性能及血清生化指标的影响. 饲料研究, 6: 10-14.

王廷艳, 晁文菊, 薛斌, 等. 2022. 燕麦制种副产物替代玉米对牦牛生产性能的影响. 饲料研究, (22): 15-18.

王韵斐, 陈秋菊, 王文义, 等. 2018. 饲用燕麦草对肉羊育肥效果的影响研究. 畜禽业, 29(5): 14-15.

王梓凡, 张晓庆, 钟志明, 等. 2023. 燕麦草捆和草块对彭波半细毛羊采食行为及生产性能的影响. 草业学报, 32(5): 171-179.

魏大为, 张久盘, 陈彩锦. 2018. 燕麦草日粮粒度对荷斯坦奶牛咀嚼活动和唾液分泌的影响分析. 南方农业, 12(30): 151-152.

邬晓丽. 2018. 优质燕麦促进新产奶牛的经济效益研究. 西北农林科技大学硕士学位论文.

吴刀知才让, 裴成芳, 马志远, 等. 2023. 燕麦干草不同饲喂水平对牦牛日增重、血液生理生化指标及瘤胃发酵参数的影响. 草业学报, 32(11): 119-129.

吴志. 2020. 饲用燕麦的营养价值及利用探析. 现代农业科技, (12): 223-225.

谢小峰, 周玉明. 2013. 燕麦草青贮和全株玉米青贮对奶牛产奶量和乳成分的影响. 畜牧与兽医, 45(9): 35-37.

徐春城, 张鑫垚, 江迪, 等. 2020. 燕麦和全株玉米不同配比对 TMR 发酵品质及有氧稳定性的影响. 饲料工业, 41(4): 1-6.

杨雪馨. 2022. 补饲粗饲料对哺乳期犊牛生长性能、瘤胃发酵与胃肠道微生物的影响. 西北农林科技大学硕士学位论文.

张毕阳. 2017. 饲粮中添加燕麦干草对绵羊生长性能、消化代谢及瘤胃微生物区系的影响. 甘肃农业大学博士学位论文.

张国芳, 李潮流, 岳俊芳. 2003. 苜蓿干草调制及质量评定标准. 农业新技术, 6: 16-17.

张洁, 王坤, 李浩, 等. 2021. 粗饲料来源及长度对水牛犊牛生长性能、养分表观消化率和瘤胃菌群结构的影响. 动物营养学报, 33(12): 6876-6888.

张俊锋. 2021. 不同比例燕麦干草与青贮玉米饲喂肉牛试验研究. 畜牧兽医杂志, 3: 64-66.

张玲勤, 陈刚, 祁全青, 等. 2008. 妊娠后期放牧藏羊补饲试验. 青海畜牧兽医杂志, 38(2): 4-7.

张晴晴, 梁庆伟, 杨秀芳, 等. 2019. 添加有机酸对燕麦青贮发酵和营养品质的影响. 饲料研究, 4: 84-86.

张霞. 2019. 青贮饲草营养价值评定及其育肥肉牛研究. 兰州大学硕士学位论文.

张心钊. 2021. 燕麦草与稻秸混合裹包青贮制作及对湖羊瘤胃发酵、生长性能和羊肉品质的影响. 扬州大学硕士学位论文.

张越利. 2012. 燕麦生育期、品种及与玉米的混合比例对青贮品质的影响. 西北农林科技大学硕士学位论文.

赵继丽, 李长慧, 徐世晓, 等. 2019. 三江源区燕麦种植模式和收获期对青贮品质的影响. 西北农业学报, 28(5): 703-712.

赵淑敏, 苏莹莹, 贾泽统, 等. 2021. 燕麦干草和苜蓿干草的组合效应及其对奶牛生产性能、乳品质、血清生化指标和营养物质表观消化率的影响. 动物营养学报, 33(11): 6572-6583.

钟华配, 赵朝步, 韦科龙, 等. 2020a. 补饲燕麦草对 6 月龄水牛犊牛腹泻的影响. 畜禽业, 31(3): 71.

钟华配, 赵朝步, 韦科龙, 等. 2020b. 日粮中添加燕麦草对 6 月龄水牛犊牛生长性能及血清生化指标的影响. 畜牧兽医杂志, 39(6): 22-24.

周力, 李雪清, 李鹏翔, 等. 2020. 不同青贮饲料对欧拉型藏羊生长性能、屠宰性能和经济效益的影响. 饲料研究, 10: 6-9.

周泉伏, 马先锋. 2018. 裹包青贮燕麦和苜蓿饲喂肉羊育肥效果试验研究. 畜牧与兽医, 50(9): 26-29.

周瑞, 赵生国, 刘立山, 等. 2016. 饲粮中燕麦干草含量对绵羊瘤胃液 pH 及微生物区系的影响. 动物营养学报, 28(5): 1589-1597.

周亚楠, 冯宇哲, 杨得玉, 等. 2023. 苜蓿干草、燕麦干草及二者混合饲喂对哺乳期牦牛犊牛生长性能、血清生化指标及瘤胃发酵参数、组织形态和微生物区系的影响. 动物营养学报, 35(2): 995-1007.

朱正鹏, 单安山, 富相奎, 等. 2005. 化学干燥剂对干草调制的影响. 中国饲料, 21: 19-21.

Brink G, Matthew FD, Muck RE. 2014. Field drying-rate differences among three cool-season grasses. Forage and Grazinglands, DOI 10.2134/FG-2013-0104-RS.

Collins M, Coblentz WK. 2013. Post-harvest physiology. Vol. 2. *In*: Barnes RF, et al. Forages: The Science of Grassland Agriculture. 6th ed. Ames: Iowa State University Press: 583-599.

Collins M, Owens VN. 2003. Preservation of forage as hay and silage. Vol. 1. *In*: Barnes RF, et al. Forages: An Introduction to Grassland Agriculture. 6th ed. Ames: Iowa State University Press: 443-471.

Garduño-Castro Y, Espinoza-Ortega ACE, González-Esquivel CE, et al. 2009. Intercropped oats (*Avena sativa*)-common vetch (*Vicia sativa*) silage in the dry season for small-scale dairy systems in the Highlands of Central Mexico. Tropical Animal Health and Production, 41(5): 827-834.

Long RJ, Dong SK, Wei XH, et al. 2005. The effect of supplementary feeds on the bodyweight of yaks in cold season . Livestock Production Science, 93: 197-204.

Rotz CA. 1995. Field curing of forages. *In*: Moore KJ, Peterson MA. Post-Harvest Physiology and Preservation of Forages. Madison: Crop Science Society of America: 39-66.

Rotz CA, Shinners KJ. 2007. Hay harvest and storage. *In*: Barnes RF, Nelson CJ, Moore KJ, et al. Forages: The Science of Grassland Agriculture. Ames: Blackwell Publishing: 601-616.

Terré M, Pedrals E, Dalmau A, et al. 2013. What do preweaned and weaned calves need in the diet: A high fiber content or a forage source. Journal of Dairy Science, 96(8): 5217-5225.

Xiao JX, Chen TY, Alugongo GM, et al. 2021. Effect of the length of oat hay on performance, health, behavior and rumen fermentation in Holstein female calves. Metabolites, 11(12): 890.

Xiao JX, Chen TY, Peng R, et al. 2023. The age at first consumption of forage in calves and its effect on growth and rumination in the short- and long-term. Journal of Animal Science and Biotechnology, 14: 107.

第九章　饲用燕麦经济效益分析

第一节　饲用燕麦的种植经济效益

饲用燕麦为一种优良的粮饲兼用型作物，叶多茎少，叶片宽长且柔嫩多汁，适口性强，具有饲用经济、安全、方便，富含可溶性糖、可消化纤维、矿物质与维生素，低钾、低硝酸盐等优点，是畜牧业重要的饲料来源。同时，燕麦干草的粗蛋白瘤胃降解率比苜蓿干草低，但产奶净能接近苜蓿干草，可与苜蓿干草在营养上相互弥补，饲喂燕麦干草能有效控制家畜产后疾病的发生，进一步丰富了我国粗饲料的种类，使奶牛营养配方有了更多的选择。有研究表明，裸燕麦秸秆含有粗蛋白 5.2%、粗脂肪 2.2%、无氮浸出物 44.6%，均比谷草、麦草、玉米秸秆的相应养分含量高，而难以消化的纤维含量为 28.2%，比小麦、玉米、谷子秸秆低 4.9%～16.4%，是最佳的饲草选择之一（徐龙等 2021；宋国英，2014）。

饲用燕麦的市场前景良好，在国内多个地区均有种植。许多农业技术人员研究了饲用燕麦的种植经济效益，为加速其推广提供了有力支撑。目前，关于饲用燕麦的经济效益研究主要集中在饲用燕麦与其他作物配合种植的经济效益和栽培措施对饲用燕麦经济效益的影响两方面。

一、种植模式对饲用燕麦经济效益的影响

饲用燕麦与其他作物配合种植的方式在一定程度上充分利用了土地资源，可为农牧业带来良好的经济收益。许多育种家已采用不同的一年生作物与饲用燕麦混合栽培，以探究栽培饲用燕麦的实际收益。受自然环境和栽培条件等因素的影响，不同地区或不同栽培模式之间的饲用燕麦种植经济效益存在一定程度的差异。

在拉萨河谷地区开展的冬青稞收获后复种皮裸燕麦的试验表明（表9-1），'白燕 10 号'每公顷鲜、干草产出可带来的纯效益分别为 8772 元、11 556 元；'永久 109'每公顷鲜、干草产出可带来的纯效益分别为 9333 元、12 485 元（宋国英，2014）。可见冬青稞收获后复种燕麦的经济效益显著，适宜大面积推广应用，可为拉萨河谷农区农牧民增收致富开辟新途径。

表 9-1　冬青稞收获后复种不同燕麦品种的经济效益分析（宋国英，2014）

品种	鲜草收益（理论值）		干草收益（理论值）	
	鲜草产量（t/hm²）	纯收益（元/hm²）	干草产量（t/hm²）	纯收益（元/hm²）
白燕 10 号	31.68	8 772	9.66	11 556
白燕 9 号	28.14	7 356	8.52	9 735
白燕 2 号	23.82	5 628	7.31	7 791
永久 109	33.08	9 333	10.24	12 485
青引 2 号	27.12	6 948	8.70	10 023
白燕 7 号	22.96	5 285	6.56	8 876

　　研究人员对新疆伊犁地区夏收后不同复播方式下的饲草料地上生物量和营养成分分析表明，饲草混播较单播的产草量和粗蛋白含量明显增加，粗纤维含量降低。其中，'初岛燕麦'+'中豌六号'混播组合所获取的经济效益最高，达 5735.8 元/hm²（表 9-2），为伊犁地区夏收复播饲草模式的作物选择提供了参考（张荟荟等，2014）。

表 9-2　不同播种方式下饲草料产量和经济效益的比较（张荟荟等，2014）

处理	鲜草产量（t/hm²）	干草产量（t/hm²）	经济效益（元/hm²）
初岛燕麦	24.71	7.10	5683.0
饲料大麦	18.51	5.48	4387.2
一年生多花黑麦草	17.28	3.24	2594.8
初岛燕麦+中豌六号	25.03	7.17	5735.8
饲料大麦+中豌六号	18.98	5.68	4542.8
黑麦草+波斯三叶草	17.97	3.24	2595.4

　　在晋北农牧交错带开展了燕麦不同带状间作模式种植研究，以探究不同带状间作模式对其产量效应及经济效益的影响，进而筛选出适宜当地生态环境的种植模式，有利于优化晋北地区种植结构、推动当地经济发展。相关研究表明，燕麦‖马铃薯、燕麦‖大豆和燕麦‖红芸豆带状间作模式的经济效益比燕麦单作分别高 43.6%、7.7% 和 39.9%，均表现出一定的经济效益优势。综合分析认为，燕麦‖马铃薯和燕麦‖红芸豆带状间作模式的产量效应和纯收入（分别为 16 700.85 元/hm² 和 16 261.32 元/hm²）均较高，在晋北地区具备较高的推广应用价值（王月等，2022）。此外，为探究晋北地区不同粮草轮作模式的产量效应及经济效益，有学者以多个粮草轮作模式的田间试验为基础，综合评价了其经济收入。结果表明（表 9-3 和图 9-1），燕麦—长柔毛野豌豆—谷子和燕麦—大豆—谷子 2 个粮草轮作模式的总收入较高（分别为 22 233 元/hm² 和 22 088 元/hm²），是晋西北地区比较理想的粮草轮作模式（侯东来等，2022）。研究人员对山西不同地区的作物轮

作模式实地调研发现，玉米—小黑麦轮作的平均纯收入最高（32 662.5 元/hm²），玉米连作次之（20 137.5 元/hm²），玉米—苜蓿—燕麦轮作最低（13 696.2 元/hm²），但其饲草营养品质显著高于其余 2 种模式（$P<0.01$），而玉米连作的饲草营养品质最低。综合来看，玉米—苜蓿—燕麦轮作的综合效益最高，玉米—小黑麦轮作次之，玉米连作最低（欧翔等，2018）。

表 9-3　不同轮作模式的经济效益比较（侯东来等，2022）

轮作模式	总收入（元/hm²）	总成本（元/hm²）	总利润（元/hm²）
燕麦—长柔毛野豌豆—青贮玉米（O—H—C）	36 683	22 912	13 771
燕麦—长柔毛野豌豆—谷子（O—H—M）	45 745	23 512	22 233
燕麦—大豆—青贮玉米（O—S—C）	38 949	23 512	15 437
燕麦—大豆—谷子（O—S—M）	46 200	24 112	22 088
燕麦—长柔毛野豌豆—燕麦（O—H—O）	27 832	21 374	6 458
燕麦—大豆—燕麦（O—S—O）	30 217	21 974	8 243
燕麦—燕麦—青贮玉米（O—O—C）	34 086	22 124	11 962
燕麦—燕麦—谷子（O—O—M）	38 748	22 724	16 024

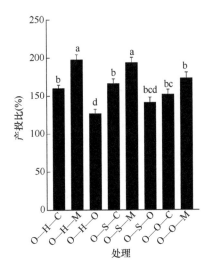

图 9-1　不同轮作模式的产投比比较（侯东来等，2022）

不同小写字母表示各处理间在 0.05 水平差异显著

一年生豆科植物与禾本科植物的混合种植被认为具有很大的优势，在我国的农牧区得到了广泛应用。有研究对燕麦‖玉米、燕麦‖向日葵和燕麦‖绿豆间作进行了研究，筛选出适合我国东北半干旱地区的经济效益最佳的种植模式。结果表明，燕麦‖向日葵间作的两年净收入约 29 739.75 元/hm²，明显高于燕麦和向日葵单作，

综合评价认为燕麦||向日葵间作是最有利的间作模式（Qian et al.，2018）。在吉林省白城市开展的燕麦与箭筈豌豆间作研究表明（表 9-4），当燕麦的播种比例为50%时，获得的净收入最高，2 年春播和夏播可分别获得 11 813.53 元/hm² 和 5700.84 元/hm² 的纯收入，春播分别比箭筈豌豆与燕麦单作的净收入高 18.05% 和 81.26%，夏播分别比箭筈豌豆与燕麦单作的净收入高 80.55% 和 304.62%。因此，在我国农牧交错区，燕麦和箭筈豌豆间作相比相应作物单作具有更高的经济效益，且建议燕麦的播种比例为 50%（Wang et al.，2021）。有研究对吉林省西部地区的燕麦与豆科作物间作模式进行研究表明，燕麦||花生和燕麦||大豆间作的经济效益（纯收入）分别为 12 015 元/hm² 和 13 673 元/hm²，分别比燕麦||绿豆间作高 59.5% 和 81.5%，综合分析认为，燕麦||大豆的产量和经济效益较高，推广应用价值更大（马怀英等，2021）。

表 9-4　燕麦与箭筈豌豆间作体系 2 年的成本与收益（Wang et al.，2021）

燕麦比例 (%)	2 年投入成本（元/hm²）					2 年春播净收入（元/hm²）	2 年夏播净收入（元/hm²）
	种子	肥料	灌溉	劳动力	机械		
0	866.92	838.02	866.92	332.32	216.73	10 007.18	3 157.50
25	968.06	838.02	866.92	332.32	216.73	8 973.95	4 234.08
33	996.95	838.02	866.92	332.32	216.73	10 267.29	4 971.08
50	1 047.52	838.02	866.92	332.32	216.73	11 813.53	5 700.84
67	1 134.22	838.02	866.92	332.32	216.73	9 739.84	4 089.58
75	1 163.11	838.02	866.92	332.32	216.73	7 550.54	3 475.42
100	1 264.25	838.02	866.92	332.32	216.73	6 517.31	1 408.95

二、栽培措施对饲用燕麦经济效益的影响

在实际生产中，人们常通过改变栽培作物的水、肥等条件来提高作物的产量。因此，国内外的育种专家不断通过改进饲用燕麦的栽培条件来提高其草产量，多集中在施肥水平对饲用燕麦产量及经济效益的影响方面。

农业生产中，氮素来源较多，因此研究人员分析了不同氮素来源对饲用燕麦产量和收益的影响。Iqbal 等（2014）在巴基斯坦旁遮普省开展的研究表明，不同播种方式和氮源处理的燕麦种植经济效益差异明显，行距为 30cm 条播、氮源为 100% 尿素的试验样地产生的净利润最高（3202.35 元/hm²），而总支出最低（1782.20 元/hm²）。在印度泰米尔纳德邦开展的有机和无机肥料对饲用燕麦生产力及经济效益影响研究发现，当氮、磷、钾肥施用量分别为 40kg/hm²、20kg/hm² 和 0kg/hm² 时，可获得 371.73 元/hm² 的最高净收益，每投入 1 元的种植成本可获得 1.67 元的收益（Jayanthi et al.，2002）。Godara 等（2016）在印度哈里亚纳邦

研究了不同氮素水平对 12 个燕麦基因型经济效益的影响，发现在同等氮素水平下，燕麦 OS405 基因型的毛收益（6026.31 元/hm²）、净收益（3630.32 元/hm²）最高；在不同的氮素水平处理中，施氮量为 120kg/hm² 的处理毛收益（6052.27 元/hm²）、净收益（3615.61 元/hm²）最高。

'青引'系列饲用燕麦在我国高海拔地区具有生育期短、抗逆性强、产量高等优点，是草籽兼用型燕麦品种。为探究不同氮肥水平对饲用燕麦'青引 1 号'刈割前后经济效益的影响，王朋（2013）在青海省西宁市对其生产过程的投入和产出进行了测算分析，表明燕麦饲草田刈割一次且施氮水平为 120kg/hm² 处理的纯收入最高（16 995.8 元/hm²），其次是刈割一次且施氮水平为 60kg/hm² 的处理（13 634.0 元/hm²）；燕麦种子田刈割一次且施氮水平为 120kg/hm² 处理的纯收入最高（18 955.5 元/hm²），不刈割且施氮水平为 0kg/hm² 的处理次之（15 325.2 元/hm²）。此外，研究人员以'青引 1 号'饲用燕麦为试验材料，研究了不同水平氮（N）、磷（P）、钾（K）配施对青海省西宁市燕麦种植经济效益的影响。结果表明（表 9-5），不同水平氮、磷、钾配施处理的燕麦种植经济效益均高于不施肥处理，氮肥施用量为 88.5kg/hm²、磷肥施用量为 82.5kg/hm²、不施钾肥处理可增收 3324.7 元/hm²，增收效果最为明显（马祥等，2017）。张子龙（2018）在青海省海西州以'青引 3 号'饲用燕麦为供试材料，研究了不同施肥梯度及播种处理对燕麦种植经济效益的影响。结果表明，燕麦与箭筈豌豆混播在高肥条件下的干草纯收入达 4158.72 元/hm²，经济效益最高。

表 9-5 不同水平氮、磷、钾配施处理的燕麦种植经济效益（马祥等，2017）

肥料施用量（kg/hm²）			肥料成本（元/hm²）	总收入（元/hm²）	增收（元/hm²）
N	P₂O₅	K₂O			
0	0	0	0	9 688.9	
0	82.5	82.5	618.8	10 566.7	3.2
44.3	82.5	82.5	725.0	12 633.3	1 897.3
88.5	0	82.5	501.2	12 311.2	1 988.4
88.5	41.3	82.5	666.2	13 111.2	2 495.5
88.5	82.5	82.5	831.2	13 722.2	2 813.7
88.5	123.8	82.5	996.2	14 355.7	3 154.2
88.5	82.5	0	542.4	13 944.5	3 324.7
88.5	82.5	41.3	686.8	13 888.9	3 124.8
88.5	82.5	123.8	975.5	13 500.1	2 447.2
132.8	82.5	82.5	937.4	13 705.6	2 624.4
44.3	41.3	82.5	560.0	12 844.5	2 401.4
44.3	82.5	41.3	580.6	13 305.6	2 714.0
88.5	41.3	41.3	521.8	13 344.5	2 873.2

为研究拔节期追施氮肥对不同燕麦品种种植经济效益的影响，张斌等（2017）在河北张家口对主要裸燕麦栽培品种开展了相关试验。结果表明（表9-6），追施氮肥后除'坝莜6号'净效益降低外，其余品种净效益均增加，增产效益为623.68～1392.97元/hm²，其中'坝莜18号''坝莜13号'在追肥后净效益较高，分别比不追施氮肥处理增加1392.97元/hm²和1333.15元/hm²。

表9-6 拔节期追施氮肥对裸燕麦种植经济效益的影响（张斌等，2017）

| 品种 | 处理 | 收益（元/hm²） | | 净效益（元/hm²） | 增产效益（元/hm²） |
		籽粒	秸草		
坝莜1号	不追氮	7 124.21	1 284.17	6 758.38	
	追氮	8 196.92	1 387.77	7 565.69	807.31
坝莜3号	不追氮	7 101.28	1 313.25	6 764.53	
	追氮	8 033.84	1 461.81	7 476.65	712.12
坝莜6号	不追氮	8 624.98	1 025.87	8 000.85	
	追氮	6 981.52	1 183.41	6 145.93	−1 854.92
坝莜8号	不追氮	7 182.81	1 201.31	6 734.12	
	追氮	8 105.19	1 427.14	7 513.33	779.21
坝莜9号	不追氮	6 675.76	1 124.28	6 150.04	
	追氮	7 542.08	1 250.64	6 773.72	623.68
坝莜13号	不追氮	6 578.94	1 358.21	6 287.14	
	追氮	8 219.85	1 419.44	7 620.29	1 333.15
坝莜18号	不追氮	8 790.60	1 514.70	8 655.30	
	追氮	10 367.81	1 699.46	10 048.27	1 392.97
冀张莜4号	不追氮	7 985.43	1 390.45	7 725.88	
	追氮	9 468.37	1 501.25	8 950.62	1 224.74

第二节 饲用燕麦的加工利用经济效益

畜禽养殖业根据所在地区的环境条件及养殖场情况，对饲用燕麦的加工利用常采取直接利用鲜草以及晒制干草、青贮等方式，每种加工利用方式都有其优缺点，且均可能会对燕麦的饲用价值产生影响（闫庆忠，2022）。

一、饲用燕麦干草与其他饲草配比对家畜经济效益的影响

晒制干草是一种比较简单且较为常用的饲用燕麦加工利用方式，可分为自然干燥法和人工干燥法等（详见第八章）。为大力推进饲用燕麦在肉牛和奶牛养殖中的广泛应用，张俊锋（2021）开展了不同比例燕麦干草与玉米青贮混合饲喂肉

牛的试验，以筛选最佳的饲喂模式。结果表明，在相同精料条件下，40%燕麦干草+60%玉米青贮混合饲喂育肥肉牛的经济效益高于其他组（纯收入为2212.8元），因此实际应用中可大力推广 40%燕麦干草+60%玉米青贮+精料的饲料模式。赵淑敏等（2021）分析了燕麦干草和苜蓿干草的组合效应及其对奶牛经济效益的影响。结果表明，与单纯添加苜蓿干草相比，燕麦干草和苜蓿干草的混合添加比例为1∶3时，纯收入和净增收益均最高[分别为43.17元/(头·d)和1.28元/(头·d)]。

为探讨燕麦替代羊草对产后奶牛生产性能的影响，找到最优的饲草替代模式，同时从经济学上分析其投入产出效益，最终达到降本增效的目的，邬晓丽（2018）研究了干奶期不同重量的燕麦等量替代东北羊草对产后奶牛经济收益的影响。研究表明（表9-7），3个燕麦替代羊草试验组的总收益较对照组均不同程度增加，且2kg替代组提升效果最明显，高达304.1元/头，说明理论上用燕麦替代羊草对于降本增效具有重要意义，能为行业增加约16亿元的收益。企业内部推广结果表明，燕麦替代羊草饲喂干奶期奶牛，不仅提高了产奶量，降低了产后发病率，而且从利润增加上看，8个月左右用燕麦替代羊草的饲喂模式可为中等规模（500～1000头奶牛）的企业创造超过300万元的收益。

表9-7　干奶前期饲喂不同重量燕麦对产后奶牛经济效益的影响（邬晓丽，2018）

项目	无燕麦替代	1kg燕麦替代	2kg燕麦替代	3kg燕麦替代
干奶期增加饲料成本（元/头）	0	48	96	144
节省犊牛饲养成本（元/头）	0	83.0	68.5	56.5
节省产后60天兽药成本（元/头）	0	99.8	182.9	203.5
总收益（元/头）	0	236.9	304.1	286.9

此外，也有研究人员比较了不同等级燕麦干草对高产奶牛（50kg±3kg）经济效益的影响。结果表明（表9-8），饲喂一级燕麦干草后每个饲养日的经济效益比饲喂三级燕麦干草可提升2元/头（李明华等，2022）。

表9-8　饲喂不同等级燕麦干草对高产奶牛经济效益的影响（李明华等，2022）

项目	试验组（一级燕麦干草）	对照组（三级燕麦干草）
燕麦干草价格（元/kg）	2.2	1.9
日饲料成本（元/头）	90.20	89.83
日产奶收益（元/头）	207.52	205.15
去除饲料成本后日效益（元/头）	117.32	115.32
差值（元/头）	2.00	

二、青贮燕麦对家畜经济效益的影响

青贮是一种比较简单、成本较低的饲草加工处理技术，能够较好地保存饲用燕麦的营养价值。相关研究表明，通过调整不同饲草在青贮中的比例，可获得最优的配比组合，进而促进家畜生长和畜产品经济效益提升。Enciso 等（2021）评估了燕麦品种'Altoandina'对哥伦比亚高海拔地区奶牛经济效益的影响，经济模型模拟结果表明（表 9-9），饲料成分为 65%隐花狼尾草（*Cenchrus clandestinus*）+35%'Altoandina'燕麦青贮是最佳选择，平均净现值（NPV）比 100%隐花狼尾草和 35%隐花狼尾草+65'Altoandina'燕麦青贮处理分别高 128%和 51%，并显示出较低的变化性；风险价值和概率（净现值<0）指标显示，在不同的产量/市场情况下，65%隐花狼尾草+35%'Altoandina'燕麦青贮产生的日粮经济损失风险最低。周泉佚和马先锋（2018）通过设置燕麦青贮与苜蓿青贮重量比分别为 1∶0、7∶3、1∶1、3∶7、0∶1 的 5 组混合饲草，研究了不同比例的混合饲草对羔羊育肥效果的影响，以筛选适宜的饲草搭配比例。结果表明，燕麦青贮与苜蓿青贮混合饲喂羔羊具较好的育肥效果，羔羊的采食量显著增加，但综合采食量、增重和经济效益等指标，裹包燕麦青贮与裹包苜蓿青贮的重量比为 3∶7 是最佳混合比例，经济效益为 159.08 元，较仅饲喂裹包燕麦青贮和仅饲喂裹包苜蓿青贮分别增加 105.4 元、38.27 元。

表 9-9　不同比例燕麦青贮饲草对奶牛经济效益的影响（Enciso et al.，2021）

经济指标	100%隐花狼尾草	65%隐花狼尾草+35%燕麦青贮	35%隐花狼尾草+65%燕麦青贮
牛奶销售总收入[元/(hm²·a)]	82 031.93	149 044.53	264 062.61
生产成本[元/(hm²·a)]	70 039.59	121 476.60	248 393.11
净效益[元/(hm²·a)]	9 976.76	21 304.46	19 115.50
单位生产成本（元）	2.24	2.10	2.46
单位利润（元）	0.36	0.51	0.14
平均净现值	5 194	11 842	7 853
内部收益率（%）	40.8	49.9	23.5

国内也开展了燕麦不同类型草产品对畜牧业经济效益影响的比较研究。石红梅等（2016）研究了燕麦青贮和燕麦干草舍饲育肥牦牛的错峰经济效益，结果表明每增重 1kg 试验组比对照组节约饲料成本 39.98 元；通过 60 天的保膘育肥，除去饲料成本后试验组和对照组的错峰效益分别为 1309.45 元/头和 1094.01 元/头；燕麦青贮育肥牦牛的效果远远高于燕麦干草，牦牛低成本舍饲育肥，必须从错峰出栏上获取较高的经济效益。刚永和等（2018）在青海省海东市开展了捆裹燕麦青贮饲喂绵羊的试验，结果表明（表 9-10）饲喂捆裹燕麦青贮的绵羊日均盈利 1.71 元/只，较饲喂小麦秸秆、燕麦青干草和全株玉米青贮分别多盈利 1.17 元/只、0.96 元/只和 0.50 元/只，分别提高 216.67%、128.00%和 41.32%。可见，捆裹燕麦

饲草青贮饲喂绵羊的经济效益明显，在高寒地区可大力推广应用。周力等（2020）研究了不同青贮饲料对欧拉型藏羊生长性能、屠宰性能和经济效益的影响，结果发现燕麦青贮组藏羊盈利 3.02 元/(只·d)，比玉米青贮组增加 59.79%，表明燕麦青贮比玉米青贮营养价值高、饲料成本低，可以提高藏羊生长性能和屠宰性能，从而增加经济效益，具备在高寒牧区推广应用的价值。

表 9-10　捆裹燕麦青贮饲喂绵羊的经济效益（刚永和等，2018）

饲草料组成	小麦秸秆	燕麦青干草	燕麦青贮	全株玉米青贮
产值（元/只）	99.80	142.86	201.30	181.60
养殖综合成本（元）	72.04	104.57	114.27	119.99
增重成本（元/kg）	14.44	14.56	11.35	13.21
只均盈利（元）	27.76	38.29	87.03	61.61
日均盈利（元/只）	0.54	0.75	1.71	1.21

三、小结

综合国内外的研究发现，饲用燕麦在生产中的应用可为饲草产业和畜牧业带来较高的直接与间接经济效益。在草业和养殖业蓬勃发展的今天，国内饲用燕麦的生产供应水平远不能满足市场需求，近年来仍需以高价从国外进口大量饲用燕麦及其种子，说明饲用燕麦在我国具有较大的商业潜力。从国家宏观经济层面出发，饲用燕麦的经济价值对于我国调节农业产业结构，促进畜牧业快速发展，稳定畜产品市场价格具有重要意义。

参 考 文 献

刚永和, 张海博, 杜江, 等. 2018. 高寒地区捆裹青贮燕麦饲草饲喂绵羊效果的试验研究. 畜牧与饲料科学, 39(10): 44-48.

侯东来, 刘建宁, 石永红, 等. 2022. 晋北地区不同粮草轮作模式的产量及经济效益分析. 山西农业科学, 50(12): 1662-1667.

李明华, 郭刚, 马冬海 等. 2022. 不同等级燕麦干草对高产牛生产性能的影响及经济效益分析. 中国奶牛, (1): 1-4.

马怀英, 王上, 杨亚东, 等. 2021. 燕麦与豆科作物间作的产量、经济效益与碳足迹分析. 中国农业大学学报, 26(8): 23-32.

马祥, 贾志锋, 刘文辉, 等. 2017. 青海地区燕麦"3414"施肥效果及推荐施肥量. 草业科学, 34(9): 1906-1914.

欧翔, 玉柱, 许庆方, 等. 2018. 山西省三种饲草作物种植模式的效益分析. 草地学报, 26(6): 1520-1524.

石红梅, 李鹏霞, 杨勤, 等. 2016. 裹包青贮燕麦育肥牦牛错峰效益分析. 中国牛业科学, 42(4):

44-46.

宋国英. 2014. 拉萨河谷冬青稞后复种燕麦品种筛选与经济效益研究. 西藏农业科技, 36(2): 15-18.

王朋. 2013. 施氮与刈割对燕麦生产性能的影响. 青海大学硕士学位论文.

王月, 张鹏鹏, 施磊, 等. 2022. 北方半干旱区燕麦带状间作模式构建及经济效益分析. 山西农业大学学报(自然科学版), 42(5): 55-65.

邬晓丽. 2018. 优质燕麦促进新产奶牛的经济效益研究. 西北农林科技大学硕士学位论文.

徐龙, 黄友栓, 李东宁, 等. 2021. 宁夏引黄灌区一年种植两季燕麦经济效益分析//中国畜牧业协会 2021 年草业论文汇编. 赤峰: 第六届中国草业大会.

闫庆忠. 2022. 燕麦草的饲用价值及加工方式. 特种经济动植物, 25(12): 138-140.

张斌, 葛军勇, 杨万军, 等. 2017. 拔节期追氮对裸燕麦(Avena nuda L.)主栽品种生产性能与效益的影响. 作物杂志, (2): 81-87.

张荟荟, 张学洲, 兰吉勇, 等. 2014. 夏收后复播不同饲草料效益分析. 草食家畜, (1): 60-63.

张俊锋. 2021. 不同比例燕麦干草与青贮玉米饲喂肉牛试验研究. 畜牧兽医杂志, 40(3): 64-66.

张子龙. 2018. 高寒地区施肥和混播对燕麦草产量、水肥利用及经济效益的影响. 兰州大学硕士学位论文.

赵淑敏, 苏莹莹, 贾泽统, 等. 2021. 燕麦干草和苜蓿干草的组合效应及其对奶牛生产性能、乳品质、血清生化指标和营养物质表观消化率的影响. 动物营养学报, 33(11): 6572-6583.

周力, 李雪清, 李鹏翔, 等. 2020. 不同青贮饲料对欧拉型藏羊生长性能、屠宰性能和经济效益的影响. 饲料研究, 43(10): 5-8.

周泉佚, 马先锋. 2018. 裹包青贮燕麦和苜蓿饲喂肉羊育肥效果试验研究. 畜牧与兽医, 50(9): 26-29.

Enciso K, Castillo J, Albarracín LO, et al. 2021. *Avena sativa* AV25-T (Altoandina) supplementation as alternative for Colombia's high-altitude dairy systems: An economic analysis. Frontiers in Sustainable Food Systems, 5: 758308.

Godara AS, Duhan BS, Pahuja SK. 2016. Effect of different nitrogen levels on forage yield, quality and economics of oat (*Avena sativa* L.) genotypes. Forage Research, 41(4): 233-236.

Iqbal A, Iqbal MA, Nabeel F, et al. 2014. Economic and sustainable forage oat (*Avena sativa* L.) production as influenced by different sowing techniques and sources of nitrogen. Agric Environ Sci, 14(10): 1035-1040.

Jayanthi C, Malarvizhi P, Fazullah Khan, AK, et al. 2002. Integrated nutrient management in forage oat (*Avena sativa*). Indian Journal of Agronomy, 47(1): 130-133.

Qian X, Zang H, Xu H, et al. 2018. Relay strip intercropping of oat with maize, sunflower and mung bean in semi-arid regions of northeast China: Yield advantages and economic benefits. Field Crops Research, 223: 33-40.

Wang S, Chen G, Yang Y, et al. 2021. Sowing ratio determines forage yields and economic benefits of oat and common vetch intercropping. Agronomy Journal, 113(3): 2607-2617.

第十章　燕麦在沙地治理中的利用研究

受高温、缺水、强风力、地质作用等自然因素和超载过牧、过度樵采、水资源过度利用等人为因素的影响，干旱、半干旱、部分半湿润地区的植被消失，土壤受风力侵蚀，最终形成沙化土地。近年来，随着人口不断增长、城市化进程加快和社会生产力快速发展，全球气候变化和人类不合理利用土地导致的土地沙化现象日益加剧。据欧盟委员会联合研究中心（European Commission's Joint Research Centre，2018）统计，全球超过 75%的土地已经退化，2050 年退化面积占比将达到 90%，土地退化和气候变化将造成全球粮食减产 10%。我国是世界上受沙化危害较为严重的国家之一，第五次全国荒漠化和沙化监测结果显示，截至 2014 年，我国荒漠化土地面积为 261.16 万 hm^2，占国土面积的 27.20%，沙化土地面积 172.12 万 hm^2，占国土面积的 17.93%（国家林业局，2015）。土地沙化对生态环境和社会经济发展造成了极大的危害，如导致可利用土地缩小、土地生产力下降、植被覆盖度降低、大气尘埃增加、水位下降、生物多样性降低等生态环境问题。因此，加强已退化、沙化土地的恢复治理，降低土地退化、沙化的蔓延速度，对于保障农业、畜牧业发展，加强生态安全屏障保护，促进生态文明建设具有重要作用。

设置沙障是土地沙化防治过程中最经济、有效的主要措施之一，主要是为了消减风速，降低沙丘表面沙粒的流动性，减轻风蚀危害，从而为沙地上的植物提供较为稳定的生长环境。沙障技术最早应用于德国的海岸沙地造林，之后在其他欧洲国家的沙地恢复治理中得到广泛应用。我国应用沙障技术始于 20 世纪 50 年代初，主要用于保障铁路沿线的施工。在随后的沙漠公路施工、"三北"防护林建设、京津风沙源治理等重大工程以及河南东部、陕西北部、甘肃河西走廊、内蒙古赤峰、辽宁章古台的风沙治理中，沙障技术都起到了重要的保障作用。制作沙障的材料较为广泛，根据材料来源可以分为天然材料沙障、人工材料沙障、半人工材料沙障三种类型。天然材料来源最为广泛，常用的有农作物秸秆、树枝、灌草、黏土、卵石等；半人工材料是指对天然材料进行简单的人工处理得到的材料，主要包括栅栏、枕木柱、煤矸石等；人工材料包括尼龙网、聚酯纤维（涤纶）、高密度聚乙烯（HDPE）、陶瓷砖等。按照材料是否具有生命活性，可把沙障分成活沙障和死沙障两种类型，其中活沙障也称为活体沙障、植物再生沙障。设置植物活体沙障不仅能控制表层沙土的流动，还能利用其根系系统固定较深层的沙土，通过营造系统微生境来改善土壤肥力、增加土壤有机质含量、提高地表物质胶结性，促进地上、地下多项循环过程，形成适应沙区的植被群落，达到长久固沙的目的。目前，使用沙柳、沙棘、毛白杨、燕麦、披碱草等建立的植物沙障在川西北高寒沙地（苟小林等，2022，2019；陈有军等，2019）、毛乌素沙地（王瑞东等，2019；张雷等，2017；蒙仲举等，2014）、环青海湖沙地（张登山等，2010）、河西走廊（张大彪等，2016）、浑善达克沙地（黄海广等，2018；吴新宏，2003）等沙地的恢复治理中取得良好效果。

第一节　燕麦的快速固沙优势

活体沙障常使用的植物种类包括乔木、灌木、半灌木、草本等，乔、灌木属于深根系植物，对水分要求较高；草本属于浅根系植物，耗水量较低，建植后可有效保护地表沙土。草本植物分为多年生草本和一年生草本，恢复治理沙地时，多年生草本属于长寿命植物沙障，一般选择原生境植物，还可利用一年生草本建植快速、水分蒸发少的特性，充当多年生草本的保护植物。

燕麦属禾本科的一年生草本，具有生长快、耐贫瘠、抗逆性强、生物量高、营养价值丰富的特点。基于种群生态学和恢复生态学理论，可在流动和半流动沙丘分别构建带状和网格状燕麦沙障，或将其与乔木、灌木、多年生草本等配置建立复合沙障。基于燕麦的速生特性，短期内由其地上植株形成的活体沙障能有效阻遏地表流沙移动，构建的立体空间小环境成为披碱草、早熟禾、羊茅等多年生草种和红景天、牛蒡、菊芋等中藏药以及沙棘等灌木经济林存活与定植的理想庇护所。同时，燕麦发达的地下根系能有效降低沙地地表蒸发，保障沙地植物生长的水分供给；而根系分泌物能活化根际营养元素和激活微生物，加速营养元素周转和促进微生物代谢，促使沙地养分短期内快速增加，为后期草药灌植物根系定植和健康发育创造最佳的生长立地环境。

一、燕麦可迅速形成植物沙障

在高温、干旱的沙地环境中，燕麦具备较强的抗逆性能（杨满业等，2015），同时出苗整齐、建成周期短（建成 20 余天达到拔节期即有阻沙效果），因此阻沙效果明显，可以有效阻挡地表上 0～20cm 浮沙以及地表流沙移动，保护燕麦圈植内的其他植物幼苗。由于生长所需的水分和养分得不到充足供应，沙地种植的燕麦通常表现出生育期缩短、快速结实的特性。沙地播种燕麦时，要根据当地气温和降水，保证其快速生长的拔节至开花期与集中降水时期相吻合，以满足燕麦生长对水分的需求。相关研究表明，玉米留茬和马铃薯收获后，相比裸露沙地，种植燕麦可有效降低地表风蚀作用，幼苗覆盖后可增加地表空气动力学粗糙度，分解风力、减弱风速，减少表层土壤细沙流失，保护土壤结构（陈家欢等，2021）。蒲琴等（2016a）在川西北的研究表明，与围栏禁牧和撒播多年生禾草相比，播种燕麦+多年生禾草能够显著提高沙地 0～60cm 土壤含水量、全氮含量和微生物生物量氮含量，主要是因为燕麦抗逆性强、生长速度快、分蘖能力高，能够在干旱、高温的恶劣沙地气候条件下快速形成植被，发挥先锋植物作用，降低地表温度和水分蒸发，改善局部微气候和土壤微环境，为多年生禾草的出苗和生长提供有利条件，逐渐形成防风固沙的稳定沙障（图 10-1）。

图 10-1　燕麦方格活体沙障（张伟拍摄于四川若尔盖）

二、燕麦根系的生长速率高

燕麦在种植当年即可在地下 0～15cm 形成稳固的根系结构，相较于灌木、乔木等深根系植物，在涵养水源的同时，能够有效固定地表至地下 15cm 的流沙层，成为固定流沙的生物屏障，这也是燕麦沙障显著的固沙优势。沙土中与较好条件土壤中生长的燕麦根系特征差异不显著，但沙地中燕麦 0.2～0.4mm 径级的根尖比、根长比、根表面积比、根体积比的格局比例优于较好条件土壤中燕麦，其通过提高细根比例来促进自身对水分、养分的吸收利用，进而适应沙化环境（陈有军等，2019）。同时，燕麦根系的快速生长能够为土壤微生物繁殖提供微环境，促进土壤营养元素的积累和转化，为生长在养分匮乏的沙地上的其他植物提供铵态氮、硝态氮等营养（蒲琴等，2016b）。郝良杰等（2019）在科尔沁沙地的研究结果表明，相比原退化沙质草甸土，种植燕麦后，土壤的碱解氮、有机质、速效磷、速效钾含量显著升高，全盐含量显著降低，种植燕麦等作物有益于改善土壤物理状况，且密集分布的根系残体分解后能够提高土壤有机质含量，促进养分积累。

三、燕麦活体沙障具有一定延续性

单纯的秸秆沙障、麦草沙障建植后便开始了淋溶分解过程，阻沙效果往往局限于沙障设置当年。虽然燕麦是一年生植物，但在当年播种并完成生活史后，其地上残茬仍能在1～2年内发挥地表阻沙功能。科尔沁沙地种植燕麦的相关研究结果表明，连续种植两年燕麦的沙地在净风的吹蚀下土壤表面几乎没有遭到破坏，而没有覆盖物的裸露沙地抗风蚀能力大大降低；在11～23m/s的风速吹蚀下，裸地土壤的风蚀速率是种植一年燕麦地的4～9倍，是种植两年燕麦地的15～42倍，可见根茬可有效减少风蚀对土壤的破坏，对地表形成保护作用（刘景辉和胡跃高，2011）。同时，由于残茬具有防风固沙作用，燕麦可作为其他生长较为缓慢的多年生植物的保护作物，确保其出苗、壮苗（苟小林等，2019；赵世锋等，2015）。燕麦丰富的根系残茬也可有效遏制地下流沙移动，持续发挥2～3年的防风阻沙效果。此外，燕麦种子成熟落粒后，可丰富沙地的植物种类，保障第二年的沙地植被覆盖度（图10-2）。

图10-2　沙地种植燕麦的种子成熟期（张伟拍摄于四川若尔盖）

四、燕麦可与其他植物建立稳定的复合沙障

燕麦可与灌木、多年生草本建立稳定长久的复合活体沙障（图10-3）。有研究在川西北高寒草地建立了草本-中药-灌木复合沙障，建植当年，因一年生燕麦的快速生长而形成有效的防风阻沙结构；建植第2年，多年生草本占据优势生态

位，与燕麦活体沙障残茬共同形成新的沙障结构；建植第 3 年，经演替植物群落形成了分层合理、草灌搭配完善的地上空间结构，以及根系网络交错复杂、水土保持能力完善的地下空间结构。混合播种多年生禾草和燕麦恢复治理沙地的过程中，建植当年由于水分、养分匮乏，燕麦根系的生长和发育受到限制，其根系表面积和体积有所降低（陈有军等，2019），同时一年生短命植物的根系无须储藏大量营养物质用于第二年的返青再生，所以更多的土壤养分用于满足多年生禾草根系的生长所需，沙地的多年生禾草根系构型将优于燕麦（Dong et al.，2014）。燕麦与多年生禾草混合建植可实现生长时间上的互补，早熟禾发达的根系拓展特性在燕麦完成生育期后便可形成稳定的固沙带，披碱草的多叶舒展性能能够使其在地上形成有效的防护植物带，在未来 10 余年对地表流沙层及 0～25cm 土层流沙进行固定。

图 10-3　燕麦与高原柳复合治理沙地（张伟拍摄于四川若尔盖）

第二节　种间配置的保护作用

活体沙障不仅能够提高植被覆盖度，降低风沙带来的危害，而且能够形成长期稳定的植物群落，防止土地继续退化。统筹使用、科学配置现有植物资源，对于取得最佳的沙地治理效果及产生最佳的生态效益和经济效益具有重要的意义。通常情况下，建立植物活体沙障可采用乔木、灌木和草本结合，一年生植物和多年生植物互补，上繁植物和下繁植物互补，深根植物和浅根植物互补等方式。不同的生态类型区域恢复治理沙地时，选择的植物种类和建植比例存在差异，需要考虑当地的自然条件能否满足建植的植物活体沙障的生长需求，要综合考量分析光热条件，水分含量、养分含量、含沙量等土壤条件，风向、风速等大风条件的适配情况。配置燕麦等一年生草本,主要利用的是其快速生长建植的植物学特性,以增加植被覆盖度,由于多年生植物生长缓慢,燕麦等一年生草本在播种当年和第2年对多年生幼苗安全越冬及正常返青起到保护作用,同时一年生草本残体的逐渐降解可以提高土壤的养分含量。配置多年生草本一般选择披碱草、早熟禾、冰草等原生境植物,其能够较好地适应恢复区域的自然条件,多种植物混合播种对于建立稳定长久的植物群落具有重要作用。配置灌木中的黄柳、沙蒿等先锋植物,可在短时间内形成植物栅栏,随后逐渐衰退,枯死的枝条形成机械沙障,同样能够有效防风固沙、降风成土,且能为障内低矮的草本植物生长提供防止风沙侵扰的保护。锦鸡儿、羊柴等灌木和披碱草、冰草等草本属于长寿命植物,合理配置可达到长久治理的效果。樟子松、旱柳、毛白杨等乔木根系深、冠幅宽,在降水条件较好的区域用于恢复治理沙地时,可充分利用空间、光照和土壤水分,从而有效阻碍上层风沙。

一、植物活体沙障

1. 林木沙障

固沙造林在我国沙地恢复治理过程中起到了重要作用,有效遏制了沙地的扩张,如塞罕坝地区的落叶松造林(邵立新,2014)、毛乌素沙地的沙柳造林(安慧和安钰,2011)、科尔沁沙地的樟子松造林(张继义等,2005)、腾格里沙漠的油蒿和柠条造林(王新平等,2002)等。在干旱及半干旱地区,水分是植物生长发育的限制因子,同时是植物活体沙障治沙效果长期维持的限制因素。梭梭、花棒、羊柴、柠条、沙柳、沙拐枣、油蒿、沙棘、枸杞等以及柏、松、栎等属中很多抗旱性相对强的树种,已被确定可作为沙障植物,并在我国沙地恢复治理中广泛栽种(季孔庶等,2006),其中梭梭、柠条、沙拐枣、沙枣等灌木适宜在干旱区域种植。相比灌木和草本,乔木在生长期的耗水量较大。由于沙化区域的空间异质性,不合理的植物种类选择和密度控制,易引起土壤水分供给和植被耗水之间的失衡,最终导致土壤水分持续亏缺,活体沙障衰退,失去恢复植被、治理沙地的目的。

2. 原生境草本植物沙障

退化生态系统恢复的实质是植物群落演替,即植物群落结构由简单到复杂、从低级到高级的演替过程,因而具有固沙和防止沙化持续恶化的作用。人工建植的植物活体沙障在演替过程中将逐渐形成天然-人工混合植被,并最终被天然植物种所替代(李慧卿,2005)。在我国沙化草地生境的植被生态恢复体系中,与固沙造林相比,构建草本植物群落更加符合沙化草地生境生态恢复的演替规律,且草本植物的水分需求比乔木和灌木少，单位面积种植密度较大，在近地表防风固沙方面具有优势。恢复治理沙化草地生境时，需考虑草本植物群落的自然分布规律和生境条件，从原生植物群落中选择具有生态效益和经济效益的适宜草本种类，经过一定时间的恢复可实现植被的复原（贺丽等，2014）。李莹等（2016）通过分析川西北沙地沙生苔草、赖草、紫花列当、藏茴香和地八角5种自然留存植物的生态适应策略差异得出，沙生苔草通过冠幅，赖草通过根茎，地八角通过深根系，紫花列当和藏茴香通过增强有性生殖来适应沙化生境。Yang等（2018）研究分析了我国北方荒漠区域本氏针茅、蒙古冰草、甘草、鹿心草、油蒿和苦豆子6种优势植物的生态化学计量，结果表明这些植物通过调节自身C、N、P含量来适应环境，叶片、根系以及凋落物的C、N、P含量与0~5cm土层的各元素含量具有显著相关性，且这种相关性随着土层深度的加深而减弱。刘文清和王国贤（2003）在内蒙古西部沙化草地生态修复研究中，混播建立了7个草种的4种组合，在分析群落稳定性的基础上得到，润布勒苜蓿+草木樨状黄芪+扁蓿豆+蒙古冰草组合的效果最佳，建植后的混播草地可为当地家畜放牧提供优质草场。Zuo等（2008）比较了科尔沁沙化草地恢复11年和20年的区域植物分布差异，发现植被覆盖度和植物种类从沙丘底部到顶部逐渐减少，沙地植物的分布主要受土壤状况和地形特征影响。沙化草地原生境植物通过自身的调节作用对沙地具有较好的适应能力，利用其对干旱、高温、贫瘠土壤的适应能力恢复治理沙地是一种重要手段。但是，利用纯草本植物恢复得到的无灌木、乔木沙地，在遇到极端干旱气候或植被覆盖度急剧下降时，由于草本植物根系浅，防风、抗旱能力差，易出现地表裸露、沙地退化现象。

3. 草灌乔复合沙障

沙地设置植物活体沙障后，地表细粒物质逐渐增加，沙土物理性质发生改变，即水分持有力增加、透水性逐渐下降，致使水分分布浅层化，深根性植物的生长将逐渐受到抑制，如果配置不当，易造成水分亏缺、植物活体沙障失活。草灌乔结合的复合沙障是根据植物的生态适应性和地域分布规律，科学确定地表植被建设中草本、灌木和乔木的结构、植物种类和混合比例，实现最佳配置，形成各植物协调生长、相互促进的立体结构，进而构建结构复杂、防护功能强大的水土保持林草植被生态系统（布凤琴等，2016；李毅功，1993）。陈翔等（2019）在乌拉盖沙化草地实施了机械沙障+生物沙障+人工撒播+枯草铺设的治理措施，其中人工撒播的草本植物种子包括莜麦等一年生植物、沙打旺等多年生豆科植物、羊草等多年生禾草植物，结合配置黄柳等生物沙障，治理植被的覆盖度增加159.22%，治理2年后一年生草本在群落中占比为40%，多年生草本占比为60%。何群等（2017）表明，相比单独播种红景天、沙棘，复合播种燕麦、红柳和沙棘能够更有效地提高沙地土壤的含水量及有机质、碱解氮、速效磷和速效钾含量，沙地恢复效果更明显；草灌结合治理沙地模式可利用草本植物的地表覆盖作用和灌木根系的地下固沙作用来减少地表水分蒸发，进而保障植物根系吸收更多可利用的水分和养分。红柳和沙棘的根系浸提液对燕麦具有化感效应，可促进燕麦种子发芽和幼苗生长，复合播种后有利于草灌结构的健康建植，从而发挥植物活体沙障的优势（曾凯等，2017）。浅根系的草本植物，须根系分布面积小、耗水少，针对水分的种间竞争弱，主要利用表层土壤水分；而深根系的乔木和灌木植物，直根系分布面积大、耗水多，针对水分的种间竞争强，因此深、浅根系植物合理配置，可有效利用土壤水分，建植立体活体沙障，发挥植被恢复互补优势，有效防风固沙（图 10-4）。

图 10-4　燕麦与高原柳组成的复合沙障（张伟拍摄于四川若尔盖）

二、植物复合沙障建植效果评价

1. 植物复合沙障对恢复区植被覆盖度的影响

建植植物活体沙障是快速覆盖人工植被、降低风活动的有效措施之一（图 10-5）。沙地植被覆盖度在 15%以下时，大风天气将造成沙尘漫天；植被覆盖度在 15%～40%时，局部区域有风沙流活动；植被覆盖度在 40%以上时，无明显的风沙活动（吴新宏，2003）。在川西北高寒半湿润沙地上按照混合比例燕麦：垂穗披碱草：中华羊茅=10：3：3 进行行播、带播、撒播，燕麦幼苗成活率达53%～66%，播种 4 年后植被覆盖度达到 84%，显著高于未播种区域 6%的植被覆盖度（苟小林等，2019）。同时，相比行播，带播和撒播恢复区域单位面积的燕麦植株数量较高，在高海拔地区的夏季强太阳辐射下，能够为多年生禾草提供有效遮阴,降低水分蒸发,夜间还能起到保温作用,利于沙地植物的生长和建植(Van Dijk et al., 1996; Cao et al., 2015)。带播和撒播燕麦等一年生禾草除了在建植当年利用其快速建植特性保护生长较缓慢的多年生禾草外,枯萎后其残茬依然能够起到保护作用,地表和地下逐渐分解的植物残体还对提高土壤有机质含量具有一定作用,进而利于地表植物的建植。

图 10-5 高寒沙地种植燕麦(张伟拍摄于四川若尔盖)

2. 植物复合沙障对恢复区土壤的影响

植物活体沙障在建植过程中,近地表植物的覆盖可有效降低地表沙土移动,减少土壤水分散失。同时,植被落下的枯落物一方面可增加地面的粗糙程度,降低风的直接作用;另一方面在微生物的作用下逐渐降解,增加土壤养分,提高地表生物结皮能力,加速土壤形成。苟小林等(2019)在川西北高寒半湿润沙地上混合建植燕麦、垂穗披碱草、中华羊茅,恢复 4 年后,带播和撒播恢复区域的土壤含水量及有机碳、全氮、全磷、硝态氮、速效磷等含量显著升高,土壤容重降低。帅林林等(2019)在同一区域使用燕麦、披碱草和中华羊茅混合建植成 0.5m×0.5m 的草方格,研究分析了种植 1~4 年后恢复区域土壤微生物种类、数量的动态变化,结果表明,恢复 1 年后,0~20cm 土层微生物及土壤养分均显著降低;恢复 2 年后,0~10cm 土层微生物及土壤养分开始增加;恢复 3~4 年后,土壤微生物及养分恢复到未治理水平,有机质、微生物生物量氮含量显著高于未治理区域。恢复初期,土壤的微生物和养分急剧减少,主要是因为燕麦生长快,对养分消耗较大,但随着其逐渐枯萎凋亡及其他沙地植物凋落,微生物分解活动增加,微生物种类和数量变化主要与恢复后期土壤表层的凋落物含量和结皮覆盖度增加有关,土壤养分逐渐丰富(齐文娟等,2007)。方格状混合种植草本恢复高寒半湿润沙地后，土壤微生物生物量碳、氮、磷含量呈现恢复初期快速降低而恢复后期稳步增加的变化趋势。蒲琴等（2016a）通过川西北沙地的恢复治理研究得到，相比围栏封育和混合撒播硬秆仲彬草、垂穗披碱草和黑麦草，在禾草中添加燕麦可使恢复区域的土壤多酚氧化酶、蔗糖酶、脲酶和硝酸还原酶活性显著升高。研究显示，随着土壤表面及浅土层植物残体的增加，土壤微生物代谢活跃，土壤水解酶类和氧化酶类活性都升高（秦燕等，2012），但较深土层的水解酶类和氧化酶类活性有所降低，主要是因为浅土层植物凋落物较多，且水热条件和通气状况较好，有利于微生物的生长和代谢（侯彦会等，2009）。

三、草地生态经济效益

恢复治理沙地时，需充分考虑当地的生产、生活历史和现实情况，选择的沙地植物要具有双重作用，一方面能维持脆弱的沙地生态系统，另一方面能为家畜提供优质饲草料。此外，在选择恢复植物时，可根据当地自然条件、地理位置，配置具有景观效果的不同类型植物，在发挥其生态恢复作用的同时，带动当地沙区旅游业的发展。利用沙区太阳能资源，铺设光伏发电设备，发展光伏治沙产业，是在发展沙区经济的同时改善当地恶劣生态环境的一种方式，应依靠当地优良的植物品种，兼顾生态效益与经济效益，因地制宜，走可持续发展的沙地恢复之路。

1. 沙化草地经济

草地是牧民进行畜牧业生产的基本资料，牧区的沙地经恢复治理后形成的草地，除了植被覆盖度提高、具有防风固沙作用外，还应具备饲用价值。只有合理地利用恢复后的草地，提高当地牧民参与沙地治理建设的积极性并发挥其主人翁作用，才能保障退化草地的可持续治理和利用。选择恢复植物种类时，可考虑配置当地饲用价值高、抗逆性强的沙生草本和灌木，同时配置燕麦、羊茅、赖草、披碱草等生物量高的优质牧草，锦鸡儿、胡枝子、黄芪、驼绒藜等饲用价值较高的灌木，从而有效提高草地的生产力和饲用价值。草本、灌木组合配置可建立能固沙的用于放牧的可持续灌丛草场，形成以草养灌、以灌抚草的生态恢复基础，当基于灌草沙障恢复治理沙地到一定阶段时，灌木间的草本植物可用于放牧家畜，为当地养殖户提供优质的饲草，在保障沙化草地恢复的同时，还能为发展沙区畜牧业提供保障。

2. 沙化耕地经济

农区的沙地经恢复治理后形成的土地，在发挥水土保持作用的同时，也可为当地农民提供饲草、药材、水果、木材等具有经济价值的产品，并开发建设当地沙产业，减少对恢复土地的扰动。发展适宜当地种植、生产的红景天、肉苁蓉、甘草等中药，沙棘、樱桃、沙枣等果树，以及可造纸的乔木品种，同时实施林下种草和养殖，混合种植燕麦、多花黑麦草、紫花苜蓿、白车轴草等优质牧草，实现种养结合的循环农业生产，这样才能发挥植物的经济特性，支持当地产业发展，可持续地发挥退化土地恢复治理后的支撑作用。

3. 沙地景观经济

生态恢复是我国主要的沙地治理目标，配置恢复植物种类时要更多地考虑其生态适应性、生物多样性。在发展过程中，部分区域的恢复植被逐渐由生态功能转变为景观功能，因此配置恢复植物种类时在强调其生态适应性的同时，还要注重不同植物群落的设计、生态审美的评价等方面，如除了当地的沙生植物，还可适当配置芒草、狼尾草等可观赏的草本植物。同时，在恢复植物群落自然演替的过程中，可加入人工干预，营造色彩丰富、形态各异的沙区植物群落，使单调的沙区环境变成具有旅游、观光价值的可持续植物群落景观，在发挥其生态恢复功能的同时，也为当地旅游业的发展提供新思路。

4. 沙地光伏经济

通常情况下，沙地位于光能资源充沛的干旱、半干旱区域，因此开发利用太阳能资源、带动沙区经济发展、恢复沙区生态环境逐渐得到关注。例如，在沙地铺设光伏发电设备，上面光伏发电，下面植物治沙，一地多用，通过能源和植物资源开发充分带动沙区发展。光伏板的遮阴可减少光照和降低温度，进而减少地表水分蒸发，同时降水或凌晨聚集的露水从光伏板上流下，可为光伏板下的植物生长保留更多水分，光伏板还可发挥物理沙障的作用，为植物生长提供一个稳定的环境。配置适宜的草本和灌木种类建立植物活体沙障，不仅能有效阻沙，而且能减少风蚀对光伏设备稳定性的影响。腾格里沙漠、库布齐沙漠等区域，通过发展集光伏治沙、生态修复、生态旅游于一体的"光伏+生态"产业，改善了沙区生态环境和人居环境，创造了更多工作岗位，带动了当地经济发展。

参 考 文 献

安慧, 安钰. 2011. 毛乌素沙地南缘沙柳灌丛土壤水分及水量平衡. 应用生态学报, 22(9): 2247-2252.

布凤琴, 杜双件, 方李明, 等. 2016. 乔灌草结合治理我国北方土地风沙化问题的研究进展. 安徽农业科学, 44(3): 48-49, 54.

陈家欢, 袁立敏, 高永, 等. 2021. 风沙区不同种植制度下的土壤风蚀效果研究. 土壤通报, 52(2): 408-415.

陈翔, 邢旗, 张健, 等. 2019. 拉盖沙化草原治理技术研究与效果监测. 草原与草业, 31(1):

20-25.

陈有军, 苟小林, 孙建, 等. 2019. 青藏高原东南缘沙地 3 种治沙草本根系形态格局特征. 草业科学, 36(4): 1137-1147

苟小林, 刘文辉, 陈有军, 等. 2019. 植物沙障不同种植模式对川西北沙地的恢复效应. 草业学报, 28(6): 33-44.

苟小林, 周青平, 涂卫国, 等. 2022. 高寒半湿润沙地土壤水分与根系生物量对植被恢复的响应. 中国草地学报, 44(7): 53-60, 86.

国家林业局. 2015. 第五次中国荒漠化和沙化状况公报.

郝良杰, 包翔, 王明玖, 等. 2019. 人工种植牧草对退化沙质草甸土养分性状的影响. 北方农业学报, 47(3): 108-116.

何群, 席欢, 万婷. 2017. 不同植被恢复模式对红原沙化草地土壤理化性质的影响. 四川环境, 36(1): 35-40.

贺丽, 钟成刚, 邓东周, 等. 2014. 高寒沙区草地植被恢复及重建途径研究进展. 四川林业科技, 35(6): 32-37.

侯彦会, 周学辉, 焦婷, 等. 2009. 甘肃永昌县放牧草地土壤脲酶活性与土壤肥力的关系初探. 草业学报, 18(4): 111-116.

黄海广, 闫德仁, 胡小龙, 等. 2018. 浑善达克沙地固定沙丘活化风蚀坑治理技术. 内蒙古林业科技, 44(4): 18-24.

季孔庶, 孙志勇, 方彦. 2006. 林木抗旱性研究进展. 南京林业大学学报(自然科学版), (6): 123-128.

李慧卿. 2005. 固沙植被恢复与重建研究——固沙植被多种群多规模格局特点研究. 北京林业大学博士学位论文.

李毅功. 1993. 关于乔灌草相结合的几个问题. 中国水土保持, (7): 14-16, 65.

李莹, 曾晓琳, 游明鸿, 等. 2016. 5 种川西北沙化地草本植物生态适应策略的差异性. 草业科学, 33(5): 843-850.

刘景辉, 胡跃高. 2011. 燕麦抗逆性研究. 北京: 中国农业出版社: 105-106.

刘文清, 王国贤. 2003. 沙化草地旱作条件下混播人工草地的试验研究. 中国草地, 25(2): 69-71.

蒙仲举, 任晓萌, 高永. 2014. 半隐蔽式沙柳沙障的防风阻沙效益. 水土保持通报, 34(3): 178-180, 206.

蒲琴, 胡玉福, 何剑锋, 等. 2016a. 植被恢复模式对川西北沙化草地土壤微生物量及酶活性研究. 水土保持学报, 30(4): 323-328.

蒲琴, 胡玉福, 蒋双龙, 等. 2016b. 不同生态治理措施下高寒沙化草地土壤氮素变化特征. 草业学报, 25(7): 24-33.

齐文娟, 龙瑞军, 冯瑞章, 等. 2007. 江河源区不同建植年限人工草地土壤微生物及酶活性研究. 水土保持学报, (4): 145-149.

秦燕, 牛得草, 康健, 等. 2012. 贺兰山西坡不同类型草地土壤酶活性特征. 干旱区研究, 29(5): 870-877.

邵立新. 2014. 塞罕坝地区不同整地方式对落叶松造林成活率和生长量的影响. 安徽农学通报, (5): 108, 110.

帅林林, 周青平, 陈有军, 等. 2019. 高寒半湿润沙地草本修复期土壤微生物变化研究. 草业学报, 28(9): 11-22.

王瑞东, 党晓宏, 高永, 等. 2019. 毛乌素沙地沙柳沙障破损规律与植被恢复的研究. 西南林业大学学报(自然科学), 39(3): 71-77.

王新平, 李新荣, 康尔泗, 等. 2002. 沙坡头地区固沙植物油蒿、柠条蒸散状况的研究. 中国沙漠, (4): 56-60.

吴新宏. 2003. 浑善达克沙地植被快速恢复. 呼和浩特: 内蒙古大学出版社: 167-172.

杨满业, 肖冰雪, 郑群英, 等. 2015. 川西北高原5种牧草苗期抗旱性比较研究. 草业与畜牧, (6): 8-14, 19.

曾凯, 刘琳, 蔡义民, 等. 2017. 高寒沙化草地中先锋灌木根系水浸提液对4种高原牧草的化感效应分析. 西北植物学报, 37(7): 1312-1322.

张大彪, 张元恺, 唐进年. 2016. 河西走廊沿沙防护林演变形式与积沙带稳定性研究. 防护林科技, (1): 1-4, 7.

张登山, 石昊, 魏殿生, 等. 2010. 青海湖流域人工治沙措施防风固沙效益初步研究. 地球环境学报, 1(3): 239-242.

张继义, 赵哈林, 崔建垣, 等. 2005. 科尔沁沙地樟子松人工林土壤水分动态的研究. 林业科学, (3): 1-6.

张雷, 洪光宇, 李卓凡, 等. 2017. 基于层次分析法的毛乌素沙地3种造林模式恢复成效评价. 林业资源管理, (6): 108-112, 119.

赵世锋, 巴图巴根, 任长忠, 等. 2015. 阿旗草用燕麦生产调查及种植前景分析. 农学学报, 5(12): 86-93.

Cao L, Zhang Y, Lu H, et al. 2015. Grass hedge effects on controlling soil loss from concentrated flow: A case study in the red soil region of China. Soil and Tillage Research, 148: 97-105.

Dong C, Hu D, Fu Y, et al. 2014. Analysis and optimization of the effect of light and nutrient solution on wheat growth and development using an inverse system model strategy. Computers & Electronics in Agriculture, 109: 221-231.

European Commission's Joint Research Centre. 2018. New World Atlas of Desertification shows unprecedented pressure on planet's resources. https://phys.org/news/2018-06-world-atlas-desertification-unprecedented-pressure.html[2023-2-3].

Van Dijk PM, Kwaad FJPM, Klapwijk M. 1996. Retention of water and sediment by grass strips. Hydrological Processes, 10(8): 1069-1080.

Yang Y, Liu B, An S. 2018. Ecological stoichiometry in leaves, roots, litters and soil among different plant communities in a desertified region of Northern China . Catena, 166: 328-338.

Zuo X, Zhao H, Zhao X, et al. 2008. Plant distribution at the mobile dune scale and its relevance to soil properties and topographic features. Environmental Geology, 54(5): 1111-1120.